Gewerbeimmobilien

Springer

Berlin
Heidelberg
New York
Barcelona
Budapest
Hongkong
London
Mailand
Paris
Santa Clara
Singapur
Tokio

Volker E. Amelung

Gewerbeimmobilien

Bauherren, Planer, Wettbewerbe

Mit 53 Abbildungen und 17 Tabellen

Springer

Dr. Volker E. Amelung
Brandholzweg 156
21218 Seevetal

ISBN 978-3-642-64626-3 e-ISBN-13: 978-3-642-60955-8
DOI: 10.1007/978-3-642-60955-8

Die Deutsche Bibliothek – Cip-Einheitsaufnahme
Amelung, Volker E.:
Gewerbeimmobilien : Bauherren, Planer, Wettbewerbe ;
mit 17 Tabellen / Volker E. Amelung. - Berlin ; Heidelberg ; New York ;
Barcelona ; Budapest ; Honkong ; London ; Mailand ; Paris ; Santa Clara ;
Singapur ; Tokio : Springer, 1996
ISBN 978-3-642-64626-3

Softcover reprint of the hardcover 1st edition 1996

Satz: Reproduktionsfertige Vorlage des Autors
SPIN: 10478742 68/3020 - 5 4 3 2 1 0 - Gedruckt auf säurefreiem Papier

Vorwort

Der Markt für Gewerbeimmobilien hat - vor allem durch die deutsche Wiedervereinigung - in den letzten Jahren einen enormen Bedeutungszuwachs erlangt. Trotzdem existiert nach wie vor ein erhebliches Defizit an wissenschaftlichen Arbeiten zu diesem Themenkomplex. Das vorliegende Buch will einen Beitrag zur Schließung dieser Lücken leisten.

Der deutsche Gewerbeimmobilienmarkt ist zunehmend durch die Trennung von Nutzung und Eigentum gekennzeichnet. Für Außenstehende ist dies aber in den meisten Fällen nicht zu erkennen. Wer sind die wichtigsten „Player“ auf diesem intransparenten Markt und welches sind ihre Entscheidungskriterien?

Nicht weniger komplex sind die Marktstrukturen bei den Anbietern von Planungsleistungen. Die klassische Vorstellung vom Architekten als Dirigenten des Baugeschehens entspricht keineswegs mehr der Realität. Neue Berufsgruppen, wie beispielsweise die aus Großbritannien auf den deutschen Markt drängenden Chartered und Quantity Surveyors treten für Teilplanungsleistungen in Konkurrenz mit Architekten. Anhand von Beispielen wird aufgezeigt, welche Kombination von Planern für die unterschiedlichen Bauherren geeignet ist.

In der Kulturdiskussion spielt die architektonische Gestaltung von Gewerbeimmobilien leider immer noch eine viel zu geringe Bedeutung. Aber im Zusammenhang mit der Hauptstadtplanung Berlins ist eine deutliche Trendwende zu verzeichnen. Die Ergebnisse der Wettbewerbe werden in den Medien zunehmend intensiv diskutiert. Frappierend ist dabei, daß ausschließlich die Ergebnisse, nicht aber die Verfahren betrachtet werden. Neben einer eingehenden Analyse der einzelnen Verfahrensformen wird aufgezeigt, welche Vergabeform für welchen Bauherren die geeignete ist. Bauherren, Architekten, Stadtplaner und Politiker sollen in die Lage versetzt werden, aktiv und engagiert ihre Interessen zu vertreten. Dadurch wird das „Abenteuer Wettbewerb“ mit seinen enormen Innovationspotential kalkulierbarer. Um eine generelle Diskussion über das Wettbewerbswesen zu initiieren, werden sowohl konkrete Vorschläge zur Optimierung der bestehenden Verfahren als auch alternative Ansätze vorgestellt.

Mein besonderer Dank gilt meinen akademischen Lehrern Herrn Professor Brauchlin von der Hochschule St. Gallen sowie Herrn Professor Pfarr von der Technischen Universität Berlin. Ohne ihre tatkräftige Unterstützung hätte dieses Buch nicht in dieser Form entstehen können. Vor allem die vielen Gespräche und Anregungen durch Professor Pfarr ermöglichten mir als Ökonom Verständnis für die komplexen Strukturen der Bauwirtschaft. Ganz herzlich möchte ich mich an dieser Stelle auch bei Stefan Sander, Oliver Koch, Heidi Wolff, Gesa Hastedt und insbesondere Christiane Melbeck bedanken, die mir eine große Hilfe bei der Erstellung des Manuskriptes waren. Herrn Thomas Lehnert vom Springer-Verlag gilt besonderer Dank für seine umfangreiche Unterstützung und Geduld bei der Veröffentlichung dieses Buches.

Hamburg / St. Gallen, im September 1995 Volker Eric Amelung

Inhaltsverzeichnis

Abkürzungsverzeichnis

AG	Aktiengesellschaft
AGBauBG	Ausführungsgesetz zum Baugesetzbuch
AVA	Angebot - Vergabe - Abrechnung
AW	Architektenwettbewerb
B-Plan	Bebauungsplan
BAK	Bundesarchitektenkammer
BAK	Bundesaufsichtsamt für Kreditwesen
BauGB	Baugesetzbuch
BauNVO	Baunutzungsverordnung
BAV	Bundesaufsichtsamt für das Versicherungswesen
BDA	Bund Deutscher Architekten
BDL	Bundesverband Deutscher Leasing-Gesellschaften
BEP	Bereichsentwicklungsplanung
BfRBS	Bundesministerium für Raumordnung, Bauwesen und Städtebau
BGB	Bürgerliches Gesetzbuch
BGB-Gesellschaft	Gesellschaft des bürgerlichen Rechtes
BGF	Bruttogeschoßfläche
BGH	Bundesgerichtshof
BRI	Bruttorauminhalt
BVI	Bundesverband Deutscher Investmentgesellschaften
CAAD	Computer Aided Architectural Design
CAD	Computer Aided Design
CI	Corporate Identity
CRE	Corporate Real Estate
DAB	Deutsches Architektenblatt
DBZ	Deutsche Bauzeitung
DIN	Deutsche Industrie-Norm
DL	Dienstleistungen
DVP	Deutscher Verband der Projektsteuerer
EDV	Elektronische Datenverarbeitung
EG	Europäische Gemeinschaft
EKZ	Einkaufszentrum
F+E	Forschung und Entwicklung
FHH	Freie und Hansestadt Hamburg
FNP	Flächennutzungsplan
GFZ	Geschoßflächenzahl
GI-Gebiete	Industriegebiete nach §9 BauNVO
GmbH	Gesellschaft mit beschränkter Haftung
GOA	Gebührenordnung für Architekten
GRW	Grundsätze und Richtlinien für Wettbewerbe auf den Gebieten der Raumplanung, des Städtebaues und des Bauwesens
GuV-Rechnung	Gewinn- und Verlustrechnung
HOAI	Honorarordnung für Architekten und Ingenieure
i. Pl.	in Planung

k.A.	keine Angaben
KAGG	Kapitalanlagegesellschaftengesetz
KAOI	Koordinationsausschuß für innerstädtische Investitionen
KGW	Kreditwesengesetz
MfS	Ministerium für Staatssicherheit
MK-Gebiete	Kerngebiet nach §7 BauNVO
NVA	Nationale Volksarmee
o.A.d.A.	ohne Angabe des Autors
o.A.d.J.	ohne Angabe des Jahres
o.A.d.O.	ohne Angabe des Ortes
o.A.d.S.	ohne Angabe der Seite
o.E.	ohne Erwerbszweck
o.T.	ohne Titel
PB	Projektbesprechung
PPP-Modelle	Public-Private-Partnership-Modelle
ROG	Raumordnungsgesetz
SB-Markt	Selbstbedienungsmarkt
STEP	Stadtentwicklungsplanung
THA	Treuhandanstalt
TLG	Treuhand-Liegenschaftsgesellschaft
UIA	Union Internationale des Architectes
v.H.	von Hundert
VAG	Versicherungsaufsichtsgesetz
VDI	Verband Deutscher Ingenieure
VSGU	Verband Schweizerischer Generalunternehmer
VU	Versicherungsunternehmen
1a-, 1b-Lage	Klassifikation von Standorten der Maklerbranche

Einleitung

Das Bild deutscher Großstädte in den 90er Jahren ist geprägt durch Großbauprojekte. Für den Außenstehenden ist oft nicht nachvollziehbar, wer hinter diesen gigantischen Projekten steht. Speziell gegründete Objektgesellschaften verschleiern die Marktstruktur. Die Kausalität *Nutzer gleich Bauherr* ist, auch in der Gewerbeimmobilienbranche, nicht mehr der Regelfall. Welche Unternehmen investieren Beträge in Milliardenhöhe in Bauprojekte - ohne daß sie der Allgemeinheit bekannt sind - und nach welchen Kriterien werden ihre Entscheidungen gefällt? Welche Rolle spielen die Beteiligten?

Immobilien gelten nach wie vor als wertstabile, eher konservative Anlageform. Trotzdem handelt es sich zunehmend um ein konjunkturelles Geschäft, mit ausgeprägten Konjunkturzyklen.

Dieses Buch gibt einen praxis- und damit marktorientierten Überblick über die komplexen Strukturen des Marktes für die Erstellung von Gewerbeimmobilien. Schwerpunktmäßig werden die Charakteristika der Marktteilnehmer, das Zusammentreffen von Angebot und Nachfrage und die Vergabe architektonischer Planungsleistungen analysiert. Auf der analytischen Untersuchung der Marktstrukturen und der klassischen Vergabeformen basieren die Optimierungsvorschläge der klassischen Vergabeformen sowie die alternativen Ansätze. Wesentlicher Kern des Buches ist somit, Ideen und Ansätze zur Optimierung von Angebots- und Nachfragebeziehungen aufzuzeigen und eine Diskussion über die Vorteilhaftigkeit bestehender Verfahren ingangzusetzen. Anstatt eine weitere Maximierung von Partikularinteressen zu betreiben, werden Ansätze zur Verbesserung der Marktbeziehungen dargestellt, ohne dabei die systemimmanenten Interessengegensätze aus den Augen zu verlieren.

Dieses Buch richtet sich gleichermassen an Bauherren, Architekten, Ingenieure, Stadtplaner, Politiker und Verwaltungen. Für den erstmals mit einer Bauherrenaufgabe beschäftigten Unternehmer soll es Entscheidungsvarianten aufzeigen, Lösungsmöglichkeiten für die Vergabe architektonischer Planungsleistungen skizzieren. Erfahrenen "Bauprofis" soll es Ansätze für ihre tägliche Arbeit und ein breiteres Verständnis für die Interessen der anderen Marktteilnehmer eröffnen, auch wenn die Beschreibung tendenziell Bauherrensichtweise einnimmt.

Auf Fachtermini wird so weit wie möglich verzichtet. Der Leser soll in die unterschiedlichen Gedankenwelten und die Entscheidungsgrundlagen der unmittelbar und mittelbar am Bauprozeß Beteiligten eingeführt werden.

Das erste Kapitel des Teils A beschäftigt sich mit der Struktur und dem Wandel der Nachfrage nach Gewerbeimmobilien.[1] Ausgehend von einer allgemeinen Analyse

---

1 Entgegen der volkswirtschaftlich üblichen Unterteilung in Angebot und Nachfrage liegt dieser Arbeit eine marktorientierte Sichtweise zugrunde. Deshalb wird zunächst die Nachfrageseite untersucht.

der Veränderungen der Marktstrukturen hinsichtlich Investoren, Objektgröße und Nutzung, werden anschliessend die Marktteilnehmer einzeln analysiert. Beginnend mit den klassischen Bauherren von Gewerbeimmobilien, dem Unternehmen, das für den eigenen Unternehmensbedarf baut, über institutionelle Anleger und öffentliche Bauherren, bis hin zu den Projektentwicklern, die Projekte planen, um sie noch während der Bauphase wieder zu verkaufen. Häufig werden Gebäude in beiderseitigem Einvernehmen anstatt dem tatsächlichen Bauherren und Eigentümer den Nutzern zugeordnet. Welches Unternehmen möchte schon öffentlich machen, daß das "neue Heim" einer Leasinggesellschaft oder einem Immobilienfonds gehört und eventuell auch von diesen geplant wurde. Der erste Abschnitt soll Licht in den "Dschungel der Nachfrageträger" bringen.

Anschliessend werden die *Entscheidungskriterien der Nachfrageträger* sowie deren jeweilige Bedeutung kritisch betrachtet. Neben den klassischen Kriterien, "möglichst schnell und günstig zu bauen", sollen vor allem auch die nicht quantifizierbaren Kriterien wie beispielsweise Umsetzung einer Corporate Identity, Arbeitsplatzzufriedenheit, Funktionalität und Flexibilität analysiert werden. Dabei wird auch auf die Bedeutung der Architekturqualität für die Nachfrageträger eingegangen. Neben den Entscheidungskriterien müssen gleichermaßen die *Entscheidungsstrukturen* betrachtet werden. Hierbei geht es um die Frage, welche *Entscheidungsinstanzen* Bauprojekte, je nach Nachfrageträger, durchlaufen müssen.

Im Zentrum der Untersuchung der Angebotsstruktur steht die Frage: *Welche benötigten Planungsleistungen kann der Bauherr von den jeweiligen Angebotsträgern bekommen? Wie kann er die unterschiedlichen Anbieter miteinander kombinieren?* Dazu werden die strukturellen Veränderungen der Anbieterseite herausgearbeitet und die Konsequenzen für den Bauherrn aufgezeigt.

Der erste Teil schließt ab mit einer Betrachtung der Rahmenbedingungen von Bauprojekten. Hier sind das Baurecht, die involvierten Behörden sowie externe Einflüsse entscheidend. Nach einer knappen Einführung in die wesentlichen juristischen Rahmenbedingungen wird am Beispiel des Stadtstaates Hamburg aufgezeigt, welche Behörden, aufgrund welcher Kompetenzen, involviert sind. Bei der Betrachtung der externen Einflüsse wird vor allem auch auf die zunehmende Bedeutung von Bürgerinitiativen eingegangen.

Teil B ist das entscheidungstheoretische Pendant zum Teil A. Im Zentrum der Betrachtung stehen die Marktbeziehungen, d.h. die Vergabe architektonischer Planungsleistungen. Bevor die unmittelbare *Bauherren-Planer-Beziehung* betrachtet werden kann, muß auf die *Vergabe städtischer Grundstücke* eingegangen werden. Außerdem werden Modelle zur *Kombination der Angebotsträger* dargestellt. Je nach Nachfrageträger wird modellhaft skizziert, welche Angebotsträger kombiniert werden sollten. Es kann keine optimale Kombination geben. Je nach Situation (ob es sich um einen Eigen- oder Fremdbedarfsbau handelt) müssen individuell Kombinationen ausgewählt werden.

Die Kapitel 2 und 3 von Teil B stellen die *klassischen Vergabeformen* sowie deren Beurteilung durch die beteiligten Gruppen dar. Dabei werden schwerpunktmäßig konkurrierende Verfahren, mit oder ohne feste Verfahrensregeln, untersucht. Insbesondere bei den geregelten Verfahrensformen werden die einzelnen Verfahrensschritte aus den jeweiligen Sichtweisen beurteilt. Dabei wird auch auf die Geschichte des Wettbewerbswesens eingegangen und überprüft, inwieweit das geregelte Wettbewerbswesen den Bedürfnissen der Bauherren entspricht.

Die *Analyse der klassischen Vergabeformen bildet somit die Grundlage für die Ausarbeitung von Optimierungsmöglichkeiten sowie die Entwicklung alternativer Ansätze*. Anhand von Stärken-/Schwächen-Analysen werden die Verfahren verglichen und im Rahmen einer Nutzwertanalyse herausgearbeitet, welche Verfahrensform für die jeweiligen Bauherren besser geeignet ist. Bei der Ausarbeitung von Verbesserungsmöglichkeiten für die klassischen Vergabeformen wird primär auf *Verfahrensmängel* aus der Sicht des Bauherren eingegangen. Die Lösungsansätze für die Problemfelder klassischer Vergabeformen sowie die der alternativen Ansätze konzentrieren sich auf die Optimierung konkurrierender Verfahren. Unter alternativen Ansätzen werden Vergabemodelle verstanden, die im Gegensatz zu den Optimierungsmöglichkeiten bei den klassischen Verfahren in wesentlichen Zügen nicht mit dem geregelten Verfahren kompatibel sind und somit eine Ergänzung zu den bestehenden Verfahren darstellen. Abbildung 1 stellt den Aufbau des Buches sowie die wesentlichen Fragestellungen im Überblick dar. Sie dient gleichermaßen zur Auswahl der für den Leser relevanten Kapitel.

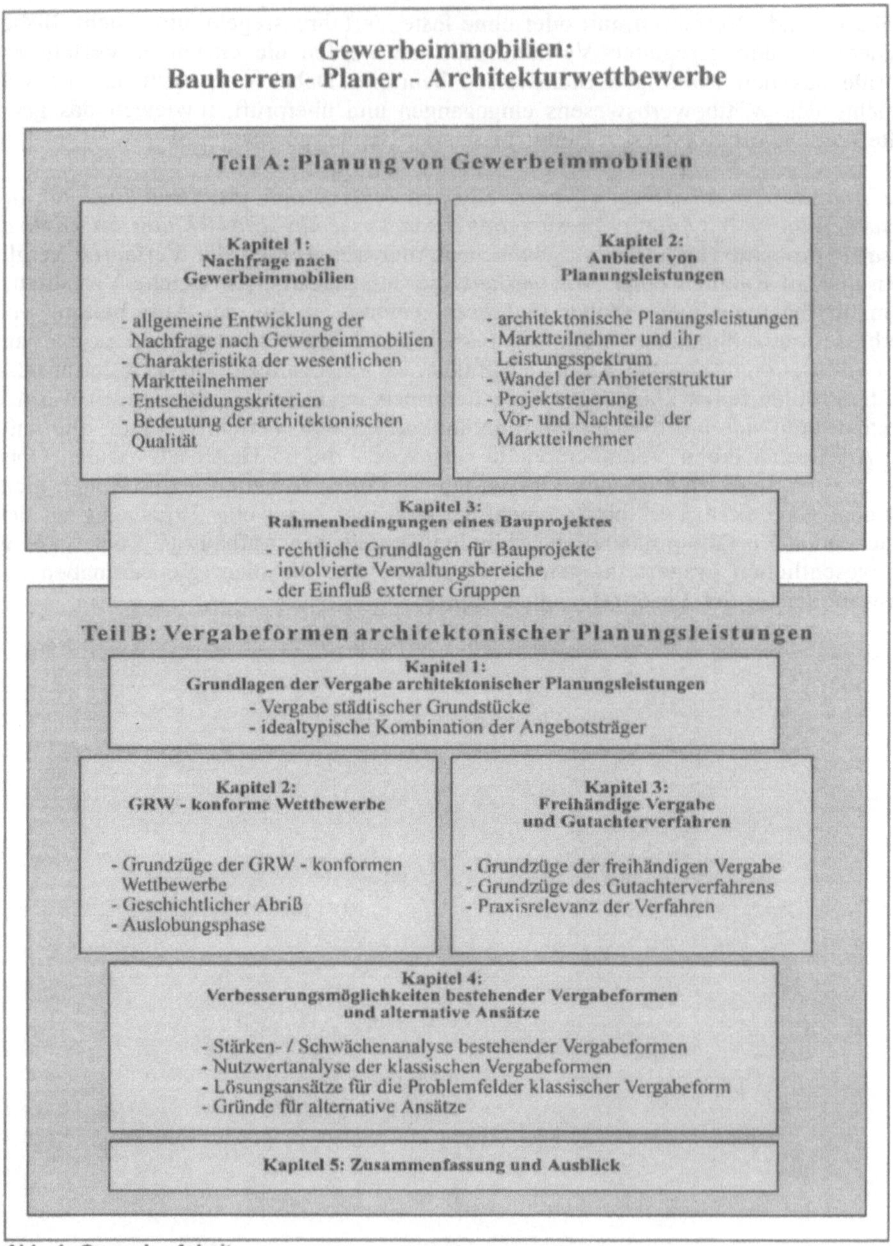

Gewerbeimmobilien:
Bauherren - Planer - Architekturwettbewerbe

Teil A: Planung von Gewerbeimmobilien

Kapitel 1: Nachfrage nach Gewerbeimmobilien
- allgemeine Entwicklung der Nachfrage nach Gewerbeimmobilien
- Charakteristika der wesentlichen Marktteilnehmer
- Entscheidungskriterien
- Bedeutung der architektonischen Qualität

Kapitel 2: Anbieter von Planungsleistungen
- architektonische Planungsleistungen
- Marktteilnehmer und ihr Leistungsspektrum
- Wandel der Anbieterstruktur
- Projektsteuerung
- Vor- und Nachteile der Marktteilnehmer

Kapitel 3: Rahmenbedingungen eines Bauprojektes
- rechtliche Grundlagen für Bauprojekte
- involvierte Verwaltungsbereiche
- der Einfluß externer Gruppen

Teil B: Vergabeformen architektonischer Planungsleistungen

Kapitel 1: Grundlagen der Vergabe architektonischer Planungsleistungen
- Vergabe städtischer Grundstücke
- idealtypische Kombination der Angebotsträger

Kapitel 2: GRW - konforme Wettbewerbe
- Grundzüge der GRW - konformen Wettbewerbe
- Geschichtlicher Abriß
- Auslobungsphase

Kapitel 3: Freihändige Vergabe und Gutachterverfahren
- Grundzüge der freihändigen Vergabe
- Grundzüge des Gutachterverfahrens
- Praxisrelevanz der Verfahren

Kapitel 4: Verbesserungsmöglichkeiten bestehender Vergabeformen und alternative Ansätze
- Stärken- / Schwächenanalyse bestehender Vergabeformen
- Nutzwertanalyse der klassischen Vergabeformen
- Lösungsansätze für die Problemfelder klassischer Vergabeform
- Gründe für alternative Ansätze

Kapitel 5: Zusammenfassung und Ausblick

Abb. 1: Gang der Arbeit

Teil A:

Planung von Gewerbeimmobilien

1 Nachfrage nach Gewerbeimmobilien

1.1 Allgemeine Entwicklung der Nachfrage

Zunächst werden die wesentlichen Parameter der Nachfrage nach Gewerbeimmobilien, gegliedert nach den Kriterien Investoren, Nutzungsmöglichkeiten und Objektgröße, dargestellt.

In zunehmendem Maße sind auch bei Gewerbeimmobilien Nutzer und *Investor* nicht mehr identisch. Für den Außenstehenden ist dieses allerdings nicht erkennbar. Selbst große Unternehmen, die eine neue und in der Regel größere Hauptverwaltung brauchen, wie z.B. Gruner+Jahr in Hamburg, stehen vor der Wahl, ob das Gebäude "klassisch", also mit Eigen- und Fremdkapital, oder aber durch neue Finanzierungsvarianten wie Immobilien-Leasing, offene oder geschlossene Fonds, finanziert werden soll. Die Auswahlmöglichkeit bei der Finanzierung wird maßgeblich dadurch gesteigert, daß die großen Banken über entsprechende Tochtergesellschaften verfügen und somit maßgeschneiderte Finanzierungskonzepte anbieten können. Dabei ist allerdings hervorzuheben, daß die Form der Finanzierung keine Frage der Bonität, sondern vielmehr eine finanzpolitische Entscheidung des Unternehmens ist.

Alternative Finanzierungskonzepte sind, außer bei Verwaltungsbauten privater Unternehmen, auch zunehmend bei Produktionsstätten und bei Investitionen von Staatsbetrieben und der Öffentlichen Hand anzutreffen. Dabei muß allerdings unterschieden werden, ob z.B. die Immobilien-Leasinggesellschaft lediglich als Finanzier auftritt oder das Objekt in eigener Regie nach Vorgaben des zukünftigen Nutzers selbst erstellt. In diesen Fällen, sie dürften in der Mehrzahl sein, tritt der zukünftige Nutzer nicht mehr als Bauherr[1] auf, obwohl das Gebäude nach Fertigstellung nach außen nur noch mit ihm in Verbindung gebracht wird. Aber die Grenzen verlaufen häufig fließend. So handelt es sich beispielsweise bei dem Bauvorhaben der Daimler-Benz-Tochtergesellschaft debis am Potsdamer Platz um ein Leasingprojekt. Auch wenn der Leasinggeber vom Stadium seiner Involvierung an maßgeblich an den Planungen beteiligt ist, sollen solche Projekte im Rahmen dieser Betrachtung als Eigenbedarfsbauten klassifizierten werden.[2]

Bei den *Nutzungsmöglichkeiten* geht es einerseits um die Anpassungsfähigkeit eines Gebäudes an neue Anforderungen, z.B. hinsichtlich neuer Technologien, und andererseits um die multifunktionale Nutzung und somit die daraus resultierende Fungibilität[3] von Gebäuden bei einem Nutzerwechsel. Somit sollten Gebäude möglichst variabel konstruiert sein. Es muß die Möglichkeit bestehen, Büroflächen problemlos zu teilen oder zusammenzulegen.[4] Vor allem Projektentwickler, die Projekte

[1] Die Begriffe Investor und Bauherr werden in diesem Zusammenhang synonym verwendet, da im Rahmen dieser Arbeit nur jene Investoren betrachtet werden, die aktiv in den Bauprozeß eingreifen.

[2] Als Abgrenzungskriterium wird somit die Projektinitiierung und nicht das wirtschaftliche Eigentum gewählt; vgl. auch Teil A, Kap. 1.2.1.

[3] Unter Fungibilität wird die die Möglichkeit der Veräußerung verstanden.

[4] Vgl. auch Heuer, B., (Erfolgreiches), Teil 6 Kapitel 4.2., S.2.

initiieren, bevor der zukünftige Nutzer bekannt ist, müssen sinnvollerweise vielseitig nutzbare Konzepte entwickeln. Dasselbe gilt für Immobilien-Leasinggesellschaften, die sich im voraus Gedanken über die Nutzung nach Ablauf des Leasingvertrages oder bei vorzeitigem Ausfall eines Leasingnehmers machen müssen. Standardisierte, vielseitig verwendbare Vorratsbauten machen 70-90% der Geschäftsneubauten aus.[5]

Auch hinsichtlich der durchschnittlichen *Objektgröße* gibt es erhebliche Veränderungen. Die Zunahme von Großprojekten mit Investitionssummen in dreistelliger Millionenhöhe ist vor allem auf die wachsende Knappheit von freien Grundstücken in guten Lagen zurückzuführen und auf die Tatsache, daß der allgemeine Aufwand nicht wesentlich höher ist als bei kleineren Objekten.[6] Darüberhinaus besteht eine Entwicklung zur multifunktionalen Nutzung. Gebäude, wie der geplante Mercedes-Komplex am Potsdamer Platz, werden nicht nur von einem, sondern von einer Vielzahl verschiedener Nutzer unterschiedlicher Branchen genutzt. Gefördert wird diese Entwicklung durch die zunehmende Verpflichtung, wie in Berlin neuerdings üblich, Bürogebäude mit einem 20%-igen Flächenanteil an Wohnungen zu bauen.

Daneben besteht allerdings bei den institutionellen Anlegern eine Bevorzugung mittelgroßer Projekte in der Größenordnung von 30-60 Mio DM, einerseits aus Gründen der Fungibilität und andererseits, zur Risikostreuung.

1.2 Bauherren

Tabelle 1 gibt einen ersten Überblick über die Nachfrageträger sowie deren Nachfragekriterien. In den nächsten Abschnitten wird auf einzelne Aspekte näher eingegangen.

1.2.1 Eigenbedarfsbauten

Bereits unter Punkt 1.1 wurde darauf eingegangen, daß es häufig für Außenstehende nicht möglich ist, festzustellen, ob ein Unternehmen für den eigenen Unternehmensbedarf baut, oder ob ein institutioneller Anleger maßgeschneidert und häufig auch in Zusammenarbeit mit dem zukünftigen Nutzer ein Gebäude erstellt. Die Entscheidung, ob ein Bauwerk von Unternehmen selbst finanziert werden soll oder zum Beispiel über eine Leasinggesellschaft, steht am Anfang des Projektes häufig nicht fest. Erst in einem fortgeschrittenen Projektstadium, wenn der genaue Investitionsbedarf feststeht, werden konkrete Finanzierungsmodelle ausgearbeitet. Da, wie später noch detaillierter dargestellt wird, bei nahezu allen Finanzierungsvarianten Banken im Hintergrund als Hauptgesellschafter stehen, müssen die Impulse für eine alternative Finanzierungsvariante nicht zwangsläufig vom Bauherrn, sondern können genauso gut von den entsprechenden Banken kommen.

---

5 Vgl. Bédrida, M. / Milatovic, M., (Bürogebäude), S.7.

6 Vgl. "Weniger ist mehr", Interview mit Dr. H. Röschinger, in: Zadelmarkt, Mai 1992, S.76.

	Nachfrageträger	Gründe der Nachfrage	bevorzugte Gebäudeart	Nutzungsart	Bedeutung variabler Nutzung	Standort-präferenzen	bevorzugtes Investitions-volumen	Rendite-erwartung	Risikoverhalten und Spezialisierung	Anforderungen an die Angebotsträger
	Eigenbedarfs-bauherren	Deckung des Eigenbedarfs	je nach Bedarf	Eigenbedarf	gering	unterschiedlich	nach Bedarf	nicht relevant	nicht relevant	komplexe, unternehmens- und probelemorientierte Lösung
Institutionelle Anleger	**Versicherungs-wirtschaft**	Anlage von Kundengeldern, Risikostreuung	Büro- und Geschäfts-häuser, Hotels			1a-Lagen in Großstädten	mittel (30-40 Mio. DM)	eher niedrig	sehr gering, keine besondere Spezialisierung Risikostreuung	
	Geschlossene Immobilienfonds		Büro- und Geschäfts-häuser, EKZ und Passagen, SB-Märkte			unterschiedlich	unterschiedlich	hoch, aber durch Steuer-ersparnisse	eher größer, tw. starke Spezialisierung	problemlose, wirtschaftlichkeits-orientierte Projekt-abwicklung, reine Dienstleistung, Unterordnung unter Gesamt-projektziele
	Offene Immobilienfonds	Geschäfts-zweck	Büro- und Geschäfts-häuser, EKZ	Fremd-bedarf	hoch	1a-Lagen in Großstädten	mittel bis hoch	mittel	sehr gering, keine besondere Spezialisierung	
	Leasing Gesellschaften		Büro- und Geschäfts-häuser, Produktionsgebäude Spezialimmobilien			unterschiedlich	unterschiedlich, z. T. sehr hoch	Banken-geschäft	gering, keine Spezialisierung	
	Ausländische Investoren	Geschäftszweck, Anlage von Kundengeldern	Büro- und Geschäfts-häuser, Hotels			absolute "Top"-Lagen	sehr hoch	eher niedrig	häufig großes Risiko, tw. Spezialisierung	wie oben, aber starke Betonung der reibungslosen Projektabwicklung
	Private Investoren	Geschäftszweck, Anlage von Geldern	Büro- und Geschäfts-häuser	Fremdbedarf	hoch	vor allem 1b-Lagen und Stadtteilzentren	mittel, aber auch kleinere Objekte	hoch	unterschiedlich	problemlose wirtschaftlichkeits-orientierte Projektabwicklung
	Öffentliche Bauherren	Deckung des Eigenbedarfs	je nach Bedarf	Eigenbedarf	gering	unterschiedlich, neuerdings nicht mehr unbedingt 1a-Lagen	nach Bedarf	nicht relevant	nicht relevant	Kompatibilität mit wirtschafts- und sozialpolitischen Zielsetzungen (z.B. Mittelstandsförderung)
	Projektentwickler i. e. S.	Geschäftszweck	Gewerbeparks, EKZ, Büro- und Geschäftshäuser	Fremdbedarf	sehr hoch	variiert stark	unterschiedlich	Veräußerungs-gewinn	grosses Risiko, i.d.R Spezia-lisierung	problemlose, wirtschaftlichkeits-orientierte Projektabwicklung

Tab. 1: Typologisches Raster der Nachfrageträger

Nach außen legen die Unternehmen, die ihre Gebäude z.B. geleast haben, äußersten Wert darauf, daß sie nicht als Leasing- sondern als Eigenobjekt erscheinen.[7] Diesen Diskretionswunsch erfüllen die Leasinggesellschaften selbstverständlich, und es ist letztendlich auch unerheblich, ob ein Gebäude durch Kredite, Hypotheken oder durch einen Leasingvertrag mit Kaufoption finanziert wird.

Die Abgrenzung zwischen unternehmenseigenen Objekten und Objekten institutioneller Anleger sollte in diesem Zusammenhang nicht hinsichtlich der Bilanzierung, sondern nach dem Kriterium des Planungs- und Gestaltungseinflusses beurteilt werden. Projekte, die von Unternehmen selbständig initiiert werden und bei denen anschließend, also, wenn die wesentlichen Entscheidungen hinsichtlich Programm und architektonischer Gestaltung bereits getroffen sind, institutionelle Anleger die Finanzierung übernehmen, sollten als unternehmenseigene Bauten betrachtet werden. In diesen Fällen haben die institutionellen Anleger nämlich keinen oder nur einen unerheblichen Einfluß auf die Vergabe der Planungsleistungen.

Statistisch läßt sich bei dieser Begriffserweiterung allerdings keine konkrete Aussage über den Anteil am Gesamtbauvolumen von Unternehmen, die für den eigenen Unternehmensbedarf bauen, treffen. Der Anteil liegt in Deutschland allerdings sehr viel höher als im Ausland. In den Vereinigten Staaten sind nur 35% der betriebsnotwendigen Flächen im Besitz der Unternehmen. Dieser Anteil liegt - zwar mit sinkender Tendenz - in Deutschland bei 75 Prozent.[8]

Eine Einordnung der Eigenbedarfsbauten nach Branchen oder Größe der Unternehmen kann ebenfalls nicht vorgenommen werden, da auch institutionelle Anleger höchste Ansprüche an die Bonität ihrer Kunden stellen. Die Annahme, daß dann geleast wird, wenn für eine Eigenfinanzierung die Mittel fehlen, ist nicht zutreffend.

Allgemein kann festgestellt werden, daß Unternehmen zunehmend die Bedeutung des Immobilien-Management erkennen. Begriffe wie Corporate Real Estate (CRE) und Facilitiy Management gewinnen an Interesse. Unternehmen wie IBM haben ihre CRE-Abteilungen als eigenständige Profit-Center organisiert. Siemens ging einen Schritt weiter und hat 1994 zwei Gesellschaften für die Verwertung und Verwaltung der Siemens-Immobilien gegründet. Die Siemens Immobilienmanagement GmbH & Co. OHG ist für die Entwicklung des Immobilienvermögens zuständig. Die SIAT Bauplanung und Ingenieurleistungen GmbH & Co. OHG ist demgegenüber für die Erstellung von Gebäuden verantwortlich. Ihr Know-how soll auch anderen Unternehmen zur Verfügung gestellt werden.[9]

---

7 Klassisches Beispiel ist das neue Verwaltungsgebäude von Gruner+Jahr in Hamburg, bei dem es sich um ein Leasingobjekt handelt.

8 Vgl. Gop, R., "Bilanz-Kur mit Flächendiät", in: Immobilien Manager, Feb. 1994, S.14.

9 "Siemens wird im Immobilienbereich aktiv", in: Immobilien Zeitung, 28.7.1994, S.8.

Berücksichtigt man beispielsweise, daß das Immobilienvermögen von Siemens einen offiziellen Buchwert von 8 Mrd. DM aufweist - die Verkehrswerte liegen um ein Vielfaches höher - ist es absolut notwendig, diesen wesentlichen Teil der Bilanzaktiva professionell zu managen. Zunehmende Bedeutung wird auch die Verwertung nicht mehr benötigter Betriebsflächen erhalten.[10]

1.2.2 Institutionelle Anleger

Unter institutionellen Anlegern werden in diesem Zusammenhang die Versicherungswirtschaft, offene und geschlossene Immobilienfonds, Leasinggesellschaften und ausländische Immobilieninvestoren verstanden. Immobilieninvestitionen stellen für sie entweder Geschäftszweck oder die Anlage von Kundengeldern dar. Institutionelle Anleger haben zum Teil voneinander abweichende Entscheidungs- und Anforderungskriterien, die durch folgende Faktoren bedingt sind:[11]

- Unterschiedliche Anlagephilosophien
  - hohe Anfangsrendite versus langfristige Wertsteigerung
  - Substanzwert versus Ertragswert,
- unterschiedliche Refinanzierungsmöglichkeiten,
- Wiederverkaufsmöglichkeiten / Fungibilität,
- steuerliche Bedingungen / Abschreibungsmöglichkeiten,
- regionale und produktspezifische Streuungsaspekte,
- bereits vorhandene Immobilienstruktur,
- abweichende Risikoeinschätzung und -bereitschaft,
- Auffassung von Aufsichtsorganen,
- rechtliche Rahmenbedingungen (BAV[12], KAGG[13]),
- zeitlicher Horizont der Anlage (kurz-, mittel- oder langfristige Immobilienanlagen),
- Verwaltungsaufwand und
- persönliche Einflußnahme.

Trotz aller Unterschiede in Detailfragen, sind die Unterschiede bei den Anforderungskriterien insgesamt relativ gering, da es immer um die drei entscheidenen Anlagekriterien Risikobereitschaft, Rentabilitätserwartung und Fungibilität geht. Im nachfolgenden werden einzelne institutionelle Anleger dargestellt und auf Besonderheiten näher eingegangen.

1.2.2.1 Geschlossene und offene Immobilienfonds

Der Zeichner eines geschlossenen Fonds beteiligt sich kapitalmäßig an einer oder mehreren festgelegten Immobilien und wird wirtschaftlich und steuerlich wie ein direkter Immobilieneigentümer behandelt und kann daher von der Sonderstellung

10 "Siemens wird im Immobilienbereich aktiv", in: Immobilien Zeitung, 28.7.1994, S.8.
11 In Anlehnung an: Heuer, B., (Erfolgreiches), Teil 6, Kap. 4.1., S.1.
12 BAV = Bundesaufsichtsamt für das Versicherungswesen.
13 KAGG = Kapitalanlagegesellschaftengesetz.

der Grundbesitzbesteuerung profitieren. Als Gesellschaftsform wird für jeden Fonds in der Regel entweder eine BGB-Gesellschaft oder eine Kommanditgesellschaft (KG) gegründet. Die BGB-Gesellschaft wird vor allem bei regionalen Projekten, die über Nicht-Geldinstitute vertrieben werden, und ein Investitionsvolumen von 10 Mio. DM nicht überschreiten, gewählt. Bei größeren Projekten hat sich die vermögensverwaltende Kommanditgesellschaft mit einem Treuhandkommanditisten und natürlichen Personen als Komplementäre durchgesetzt.[14] Diese Investitionsform eignet sich vor allem für gutverdienende Privatpersonen, da der Zeichnungsbetrag zwar individuell bestimmt werden kann, aber in der Regel erst ab einer Mindestbeteiligung von 20'000 DM. Die durchschnittliche Beteiligungshöhe beträgt ca. 100'000 DM.[15] Die Syndizierungskosten (Fondsauflagekosten) betragen rund 5-15% des Eigenkapitals. Für den Zeichner ist eine Beteiligung an einem geschlossenen Fonds steuerlich besonders dann interessant, wenn Teile des Zeichnungsbetrages fremdfinanziert werden. Der Grad der Fremdfinanzierung von geschlossenen Immobilienfonds schwankt erheblich. Je höher der Fremdfinanzierungsgrad, desto größer ist der Einkommenssteuerspareffekt.[16] Steuerorientierte Fonds kommen auf eine Fremdfinanzierung von 80%, wohingegen ausschüttungsorientierte Fonds in der Regel einen Eigenkapitalanteil von 50-60% aufweisen.[17] Beide Formen werden aus steuerlichen Gründen so konstruiert, daß Einkünfte aus Vermietung und Verpachtung entstehen.[18]

Seitens der Anbieter von geschlossen Immobilienfonds werden folgende Vorteile ihrer Produkte aufgeführt:[19]

1. Sicherheit: ausgesuchte, qualifizierte gewerbliche Immobilien,
2. Durchschaubarkeit, Transparenz, Vertrautheit: sämtliche Informationen über das Projekt werden vorgelegt,
3. Benutzerfreundlich, pflegeleicht: keine Vermieterpflichten, teilweise werden die Projekte von entsprechenden Tochtergesellschaften selbst entwickelt und anschließend betrieben,
4. Einflußmöglichkeiten des Anlegers: Gesellschafterversammlung, Verkauf der Fondsimmobilie durch qualifizierten Mehrheitsbeschluß der Gesellschafterversammlung
5. Individuelle Wahl der Investitionshöhe,
6. Fremdfinanzierbarkeit: Leverage-Effekt,
7. Inflationsschutz,
8. Ertragssteuerliche Vorteile: Erwerb unter pari, weitgehend steuerfreie Ausschüttungen, nach Spekulationsfrist steuerfreie Veräußerung von Fondsanteilen,

---

14 Jagdfeld, A / Schünemann, H., (geschlossene), S.8.

15 Jagdfeld, A / Schünemann, H., "Immobilien-Investment-Banking in Deutschland", in: Sparkasse, 6/91 (Sonderdruck), S.1ff.

16 Entsprechend wird in den Verkaufsprospekten der geschlossenen Immobilienfonds die Rentabilität je nach individuellem Steuersatz dargestellt. Bei hoher Fremdkapitalbelastung besteht allerdings auch die Gefahr einer Zuzahlung.

17 Gerlach et al., (Gewerbeimmobilien), 156ff.

18 Vgl. Gerlach et al., (Gewerbeimmobilien), S.160.

19 In Anlehnung an: Jagdfeld, A / Schünemann, H., "Schon mit vergleichsweise kleinem Einsatz an großen Objekten teilhaben", in: Handelsblatt, 10.3.1992.

9. Vermögensbezogene Vorteile bei: Vermögens-, Erbschafts- und Schenkungssteuer wegen der Zugrundelegung von Einheitswerten und
10. Rendite, Rentabilität: attraktive Nach-Steuer-Renditen.

Bei der Betrachtung dieser Vorteile sollte aber berücksichtigt werden, daß das Risiko bei der Beteiligung an einer einzelnen Immobilie erheblich größer ist[20], als bei einem offenen Fonds und eine Risikostreuung[21] konzeptionell nicht gewünscht wird. Außerdem unterliegen die geschlossenen Immobilienfonds nicht der staatlichen bzw. der Bankenaufsicht, sondern es gilt Vertragsfreiheit.[22] Diese Risiken und die verhältnismäßig hohen Einsätze der Zeichner erfordern deshalb eine sehr strenge Auswahl der Projekte und Fondssyndikatoren. Die Erfahrung zeigt, daß die Hoffnung auf Steuerersparnisse Anlager blind machen kann. Besonders genau muß vor allem bei BGB-Konstruktionen die Haftung geprüft werden. Darüberhinaus ist zu berücksichtigen, daß es keinen institutionalisierten Markt für Fondsbeteiligungen gibt, somit die Fungibilität beschränkt ist, und im Gegensatz zu den offenen Immobilienfonds, keine Rücknahmeverpflichtung besteht. Deshalb handelt es sich bei einer Beteiligung an einem geschlossenen Immobilienfonds immer um eine langfristige Anlage.

Auch wenn die geschlossenen Immobilienfonds zur Zeit zu den größten Immobilienanleger gehören, wird sich das quantitative Niveau langfristig nicht halten lassen. Dies gilt insbesondere für Anlagen in den Neuen Bundesländern.

Bei *offenen Immobilienfonds* handelt es sich um Kapitalanlagegesellschaften, die das Anlagevermögen mehrheitlich in Immobilien investieren. Es handelt sich somit eine kollektive, fremdverwaltete Kapitalanlage in Immobilien unter Berücksichtigung der Risikostreuung.[23] Charakteristisch für offene Immobilienfonds ist außerdem, daß weder eine Begrenzung der Anlegerzahl noch des Fondsvolumen vorgesehen ist. Nach §2 Abs. 1 KAGG werden offene Immobilienfonds als Kreditinstitute eingestuft und unterliegen dem Kreditwesengesetz (KWG) und somit der Weisung und Kontrolle des Bundesamtes für Kreditwesen (BAK).[24]

Da die offenen Fonds den strengen Regelungen des KAGG unterliegen, ist der Markt[25] sehr viel transparenter als bei geschlossenen Immobilienfonds. Die Anteile an offenen Immobilienfonds, rechtlich handelt es sich um Wertpapiere, werden in der Regel über Banken vertrieben und können jederzeit zum Tageskurs zurückgegeben werden und machen somit Immobilien mobil. Im Gegensatz zu den geschlossenen Fonds handelt es sich somit nicht zwangsläufig um eine langfristige Anlage.[26] Die Ausgabe der Fondszertifikate über die Depotbank erfolgt in der Regel mit einem

20 Vor allem bei ausländischen Immobilien, vgl. "Sturz ins Bodenlose", Manager Magazin, 2/91, S.124.

21 Eine Risikostreuung ist allenfalls durch die Zeichnung verschiedener Fonds möglich, wobei Beteiligungen an geschlossenen Immobilienfonds an sich schon eine Risikostreuung im Gesamtportfolio eines Anlegers darstellen sollte.

22 Entsprechend sind auch viele "schwarze Schafe" auf dem Markt.

23 Vgl. Bone-Winkel, S., (offene), S. 40.

24 Vgl. Bone-Winkel, S., (offene), S. 66ff.

25 Nachfolgende Betrachtungen beziehen sich auf Publikumsfonds.

26 Zum Vergleich offene versus geschlossene Fonds; vgl. Jagdfeld, A./Schünemann, J., "Immobilien-Investment-Banking in Deutschland", in: Sparkasse, Sonderdruck 6/91.

5%igen Agio zur Deckung der Emmissionskosten. Darüberhinaus fällt eine jährliche Verwaltungsgebühr von üblicherweise 0,5% des Fondsvermögens an.[27] Da es sich aus der Sicht des Anlegers um Kapitalerträge und nicht, wie bei geschlossenen Fonds, um Erträge aus Vermietung und Verpachtung handelt, sind die Steuerspareffekte bei offenen Fonds nicht in dem Maße gegeben, da nur ein Teil steuerfrei ist.

Neben den allgemein bekannten Publikumsfonds gibt es Spezialfonds, bei denen die Fondsgesellschaft einen speziellen Fonds für ein bis maximal zehn Unternehmen bildet. Nach der Bundesbank werden "unter Spezialfonds ... Fonds erfaßt, deren Anteile einem bestimmten Erwerberkreis vorbehalten sind, zum Beispiel institutionellen Anlegern oder Belegschaftsmitgliedern."[28]

Bei der Zusammensetzung ihres Portfolios sind die offenen Immobilienfonds eingeschränkt. Der Anteil unbebauter Grundstücke und in Bau befindlicher Projekte darf jeweils nicht mehr als 20% und der eines einzelnes Objekt maximal 15% des Wertes des gesamten Sondervermögens betragen.[29] Größere Probleme bereitete im letzten Jahr den Gesellschaften die Einschränkung, daß die liquiden Mittel nicht über 49,9% liegen dürfen. Aufgrund des enormen Mittelzuflusses konnten einige Gesellschaften diese Anforderung nicht einhalten, da die offenen Immobilienfonds erhebliche Mühe hatten, schnell adäquate Anlageobjekte zu finden. Dies liegt teilweise auch daran, daß die Neuen Bundesländer für offene Immobilienfonds nur begrenzt attraktiv sind, da sie nicht in den Genuß der Sonderabschreibungen kommen.

Bei Ausgabepreisen von etwa 100 DM[30] und einer durchschnittlichen Beteiligungshöhe von 10'000 bis 15'000 DM[31] eignen sich offene Immobilienfonds eher für Kleinsparer, im Rahmen von Sparplänen, denen das nötige Kapital für Immobiliendirektinvestitionen fehlt.

1.2.2.2 Immobilien-Leasinggesellschaften

Unter Immobilien-Leasing wird im allgemeinen die Vermietung und Verpachtung von Grundstücken und Gebäuden sowie Betriebsanlagen, die an einen festen Standort gebunden sind, verstanden.[32] Obwohl das Immobilienleasing nach außen hin kaum in Erscheinung tritt, ist die Bedeutung wachsend. Dabei ist zu berücksichtigen, daß die deutsche Leasingbranche[33] erst seit 30 Jahren besteht.

---

27 Gerlach, H., (Gewerbeimmobilien), S.153.

28 Kandlbinder, H.K., "Belebung beim Anlageinstrument Immobilien-Spezialfonds", in: der langfristige kredit, 13/1994, S.4.

29 Vgl. BVI, (Investment), S.73ff.

30 Der Ausgabepreis z.B. des DIFA-Grund-Fonds betrug am 31.3.1994 119,37 DM.

31 Jagdfeld, A./Schünemann, J., "Immobilien-Investment-Banking in Deutschland", in: Sparkasse, Sonderdruck 6/91, S.3.

32 Gabele, E. et al., (Immobilien-Leasing), S.16.

33 In Anhang 2 findet sich eine Auflistung der wesentlichen Marktteilnehmer sowie deren Gesellschafter.

Generell muß zwischen Finanzierungsleasing - der Leasinggeber übernimmt lediglich die Finanzierung - und Full-Service-Leasing - der Leasinggeber neben der Finanzierung auch für die Planung und Erstellung eines Gebäudes verantwortlich - unterschieden werden.

Ein besonderes Kennzeichen des Immobilien-Leasings sind die verhältnismäßig langen Laufzeiten der Verträge. Die Grundmietzeit betrug bei 76% der bilanzierten Zugänge über 16 Jahre.[34] Während der Grundmietzeit ist der Leasingvertrag unkündbar.[35] Es besteht allerdings ein Trend zu kürzeren Grundmietzeiten. Der Leasingnehmer trägt das Investitionsrisiko und hat in der Regel die Option, das Gebäude zu einem bei Vertragabschluß festgelegten Preis, in der Regel der Buchwert, nach Ablauf der Grundmietzeit zu übernehmen, wobei das Eigentum, was steuerrechtlich sehr entscheidend ist, bis zum Ablauf beim Leasinggeber bleibt. Bei Immobilien-Leasingverträgen, die bisher allen Standardisierungsversuchen entzogen blieben, steht die Finanzierungsfunktion im Vordergrund.[36] Die Anbieterseiter (Leasinggeber) ist beim Immobililienleasing von Gesellschaften der Bank- und Kreditinstitute geprägt.

Beim Immobilien-Leasingvertrag werden in der Praxis drei verschiedene Varianten unterschieden:[37]

1. Vollamortisation,
2. Teilamortisation im engeren Sinne und
3. Mieterdarlehensverträge.

Bei der Vollamortisation, die in der Praxis heutzutage allerdings nicht mehr vorkommt, hat der Leasingnehmer am Ende der Grundmietzeit die gesamten Investitionskosten bezahlt. Das Wertminderungsrisiko liegt deshalb auch vollständig beim Leasingnehmer. Bei der Teilamortisation i.e.S. werden die Investitionskosten im Rahmen des Tilgungsanteiles der Leasingrate nur in der Höhe der linearen Abschreibungen amortisiert. Am Ende der Grundmietzeit besteht noch ein erheblicher Darlehensrest. Mieterdarlehensverträge sind eine Kombination der Vorteile aus Voll- und Teilamortisation, bei der das Objekt zwar am Ende der Grundmietzeit nicht vollständig getilgt ist, aber der nicht getilgte Teil der Höhe nach identisch ist mit den vom Leasingnehmer bereits bezahlten Mieterdarlehen, so daß de facto am Ende der Leasingnehmer für die Übernahme nichts bezahlen muß, sondern die Forderungen verrechnet werden.[38] Für jedes Leasingobjekt wird eine eigene Objektgesellschaft, entweder mit oder ohne Beteiligung des Leasingnehmers, gegründet.

34 BDL, Ergebnisse der Umfragen des BDL bei den Mitgliedgesellschaften für die Geschäftsjahre 1989 bis 1993, S.1. Für Gebäude mit einem Abschreibungszeitraum von 25 Jahren kommt grundsätzlich eine Mietzeit von maximal 22,5 Jahren in Betracht.

35 Feinen, K., "Fonds-Leasing als Instrument für gewerbliche und öffentliche Investitionen", in: der langfristige Kredit, 13/92, S.14, es handelt sich hierbei um Finance-Leasing-Verträge.

36 Fohlmeister, K. J., (Immobilien), in: Hagenmüller, K. F. / Eckstein, W., (Leasing), S.179.

37 In Anlehnung an: Gabele, E, Kroll, M., "Grundlagen des Immobilien-Leasing", in: Der Betrieb, Heft 5, 1.Feb. 1991, S.242ff; vgl. diesbezüglich auch, Fohlmeister, K. J., Immobilien-Leasing, in: Hagenmüller, K. F. / Eckstein, W., (Leasing), S.190ff.

38 Bei der Vertragsgestaltung sind vor allem steuerrechtliche Aspekte entscheidend, deren Darstellung den Rahmen dieser Arbeit sprengen würde; vgl. zu diesem Thema; Gabele, E. et al., (Immobilien-Leasing), S.119ff.

In der Regel hat der Immobilien-Leasingnehmer dabei folgende Leistungen zu erbringen:[39]

1. Leasingrate (Tilgung, Verzinsung, Verwaltungskosten, Risiko- und Gewinnmarge),
2. Mieterdarlehenszahlung und einmalige Sonderzahlung,
3. Mietnebenkosten und
4. Vormieten (Zahlungen während der Bauzeit bei Neubauten).

Neben der Finanzierung dominiert immer stärker das sogenannte Full-Service-Leasing im Leasinggeschäft. Dabei übernimmt der Leasinggeber, vertreten durch entsprechende Tochtergesellschaften, je nach vertraglicher Absprache mit dem Leasingnehmer auch noch folgende Leistungen:[40]

- Standortauswahl und Grundstücksbeschaffung
- Projektentwicklung, -organisation und -abwicklung
- Objektverwaltung.

Bei einem klassischen Projekt, d.h. ohne Besonderheiten wie Mieterbeteiligung, Fonds, etc., ergeben sich folgende Vertragsbeziehungen:

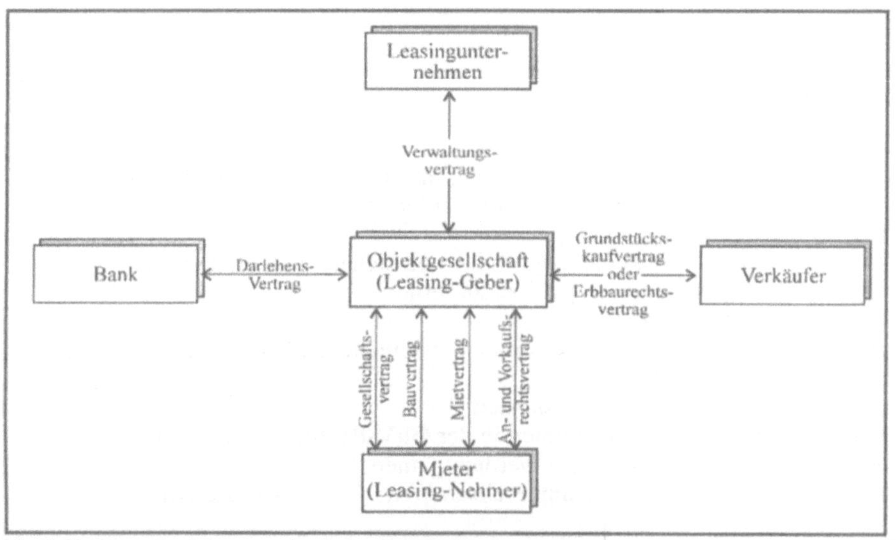

Abb. 2: Vertragsbeziehungen im Immobilien-Leasingvertrag;
Quelle: in Anlehnung an: Fohlmeister, K.J., Immobilien-Leasing, in: Hagenmüller, K.F./ Eckstein, W. (Leasing), S.200.

Zur Regelung der gesellschaftsrechtlichen Bedingungen sowie des Geschäftsgegenstandes der Objektgesellschaft wird der Gesellschaftsvertrag abgeschlossen. Der

39 In Anlehnung an: Gabele, E, Kroll, M., "Grundlagen des Immobilien-Leasing", in: Der Betrieb, Heft 5, 1. Feb. 1991, S.244ff.

40 Vgl. z.B., DAL, Unternehmensportrait, S.13 oder Gabele, E. et al., (Immobilien-Leasing), S. 77ff.

Verwaltungsvertrag mit dem Leasing-Unternehmen, der Dachgesellschaft, stellt das Fundament bzw. den Ausgangspunkt jeder Geschäftstätigkeit einer Objektgesellschaft dar. Auf der Basis eines Bauvertrages beginnt die Objektgesellschaft als Bauherr mit der Errichtung des Gebäudes.

Neben dem Full-Service-Leasing, der reinen Finanzierung ohne weitere Planungsleistungen, gibt es noch weitere Varianten, auf die in diesem Rahmen nicht näher eingegangen werden soll, da es sich weitestgehend um reine Finanzierungsfragen handelt:[41]

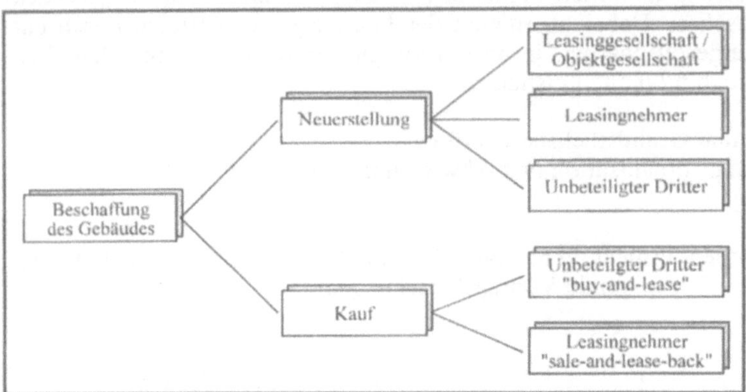

Abb. 3: Varianten des Immobilien-Leasings;
Quelle: in Anlehnung an Gabele, E. et. al. (Immobilien-Leasing), S.87.

Folgende Vorteile des Immobilien-Leasings im allgemeinen und des Full-Service-Leasings im speziellen können aufgeführt werden:[42]

1. Fixierte Mietraten bilden eine langfristige und sichere Kalkulationsbasis,
2. Schonung des Eigenkapital, liquiditätsfördernd,
3. "Pay-as-you-earn"-Effekt,[43]
4. positive Beeinflussung der Bilanzstruktur (weitgehende Bilanzneutralität, Off-bilance-Effekt),
5. Einsparungen bei den Erstellungskosten,[44]
6. steuerliche Vorteile, da Leasingraten in der GuV-Rechnung[45] als Betriebsausgaben steuerlich geltend gemacht werden können,
7. Refinanzierungskosten[46] (Leasinggesellschaften erhalten als Großkreditnehmer

41 In Anlehnung an: Gabele, E. et al., (Immobilien-Leasing), S. 87.

42 In Anlehnung an: Gabele, E, Kroll, M., "Grundlagen des Immobilien-Leasing", in: Der Betrieb, Heft 5, 1.Feb. 1991, S.246ff und Fohlmeister, K. J., Immobilien-Leasing, in: Hagenmüller, K. F. / Eckstein, W., (Leasing), S.181ff.

43 Behauptung, daß die Leasingverpflichtungen aus dem laufenden Ertrag, der durch die Investition erzielt wird, bezahlbar seien, vgl. diesbezüglich: Gabele, E. et al., (Immobilien-Leasing), S.153.

44 Stark variierend, in der Literatur werden Größenordnungen von bis zu 10% genannt; vgl. Gabele, E. et al., (Immobilien-Leasing), S.117f.

45 GuV = Gewinn- und Verlust-Rechnung.

häufig günstigere Refinanzierungsbedingungen als kleinere Unternehmen) und
8. Kauf und Finanzierung aus einer Hand.

Die Vorteile sind vor allem bei den geringen Erstellungskosten zu sehen. Aufgrund ihres großen Auftragsvolumens haben die Leasinggesellschaften eine sehr starke Verhandlungsposition gegenüber bauausführenden Unternehmen und verfügen über entsprechendes Know-how und langjährige Erfahrung. Ein generelles Rechenbeispiel hinsichtlich der Vorteile des Immobilien-Leasings kann es aufgrund der Vielzahl von quantitativen und qualitativen Einflußfaktoren[47] nicht geben.

Zunehmende Bedeutung hat die Kombination von Leasing und geschlossenen Immobilienfonds erlangt. Bei dieser Variante finanziert der Leasinggeber das Objekt durch die Auflage eines geschlossenen Fonds. Der Leasingnehmer hat hierbei die Möglichkeit, Anteile des Fonds selber zu zeichnen.[48]

1.2.3 Private Investoren

Unter privaten Investoren sollen Unternehmen verstanden werden, die Immobilien kaufen oder selber entwickeln, um sie anschließend im Besitz zu behalten, nicht aber selber zu nutzen. Von ihrem Geschäftszweck und ihrer Organisationsstruktur sind sie aber mit institutionellen Anlegern nicht vergleichbar.[49] Im Gegensatz zu institutionellen Anlegern agieren private Investoren vor allem auf lokalen Märkten. Da es sich fast ausschließlich um Unternehmen handelt die keiner Publikationspflicht unterliegen, sind genauere Angaben über deren Marktanteile nicht möglich. Es handelt sich bei privaten Investoren häufig um traditionsreiche, kapitalstarke Unternehmen. Es gibt aber auch jüngere Unternehmen, die ihre Projekte teilweise vollständig fremdfinanzieren.[50] Nach Schätzungen eines Marktteilnehmers liegt der Anteil der privaten Investoren beim Neubauvolumen in Hamburg flächenmäßig bei 20 Prozent. Dieser hohe Anteil mag bundesweit nicht repräsentativ sein. Es ist aber zu berücksichtigen, daß die privaten Investoren aufgrund ihrer geringen Anzahl - Schätzungen gehen bundesweit von 100 bis 200 aus[51] - und ihrer weitgehenden lokalen Tätigkeit, einen erheblichen Einfluß auf den lokalen Märkten haben. Es handelt sich um ganz wesentliche Marktteilnehmer, auch wenn sie sich zum Teil in einem anderen Marktsegment als die institutionellen Anleger bewegen.

Aufgrund ihrer lokalen Tätigkeit und somit hervorragenden Ortskenntnisse investieren sie in entwicklungsträchtige, wenig erschlossene Standorte und nur in geringem

---

46 Das Eigenkapital der Leasinggesellschaft beträgt lediglich 1 bis 5% der jeweiligen Bilanzsumme; vgl. Feinen, K., "Fonds-Leasing als Instrument für gewerbliche und öffentliche Investitionen", in: der langfristige Kredit, 13/92, S.14.

47 Hierzu gehört z.B. die steuerliche Situation, der Kapitalmarkt und Skalenerträge der Planung und Bauausführung.

48 Vgl. "Geschlossene Fonds finanzieren das Leasing von Großprojekten", in: Immobilien Zeitung, 5.5.1994, S. 11.

49 Im wesentlichen handelt es sich um "Großgrundbesitzer" und/oder Spekulanten.

50 Die Eigenleistungen bei der Projektentwicklung sind das Eigenkapital und somit wird die 80%-Grenze der Fremdfinanzierung nicht überschritten.

51 Vgl. Weichs, C.v., (Rahmen), o.A.d.S.

Maße in den 1a-Lagen.[52] Somit sind sie gewissermaßen Pioniere bei der Erschließung neuer Lagen; sie versuchen, "Adressen zu machen". Da es sich aber im Vergleich zu den großen institutionellen Anlegern um Kleinstunternehmen handelt, sind sie in größerem Rahmen davon abhängig, daß sich jedes ihrer Objekte von Anfang an selbst tragen kann und passen sich deshalb Veränderungen des Marktes sehr schnell an. Außerdem unterscheiden sie sich gegenüber den institutionellen Anlegern durch kurze Entscheidungswege, die ebenfalls zu einer stärkeren Marktnähe führen.

Hinsichtlich der Größe der Objekte gibt es keine signifikanten Unterschiede zu institutionellen Anlegern, wenn auch davon ausgegangen werden kann, daß extrem große Objekte für private Investoren eher ungeeignet sind.

Die Branche ist erst 1994 durch den spektakulären Konkurs von Dr. Schneider öffentlich in Erscheinung getreten. Es muß hier deutlich darauf hingewiesen werden, daß einerseits dieser Konkurs kein Einzelfall bleiben wird und weitere Pleiten zu erwarten sind und andererseits aber auch, daß diese Art von Unternehmen nicht repräsentativ für das gesamte Marktsegment sind.

1.2.4 Öffentliche Bauherren

Unter dem Begriff der Öffentlichen Hand soll in diesem Zusammenhang nicht nur die Bautätigkeit des Staates im engeren Sinne (Bund, Länder, Gemeinden), sondern auch diejenige von Sozialversicherungen und Organisationen ohne Erwerbszweck, wie z.B. Kirchen, zusammengefaßt werden. So tritt sowohl die Kirche, als auch der Staat als Bauherr bei Krankenhäusern, Kindergärten oder Bildungsstätten auf. Problematischer ist die Abgrenzung bei öffentlichen Unternehmen, wie z.B. Bundesbahn und Telekom. Meines Erachtens sollten sie ebenfalls als Bautätigkeiten der Öffentlichen Hand betrachtet werden, da die Investitionsentscheidungen genau wie beim Neubau eines Krankenhauses oder Rathauses weitestgehend politische Entscheidungen sind. Eine exakte Aussage über den Anteil öffentlicher Bauaufträge am Gesamtbauvolumen läßt sich aufgrund der Abgrenzungsproblematik nur schwer treffen.

Aufgrund des hohen Investitionsbedarfes und der leeren Kassen, vor allem der Kommunen in den Neuen Bundesländern, gibt es große Anstrengungen, neue Wege zur Finanzierung der öffentlichen Infrastruktur[53] zu finden.

Engpaßfaktor der Öffentlichen Hand ist allerdings nicht der Kapitalmarkt, da Kommunen bei normaler Kapitalmarktlage jeden Betrag an Krediten von den Geschäftsbanken erhalten, sondern die Einnahmen ihres Verwaltungshaushaltes. Somit müssen alternative Finanzierungsvarianten das Investitionskapital zu einem günstigeren

52 Hinsichtlich der Bedeutung von Standorten; vgl. Teil A, Kap. 1.3.6.

53 Obwohl sich die aktuelle Diskussion vorwiegend auf die Finanzierung von Verkehrswegen bezieht, gehören Verwaltungsgebäude der öffentlichen Hand ebenfalls zur öffentlichen Infrastruktur. Budäus spricht in diesem Zusammenhang von der "mittelbaren institutionellen Infrastruktur". Budäus, D., (Ansätze), S. 5.

Preis als dem Zinssatz bzw. dem Schuldendienst des herkömmlichen Kommunalkredites zur Verfügung stellen.[54] Daneben ist allerdings ebenfalls zu prüfen, ob die, durch private Finanzierung öffentlicher Infrastrukturen "eingekaufte Zeit",[55] einzukalkulieren ist, und ob es sich hierbei im Sinne von mehr Markt und weniger Staat aus ordnungspolitischer Sicht nicht um einen Wert an sich handelt.[56] Generell umfaßt die Diskussion über die private Finanzierung der öffentlichen Infrastruktur die Dimensionen Finanzierung i.e.S., Erstellung und Betreibung, die nicht isoliert betrachtet werden sollten. Grundsätzlich sollten bei der Betrachtung der privaten Finanzierung öffentlicher Infrastruktur, darüberhinaus auch die resultierenden Transaktionskosten[57] berücksichtigt werden, die beim Kommunalkredit sicherlich am geringsten ausfallen werden, da sich alternative Finanzierungvarianten durch eine erheblich komplexere Verfügungsrechtssituation auszeichnen.

Im wesentlichen stehen drei Varianten zur Verfügung:[58]

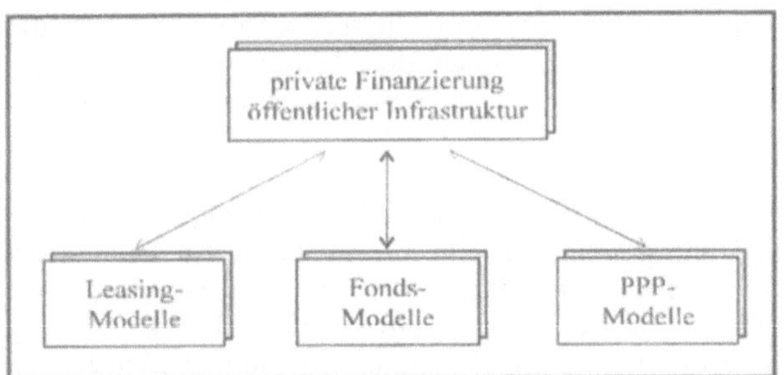

Abb. 4: Private Finanzierungsformen öffentlicher Infrastruktur

Auf die Bedeutung des Leasings[59] für die Öffentliche Hand wurde bereits unter Punkt 1.2.2.2 eingegangen. So verlockend die Leasingvariante für Kommunen auch auf den ersten Blick erscheint, so ist doch zu berücksichtigen, daß Immobilienleasingobjekte nur dann dem Leasinggeber zugeschrieben werden, und die daraus resultierenden steuertechnischen Anreize auf der Seite des Leasinggebers realisiert werden können, wenn es sich nicht um Spezial-Leasing handelt. Von Spezial-Leasing spricht man, wenn das Leasingobjekt dermaßen auf die Bedürfnisse des Leasingnehmers zugeschnitten ist, daß eine Drittverwertung nicht möglich erscheint. Dieser Fall, bei dem unabhängig von der Vertragsgestaltung der Leasingnehmer als wirtschaftlicher Eigentümer betrachtet wird, dürfte z.B. bei einem Schwimmbad für

54 Vgl. Krämer, R., "Private Finanzierung kommunaler Infrastrukturinvestitionen - Königsweg oder Sackgasse?", in: der gemeindehaushalt, 11/92, S. 241.

55 Vgl. diesbezüglich Bundesministerium der Finanzen, (Finanzierung), S. 1.

56 Vgl. Budäus, D., (Ansätze), S. 3.

57 Unter Transaktionskosten werden Anbahnungs-, Vereinbarungs-, Abwicklungs-, Anpassungs- und Kontrollkosten verstanden, vgl. Budäus, D., (Ansätze), S. 11. So sind beispielsweise die Transaktionskosten bei Leasinggeschäften sehr hoch, da jedes Geschäft von den Kommunalaufsichtsbehörden geprüft und genehmigt werden muß; vgl. Krämer, R., "Private Finanzierung kommunaler Infrastrukturinvestitionen - Königsweg oder Sackgasse?", in: der gemeindehaushalt, 11/92, S. 242; vgl. auch Anhang 2.

58 PPP = Public-Private-Partnership.

59 Auch wenn die Definition unglücklich ist, wird unter kommunalem Leasing nicht Leasing durch die öffentliche Hand, sondern kommunale Immobilienfonds, verstanden; vgl. Budäus, D., (Ansätze), S. 5.

eine Gemeinde gegeben sein, nicht aber bei einer Verwaltung. Das Leasing wird bei einer isolierten Betrachtung der Finanzierung i.e.S. gegenüber dem Kommunalkredit in der Regel ungünstiger abschneiden, da bei der Refinanzierung auf dem Kapitalmarkt nicht die Konditionen wie bei der Öffentlichen Hand erzielt werden können.[60] Dieser Nachteil kann durch geringere Erstellungskosten bei Full-Service-Leasing überkompensiert werden.[61] Selbst wenn dies der Fall sein sollte, stellt sich die Frage, warum dann die unabhängigen Leistungen Finanzierung i.e.S. und Erstellung nicht getrennt nachgefragt werden.

Die zweite Variante sind Fonds-Modelle.[62] An die Stelle der Leasinggesellschaft tritt nun ein geschlossener Immobilienfonds. Da der geschlossene Immobilienfonds in diesen Fällen weitestgehend mit Eigenkapital arbeitet, kann aufgrund der spezifischen Vorteile[63] durchaus mittelfristig eine günstigere Finanzierungform als der Schuldendienst des Kommunalkredits vorliegen. Dies gilt allerdings nur solange Verluste steuermindernd geltend gemacht werden können.[64] Sobald der Fonds allerdings aus der Verlustzone kommt und die Erträge besteuert werden, müssen die Leasingraten erheblich ansteigen, um einen Einbruch der Rendite zu verhindern. Außerdem liegen die Transaktionskosten aufgrund der juristisch äußerst komplexen Vertragswerke bei Fonds-Modell am höchsten.

Die dritte Variante sind Public-Private-Partnership-Modelle. Bei dieser Variante gründen Private und Öffentliche Hand gemeinsam eine Gesellschaft zur Errichtung und eventuell Betreibung von öffentlicher Infrastruktur oder anderen Projekten, wie z.B. dem Kölner Media-Park.[65] Diese Variante führt zu einer erheblichen Entlastung der kommunalen Haushalte, da in der Regel die Finanzierung zum größeren Teil von Privaten übernommen wird. Je nach vertraglicher Ausgestaltung verlieren die Kommunen dabei aber nicht die Entscheidungshoheit. Generell sollte allerdings sichergestellt sein, daß die Öffentliche Hand das Projekt nicht selbst wirtschaftlich sinnvoll erstellen kann und das Public-Private-Partnership nicht zu einer Form von "Edel-Filz" wird.

60 Selbst wenn davon ausgegangen wird, daß die Bonität durchaus auch auf Private übertragen werden könnte, die für den Staat Aufgaben übernehmen, vgl. z.B. Bundesministerium der Finanzen, (Finanzierung), S. 32, bleiben die höheren Transaktionskosten.

61 Vgl. Budäus, D., (Ansätze), S. 8ff.

62 Vgl. Krämer, R., "Private Finanzierung kommunaler Infrastrukturinvestitionen - Königsweg oder Sackgasse?", in: der gemeindehaushalt, 11/92, S. 242f.

63 Vgl. Teil A Kap. 1.2.2.1.

64 Die Argumentation, daß das Modell zu Mindereinnahmen bei der Einkommensteuer führe, ist insofern nicht stichhaltig, da die Eigenkapitalgeber sonst andere Projekte auswählen würden und somit nur die Frage besteht, durch welches Projekt sie ihre Steuern mindern.

65 So sind auch der gesamte Hamburger Hafen und die Londoner Docklands ein Public-Private-Partnership-Modell.

Zusammenfassend lassen sich Finanzierungs-, Erstellungs-, Betreibungs- und Transaktionskosten in Abhängigkeit vom Grad der Privatisierung folgendermaßen darstellen:

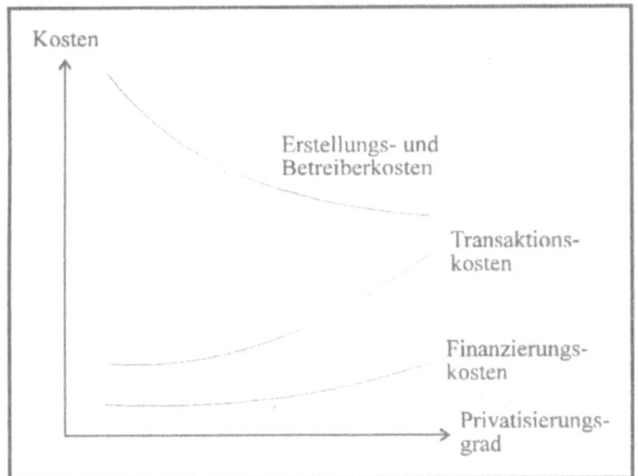

Abb. 5: Abhängigkeit der Kostenarten vom Privatisierungsgrad
Quelle: in Anlehnung an: Budäus, D., (Anreize), S.18.

Somit ist eine eindimensionale Betrachtung der unmittelbaren Finanzierungskosten oder aber der Erstellungskosten wenig hilfreich.

1.2.5 Projektentwickler als temporäre Nachfrageträger

1.2.5.1 Projektentwicklung und Projektentwickler

Nicht eindeutig den Nachfrageträgern zuzuordnen sind Projektentwickler bzw. Developer.[66] Strenggenommen sind sie einerseits - vor allem gegenüber institutionellen Anlegern - Anbieter von Planungsleistungen, und andererseits - bezüglich klassischer Angebotsträger, z.B. Architekten und Generalunternehmern - Nachfrageträger. Bevor detailliert auf Projektentwickler eingegangen werden kann, soll im folgenden einleitend das Tätigkeitsfeld der Projektentwicklung skizziert werden.

Unter Projektentwicklung wird all das verstanden, "...was an organisatorischem und Koordinationsaufwand erforderlich ist, um die Idee für ein Immobilienprojekt in die Tat umzusetzen."[67] Somit ist Projektentwicklung die Koordination sämtlicher Aufgaben aus einer Hand und funktional als ganzheitliches Organisationsprinzip zu betrachten. Die Notwendigkeit, Projekte als Projektentwicklungen zu realisieren, liegt in der zunehmenden Komplexität und Größe gewerblicher Immobilien. Die Anbieter beziehungsweise Initiatoren von Projektentwicklungen können Grundstücks-

66 Im folgenden soll aufgrund der präziseren Begriffsabgrenzung von Developern gesprochen werden. Die Begriffe werden allerdings häufig synonym verwendet.

67 Drescher, V., (Projektentwicklung), S.183.

eigentümer, Nutzer, Stadtverwaltungen, politische Gremien, Banken, Leasinggesellschaften, Fonds, Versicherungen, Bauunternehmen, Bauträger, Architekten, Makler, Gutachter oder Entwicklungsgesellschaften sein. Die Projektentwicklung besteht, je nach gewählter Form, aus folgenden Phasen, die nacheinander oder aber auch teilweise parallel ablaufen:[68]

1. Standortanalyse
   Infrastruktur
   - Verkehrsanbindung
   - Lage (1a, 1b, 2a ...)
   - sonstige Infrastruktur
   Entwicklung des Standortumfeldes
   - Landes- und Regionalplanung
   - Flächennutzungsplan (FNP)
   - Stadtentwicklungsplan (Masterplan)
   Allgemeine Situation
   - Investitionsklima / Standortpräferenz
   - Image des Standortes
   - rechtliche Situation (Mieterschutz etc.)
   - politisches Umfeld

2. Marktanalyse
   Angebot (quantitativ und qualitativ)
   Nachfrage (quantitativ und qualitativ)
   Projekte in Planung
   Mietenniveau

3. Grundstücksanalyse
   rechtliche Grundlagen (B-Plan, FNP)
   ausgewiesene Geschoßflächenzahl (GFZ)
   Altlasten
   Größe und Zuschnitt
   Erschließung

4. Nutzungskonzept
   möglicher Branchenmix
   potentielle Mieter / Interessenten

5. Rentabilitätsanalyse
   Vorplanungen nach HOAI §15 als Grundlage für:
   - Kostenschätzung
   - Ertragsschätzung
   - Finanzierung

68 In Anlehnung an: Heuer, B., (Erfolgreiches), Teil 6 Kap. 3.

6. Bauplanung
    Bauantrag und Baugenehmigung
    Ausführungsplanung
    Ausschreibung
    Vergabe

7. Realisierung
    Bauleitung
    Kosten-, Termin- und Qualitätskontrolle
    Bauabnahme

8. Vermietung
    Prospekterstellung
    potentielle Mieter kontaktieren
    Mietverträge

9. Verkauf
    Auswahl potentieller Käufer
    Verkaufsverhandlungen

Die Phasen eins bis drei verlaufen in der Regel parallel und werden durch erste Wirtschaftlichkeitsberechnungen auf der Basis von Plänen im Maßstab 1:500 ergänzt. In diesen Phasen scheiden bereits 70% der Projekte aus.

Oben aufgeführte mögliche Anbieter von Projektentwicklungen können diese komplexe Aufgabe entweder vollständig selbst erbringen oder aber ganz oder teilweise externe Dienstleister beauftragen. Selbst wenn sämtliche Leistungen durch den Projektentwickler erbracht werden, findet in der Regel eine Aufteilung auf verschiedene Tochtergesellschaften statt. Somit ist Projektentwicklung lediglich eine Form der Entstehung von Immobilien. Neben der internen Projektentwicklung, wie man sie bei Leasinggesellschaften[69] oder offenen Fonds antrifft, gibt es zwei Hauptformen des externen Developments.

Bei Developern handelt es sich um Unternehmen, die die oben aufgeführten Aufgaben durchführen und in der Regel bereits während der Bauphase nach einem potentiellen Käufer suchen. Nur in wenigen Ausnahmefällen behalten Projektentwickler Objekte im eigenen Besitz. Von den ersten Vorarbeiten bis zum Verkauf des Objektes tragen sie das volle finanzielle Risiko. Im Wohnungsbau ist diese Variante durch sogenannte Bauherrnmodelle[70] von Bauträgern bekannt und in Verruf gekommen. Aufgrund des erheblich umfangreicheren Dienstleistungsangebotes von Developern sollten diese aber nicht mit Bauträgern gleichgesetzt werden.[71]

Außerdem wird Projektentwicklung als reine Dienstleistung angeboten, ohne daß der Developer das finanzielle Risiko trägt. Diese Form der Projektentwicklung wird

69 Es soll in diesem Zusammenhang auch dann von internen Projektentwicklungen gesprochen werden, wenn diese durch Tochtergesellschaften, wie zum Beispiel der DAL-Bautech, durchgeführt werden.
70 Vgl. Pfarr, K.H., (Trends), S. 106ff.
71 Vgl. Drescher, V., (Projektentwicklung), S.79ff oder Köllmann Gruppe, Geschäftsbericht 1991, S.18.

teilweise von großen und in der Regel internationalen Maklern oder spezialisierten Unternehmensberatern angeboten. In diesem Rahmen wird von Baubetreuern gesprochen.

Vereinfacht dargestellt läßt sich die Projektentwicklung institutionell auf drei Bereiche reduzieren:

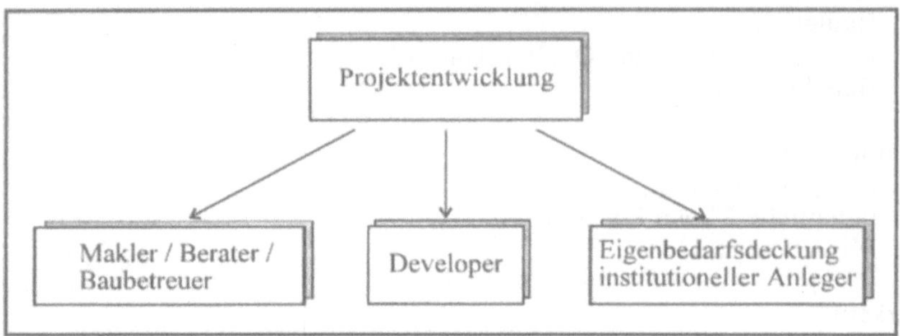

Abb. 6: Institutionelle Betrachtung der Projektentwicklung

Bei der Betrachtung der Projektentwicklung ist deutlich darauf hinzuweisen, daß es eine Vielzahl von Nuancen gibt und Verallgemeinerungen somit nur schwer möglich sind. Im folgenden soll nur auf die Projektentwicklung von Maklern, Beratern und Developern eingegangen werden, da es sich bei der Projektentwicklung von institutionellen Anlegern lediglich um die Art der Erstellung von Immobilien handelt und somit weder um eine temporäre Nachfrage, noch um eine neue Branche,[72] die Immobilien erstellt, um sie entweder im Rahmen eines Alleinvermietungsauftrages zu vermieten oder anschließend gewinnbringend zu veräußern.

Diese Abgrenzung ist insofern problematisch, da auch Developer teilweise Objekte als Kapitalanlage im Bestand halten, oder aber weil Städte wie Hamburg bei der Veräußerung von Grundstücken Auflagen[73] in dieser Richtung machen.

1.2.5.2 Projektentwicklung als Dienstleistung von Maklern und Baubetreuern

Im Gegensatz zu Wohnungsmaklern wird von Maklern im Bereich gewerblicher Immobilien eine Vielzahl von Zusatzdienstleistungen erwartet. In der Regel betreiben Makler Projektentwicklung lediglich im Auftrag ihrer Kunden und sind - zumindest direkt - nie an der Projektentwicklung finanziell beteiligt, da sonst beim Grundstücksverkauf und der anschließenden Vermietung keine Courtage verlangt werden dürfte. Diese Regelungen des Maklerrechtes führen dazu, daß die großen

72 Auf den angloamerikanischen Immobilienmärkten spielen Developer längst eine überragende Rolle; vgl. Göppert, K. / Schubert, W., "Mut zum Risiko", in: Wirtschaftswoche, Nr. 26, 21.6.1991.

73 So sieht der Mustervertrag für den Verkauf städischer Grundstücke folgende Klausel vor: "Der Käufer verpflichtet sich ferner, die / das ... zu errichtende Gebäude für die dort genannten Zwecke mindestens 10 Jahre nach Vertragsbeurkundung zu nutzen.", Freie und Hansestadt Hamburg, FB-4-78 Vertragsmuster "Wifoe - Vertragsduchführung Stadt", Stand 3/92, Artikel 12, S.7.

Makler meist aus einem umfangreichen Geflecht von Tochtergesellschaften bestehen.

Somit betreiben Makler vor allem dazu Projektentwicklung, um einerseits Grundstücke verkaufen zu können, und sich andererseits die anschließenden Alleinvermarktungsrechte zu sichern. Makler übernehmen nicht zwangsläufig die komplette Projektentwicklung, sondern sind vor allem in den ersten Phasen tätig, kaufen fehlende Grundstücksparzellen hinzu und an der Ausarbeitung des Nutzungskonzeptes beteiligt. Bei ausschließlich für Fremdbedarf gebauten Objekten können Makler mit ihrer Kenntnis der Kundenbedürfnisse sehr wichtige Impulse für die Gestaltung und Raumaufteilung geben. Große und meist international tätige Makler bieten allerdings einen Komplettservice für gewerbliche Immobilien an.

Auf die allgemeine Rolle von Maklern im Planungsprozeß wird im Kapitel 2.7.1 näher eingegangen.

Ebenfalls ohne finanzielle Beteiligung arbeiten Baubetreuer. In diesem Zusammenhang wird auch von Projektsteuerern gesprochen. Im Gegensatz zu Maklern liegt ihr Interesse aber nicht im Verkauf von Grundstücken oder der anschließenden Vermietung, sondern sie erbringen reine und entsprechend zu vergütende Dienstleistungen für den Bauherrn, indem sie dessen Bauherrnfunktion weitestgehend übernehmen bzw. vertreten. Da es sich hierbei eindeutig um Angebotsträger von Planungsleistungen handelt, werden sie im zweiten Kapitel behandelt.

1.2.5.3 Developer

Bei Developern handelt es sich um Unternehmen, die Projekte initiieren und realisieren, um sie möglichst noch während der Bauzeit zu veräußern. Der Developer trägt bis zum Verkauf das volle finanzielle Risiko. Somit unterliegt der Developer einem extrem hohen finanziellen Risiko und trägt erhebliche Vorlaufkosten, welche andererseits durch hohe Gewinnmöglichkeiten kompensiert werden. Beispielsweise beliefen sich die Erstellungskosten des Frankfurter Messeturms auf 600 Mio. DM; der Verkaufspreis an einen japanischen Investor soll direkt nach Fertigstellung immerhin bei einer Mrd. DM[74] gelegen haben. Bei der Fleetinselbebauung in Hamburg soll das Verhältnis 300 zu 400 Mio. DM betragen haben. Solche Margen dürften allerdings eher Ausnahmen darstellen, die Ende der '80er und Anfang der '90er Jahre realisierbar waren. Die Marge sollte zur Deckung des Entwicklungsrisikos und zur Finanzierung verworfener Projekte mindestens 10% betragen.[75]

Als Vorteile der Developer werden folgende Faktoren gesehen: seine Nähe zum Markt und somit sehr zeitgemäße Projekte, die hohe Flexibilität, das spezielle Know-how, die Koordination sämtlicher Aspekte in einer Hand sowie die aus diesen Aspekten resultierende kurze Entwicklungs- und Bauzeit. Diese von seriösen Projektentwicklern realisierbaren Vorteile werden teilweise getrübt. "Auch jetzt noch verbindet sich mit Projektentwicklung leicht der negative Beigeschmack, der

---

74 Vgl. Göppert, K. / Schubert, W., "Mut zum Risiko", in: Wirtschaftswoche, Nr. 26, 21.6.1991.

75 Vgl. Göppert, K. / Schubert, W., "Mut zum Risiko", in: Wirtschaftswoche, Nr. 26, 21.6.1991.

durch unseriöse, zumeist wenig qualifizierte Spekulanten in diesem Bereich verursacht wurde."[76] Damit werden seriöse Developer in Mitleidenschaft gezogen.

Bei zunehmender Größe der Objekte sind häufig auch Zusammenschlüsse mehrerer Unternehmen anzutreffen. Selbst größere Developer sind meistens nicht in der Lage, Großprojekte allein durchzuführen und gründen zum Beispiel mit Banken Objektgesellschaften. Als Pionierobjekt kann hier das Joint Venture zwischen Tishman Speyer und der Citibank 1988 beim Frankfurter Messeturm bezeichnet werden. Gerade die Zusammenarbeit mit Banken ermöglicht große Synergiepotentiale, da Developer in der Regel nur mit einem geringen Eigenkapitalanteil arbeiten - Branchenkenner halten sie für notorisch unterkapitalisiert[77] - und dieser häufig auch noch aus Eigenleistungen besteht. Außerdem können Zusammenschlüsse zwischen Developern und Dritten entstehen, wenn diese zum Beispiel das Grundstück besitzen und auf einem Joint Venture bestehen.

Zur Finanzierung von Projektentwicklungen stehen neben der Eigenkapitalfinazierung primär drei Varianten zur Verfügung: Erstens über die klassische Bankfinanzierung, Zweitens über Joint Ventures mit Banken oder Versicherungen und Drittens über die Auflage von geschlossenen Immobilienfonds.[78]

1.2.5.4 Ausgangslagen der Projektentwicklung von Developern und deren Praxisrelevanz

Im folgenden sollen drei idealtypische Ausgangslagen und das dazugehörende Ablaufschema für Projektentwicklungen von Developern dargestellt werden.

Bei der ersten Ausgangslage kommt der Impuls für eine Projektentwicklung nicht vom Projektentwickler selbst, sondern von Dritten. Abbildung 7 stellt diesen Fall dar:

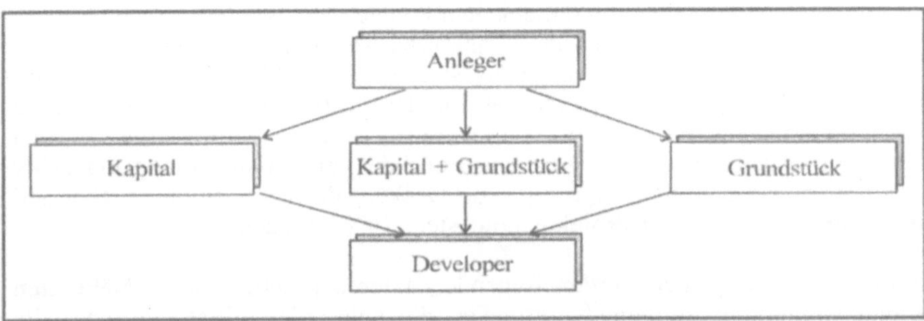

Abb. 7: Projektablauf: Ausgangslage 1

---

76 Drescher, V., (Projektentwicklung), S.217.

77 Vgl. Gop, R., "Risikogemeinschaft", in: Immobilien Manager, Okt. 1992, S. 7.

78 Diese Variante wird vor allem von der Unternehmensgruppe Roland Ernst und der Argenta gewählt.

Bei dieser Variante können drei Fälle unterschieden werden. Im ersten Fall möchte beispielsweise eine Versicherung Gelder in Immobilien investieren. Die zweite Variante ist gleichgelagert, nur ist das Grundstück, auf dem ein Projekt entwickelt werden soll, bereits vorhanden. Bei der dritten Variante schließen sich Grundstücksbesitzer und Developer zusammen. Der Developer übernimmt die komplette Finanzierung. Er wird bei allen Varianten zumindest als Co-Investor auftreten, um am Veräußerungsgewinn beteiligt zu sein, bei großen Projekten häufig als kleinerer Partner. Vor allem die ersten zwei Varianten haben für beide Seiten erhebliche Vorteile. Der Investor kann das Know-how des Projektentwicklers nutzen und für den Developer reduziert sich das Risiko in erheblichem Maße. Diese Varianten sind nahezu identisch, wenn der Investor gleichzeitig späterer Nutzer des Gebäudes werden soll.

Die zweite Ausgangslage beginnt mit der Verkaufsabsicht des Grundstückeigners. Abbildung 8 stellt den vereinfachten Ablauf dar:

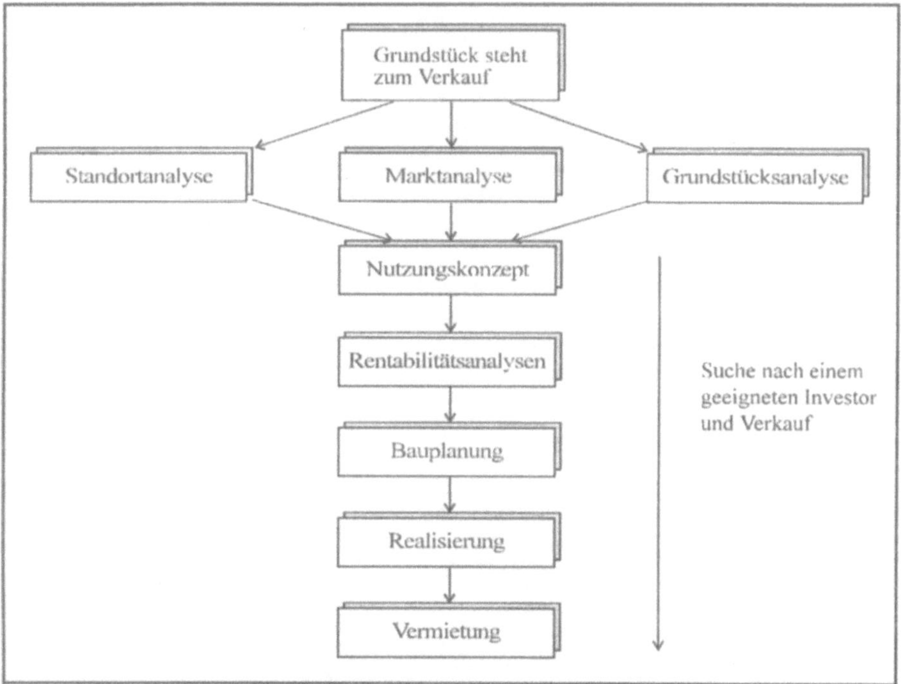

Abb. 8: Projektablauf: Ausgangslage 2

Bei dieser Variante ist das Risiko für den Developer ausgesprochen groß. Bei frei zum Verkauf stehenden Grundstücken handelt es sich meist nicht um Grundstücke in "Top"-Lagen, sondern um Randgebiete. Dies liegt vor allem daran, daß die meisten freien innerstädtischen Grundstücke in Großstädten wie Berlin oder Hamburg im Besitz der Stadt oder staatlicher Betriebe sind und fast ausschließlich konkurrierend vergeben werden. Der Projektentwickler hat somit ein ganz erhebliches Standortrisiko, denn nach wie vor stellt der Standort das entscheidene Erfolgskriterium bei den meisten Immobilienprojekten dar. Bei solchen Projektentwicklungen sind bei Developern erhebliche Ortskenntnisse nötig. Hier müssen, wie es in der Branche heißt, erst "Adressen geschaffen" werden. Andererseits bieten natürlich solche Projekte aufgrund der niedrigeren Grundstückspreise auch größere Gewinnmöglichkeiten. Aufgrund des hohen Fremdfinanzierungsgrades versuchen die Developer die Objekte möglich frühzeitig weiterzuveräußern. Teilweise wird vom Verkaufstermin an die weitere Finanzierung vom Investor übernommen. Meistens können die Objekte erst dann verkauft werden, wenn das Objekt vermietet ist. Alternativ dazu bieten einige Projektentwickler Vermietungsgarantien an und zahlen etwaige Mietausfälle.

Für die dritte Variante ist charakteristisch, daß die Vergabe des Grundstückes über einen Investorenwettbewerb entschieden wird. Abbildung 9 stellt den Ablauf dar:

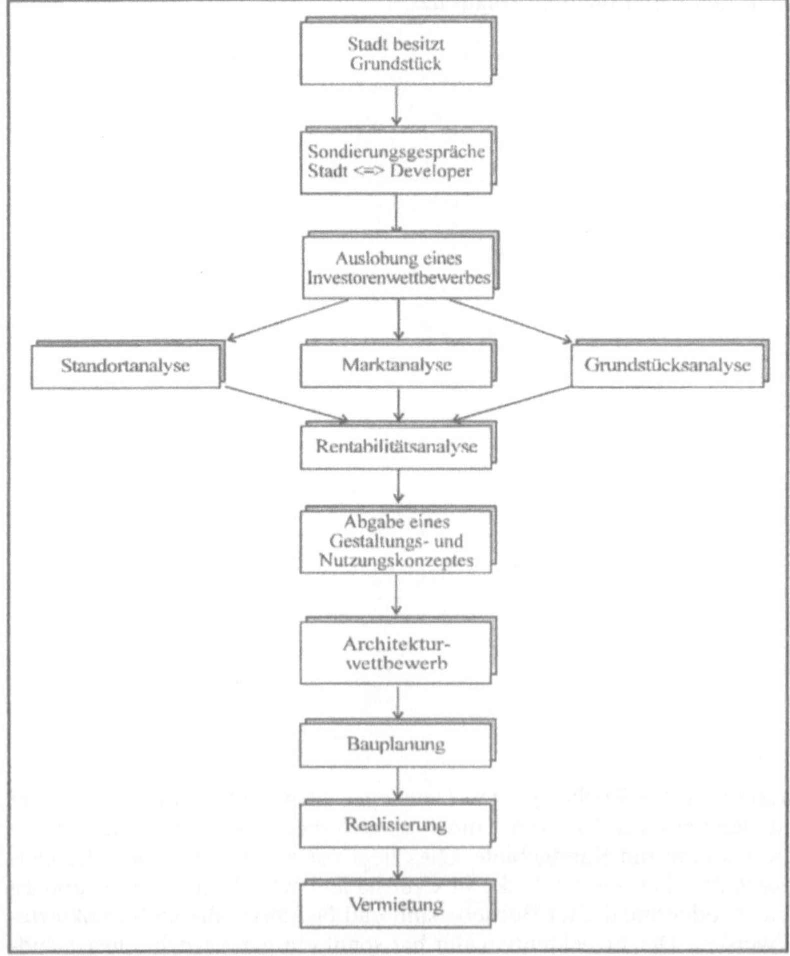

Abb. 9: Projektablauf: Ausgangslage 3

Diese Variante ist bei nahezu allen städtischen Grundstücken in "Top"-Lagen und/oder größeren Projekten anzutreffen. Auf die Besonderheiten des Staates als Besitzer von Grundstücken sowie auf Investorenwettbewerbe wird im Teil B Kapitel 1 näher eingegangen.

Insgesamt kann die Zunahme von Projektentwicklungen als eine der wesentlichen Veränderungen auf dem deutschen Immobiliensektor in den letzten Jahrzehnten betrachtet werden. Dabei handelt es sich aber lediglich um eine Anpassung an angloamerikanische Verhältnisse. Dort haben Projektentwicklungen bereits eine längere Tradition und werden sogar als Studienfach angeboten.[79] Selbst klassische "Eigenbauer", wie z.B. der Staat, greifen immer häufiger auf Objekte von Developern zurück.[80] Projektentwickler bleiben dennoch häufig im Hintergrund, weil durch die Gründung von Objektgesellschaften die dahinterstehenden Unternehmen verborgen bleiben und weil die Gebäude nach dem Verkauf mit dem Investor und nicht dem Developer in Verbindung gebracht werden.

1.3 Entscheidungskriterien der Bauherren

1.3.1 Kosten

Die Kosten eines Gebäudes sind für nahezu alle Investoren ein maßgeblicher Entscheidungsparameter. Dabei sollte aber berücksichtigt werden, daß nicht die anfänglichen Investitionskosten ausschlaggebend sein dürfen, sondern die Betrachtung der Kosten über das ganze Wirkungsintegral.

Die kostenabhängigen Entscheidungskriterien werden unter drei teilweise voneinander abhängigen Aspekten untersucht:

1. Investitions- bzw. Baukosten,
2. Folge- bzw. Baunutzungskosten und Bauänderungskosten,
3. Kostensicherheit und Kostengarantie.

Investitions- bzw. Baukosten sind die Gesamtbaukosten, die ein Gebäude verursacht. Hierbei sollten bei einer betriebswirtschaftlichen Betrachtung nicht lediglich wie in der DIN 276[81] Ausgaben, sondern Kosten, unter Einbezug von Eigenleistungen und kalkulatorischen Kosten, betrachtet werden.[82]

79 Vgl. Göppert, K. / Schubert, W., "Mut zum Risiko", in: Wirtschaftswoche, Nr. 26, 21.6.1991 oder Drescher, V., (Projektentwicklung), S.1ff.

80 Die neue Umweltbehörde der Hansestadt Hamburg wird aller Vorraussicht nach ein solches Beispiel werden.

81 DIN = Deutsches Institut für Normung; Deutsches Institut für Normung, (DIN 276).

82 Vgl. bezüglich der Definition von Kosten laut DIN 276; Möller, D.-A., (Planungs- und Bauökonomie), S. 97f.

Abbildung 10 stellt die Einflußgrößen der Gesamtkosten dar.

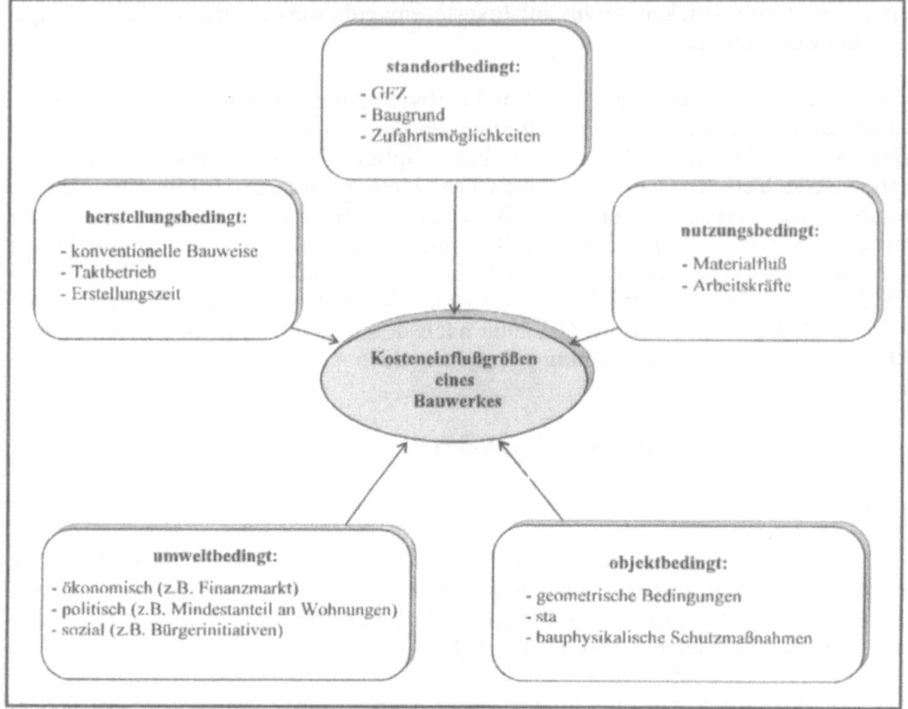

Abb. 10: Kosteneinflußgrößen einer Investition
Quelle: teilweise in Anlehnung an Pfarr, K.H., (Handbuch), S.108.

Bei den *Baunutzungskosten*, die bei einer Betrachtung des Lebenszyklus ein Vielfaches der Investitionskosten erreichen, handelt es sich im wesentlichen um Kapitalkosten, Abschreibungen, Verwaltungskosten, Steuern, Betriebskosten und Bauunterhaltungskosten. Grundlage für deren Berechnung ist die DIN 18960. Neben den Baunutzungskosten sind aber auch die *Bauänderungskosten* entscheidend. Hierbei geht es vor allem darum, daß die wirtschaftliche Nutzungsdauer in der Regel kürzer als die technische Lebensdauer ist. Die wirtschaftliche Lebensdauer, bestimmt durch das Minimum der Gesamtkostenkurve,[83] ist durch Bedarfsverschiebungen und Änderungen in der Systemumgebung determiniert. Es ist davon auszugehen, daß die Entwicklung einer zunehmenden Verkürzung der wirtschaftlichen Nutzungsdauer aufgrund technischer und arbeitsorganisatorischer Entwicklungen anhalten wird. Die technische Lebensdauer ist demgegenüber von Umwelteinflüssen, Eigenschaften des Gebäudes, Nutzung und Instandhaltung bestimmt. Entscheidend ist in diesem Zusammenhang, daß Gebäude im vornherein so konzipiert sind, daß Veränderungen durch z.B. Bedarfsverschiebungen möglichst kostengünstig vorgenommen werden können. Dies kann beispielsweise durch Doppelböden und

83 Schub A. / Stark, K., (Life), S.12.

abgehängte Decken erreicht werden. Auch wenn diese in der Erstellung 10-15% teurer sind,[84] wird sich eine solche Investition langfristig lohnen.

Sowohl die Investitions- bzw. Baukosten, als auch die Folge- bzw. Baunutzungskosten werden maßgeblich in den ersten Projektphasen vorbestimmt. Abbildung 11 stellt die Einflußmöglichkeiten auf die Gesamtkosten unterteilt nach Projektphasen dar:

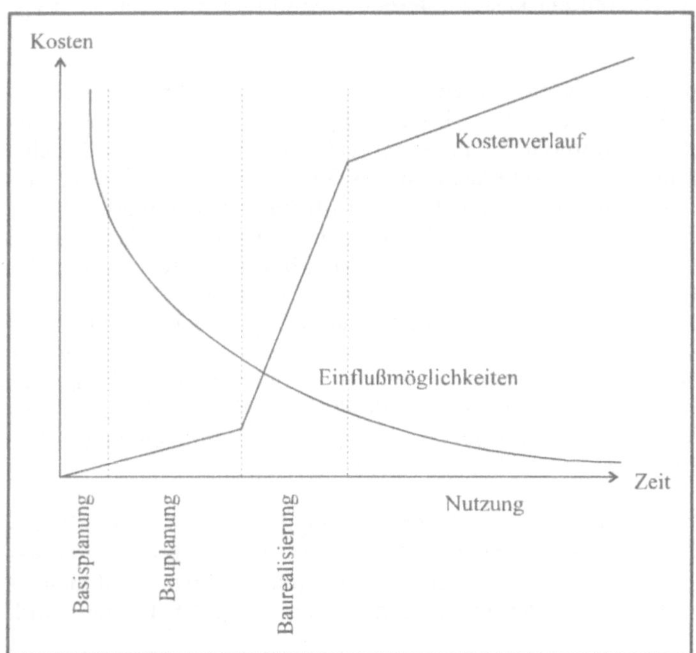

Abb. 11: Einflußmöglichkeiten auf die Gesamtkosten innerhalb der Projektphasen
Quelle: in Anlehnung an Hauptverband der Deutschen Bauindustrie, (Schlüsselfertige), S.4.

Die Abbildung zeigt, daß der Bauherr mit der Wahl des Architekten, der Ingenieure, Berater und deren Organisationsform ganz wesentlich die Höhe der Bau- und Unterhaltskosten beeinflußt.[85] "Um zur billigsten Nutzung zu kommen, kann und darf bei der Planung nicht gespart werden."[86]

Entscheidend ist allerdings, wie bereits erwähnt, der Einbezug sämtlicher kostenrelevanter Faktoren, Investitions- bzw. Erstellungskosten, Folge- bzw. Baunutzungskosten und Bauänderungskosten, da sich hieraus die langfristige Gesamtrendite ermitteln läßt. In diesem Zusammenhang wird auch von Life Cycle Costs

84 Vgl. "Intelligent Buildings: Das Phantom der Projektentwickler", in: Immobilien Zeitung, 19.5.1994, S. 14.
85 Brehmer, E.-G., (Bauherren), S.120.
86 Pfarr, K.H., (Handbuch), S.147.

von Bauobjekten gesprochen. Zwischen Investitions- und Folgekosten besteht häufig eine substitutionale Beziehung, so daß die billigste investive Lösung keineswegs immer die gesamtkostenoptimale darstellt.[87] "Ein Kostenvergleich über einen Zeitraum von 50 Jahren mit traditionellen Hongkonger Gebäuden zeigt, daß es unheimlich kostspielig ist, ein traditionelles Gebäude an die sich Woche für Woche und von Jahr zu Jahr veränderden Gegebenheiten und Anforderungen anzupassen."[88] Problematisch wird diese Betrachtung im Falle von Developern, da diese weitestgehend nur an niedrigen Erstellungskosten interessiert sind und nicht mit dem Gebäude "leben müssen".

Es muß deutlich darauf hingewiesen werden, daß die häufig vorgebrachte Kausalität, daß entweder gute Architektur teuer sei, oder umgekehrt, daß schlechte Architektur zwangsläufig billig sein müsse, so pauschal nicht haltbar ist und häufig eher das Gegenteil anzunehmen ist.[89] Außerdem ist das Kostensenkungspotential verhältnismäßig gering. Von Gerkan[90] schätzt, daß Billigbauten maximal 10-20% günstiger sind. Zudem machen die Gebäudekosten lediglich 10-40% der Gesamtkosten einer Immobilieninvestition aus, so daß die Mehrbelastung für bessere Gestaltung insgesamt nur 2-3% beträgt. Vermeintlich billige Lösungen können sich in der Langfristbetrachtung als ausgesprochen teuer herausstellen, wie man es momentan beim Wohnungsbau in der ehemaligen DDR sehr eindrucksvoll beobachten kann. Anfangs als preiswerteste Variante gedacht, steht man nun vor immensen Sanierungskosten (pro Wohnung wird von 60'000-80'000 DM ausgegangen). Es kann also auch aus der Sicht des Anlegers kein Interesse an billigen Gebäuden, sondern nur an einer kostenbewußten Planung bestehen.[91]

Generell bestehen keine monokausalen Zusammenhänge zwischen Investitions- bzw. Baukosten und Folge- bzw. Baunutzungskosten. Es muß deutlich hervorgehoben werden, daß somit eine integrale Kostenpolitik unabdingbar ist. Abbildung 12 stellt zusammenfassend die wichtigsten Dimensionen einer integralen Kostenpolitik dar.

Neben den Investitions- bzw. Baukosten, den Folge- bzw. Baunutzungskosten und den Bauänderungskosten sind *Kostensicherheit* und Preisgarantien relevant. Für alle Investoren ist es ausgesprochen wichtig, möglichst frühzeitig genaue Angaben über das zu erwartende Investitionsvolumen machen zu können. Teilweise haben Bauherren es allerdings auch schon umgekehrt gesehen: "Du hast ganz recht gehandelt, Bernadus, daß du uns über die voraussichtlichen Kosten getäuscht hast. Wenn du die Wahrheit gesagt hättest, hättest du uns nie zu einer solchen Ausgabe bewegen können, und weder die vornehmen Paläste, noch das in ganz Italien seines gleichen

87 Lenk, R., (Projektsteuerung), S.4. So konnten durch ein spezielles Beleuchtungssystem die Beleuchtungskosten bei Lockheed um 70% reduziert werden und der gesamte Energieverbrauch um 50% gesenkt werden; vgl. Walton, T., (Architecture), S.60 und 175.

88 Foster, N., "Architektur des Machens", in: arch+, Jan. 1990, S.30

89 Vgl. Flagge, I., "Interview mit K. Maack, ERCO", in: Der Architekt, 7-8/1991, S.379, Walton, Th., (Architecture), S.173.

90 Ohne Angabe zitiert in: Lorenz, P., (Gewerbebau), S.56.

91 Holländische Sozialwohnungen sind im Schnitt bis zu 40% billiger als in Deutschland, obwohl oftmals abwechslungsreicher, intelligenter und moderner, "Deutschlands teure Wohnungen", Süddeutsche Zeitung, 16.1.93, S.13.

suchende Gotteshaus ständen jetzt hier. ... Wir danken dir."[92] Kostenüberschreitungen im allgemeinen und Preisgarantien im speziellen, deren Vor- und Nachteile, werden in den Kapiteln 2.5 und 2.6 dieses Teils näher betrachtet.

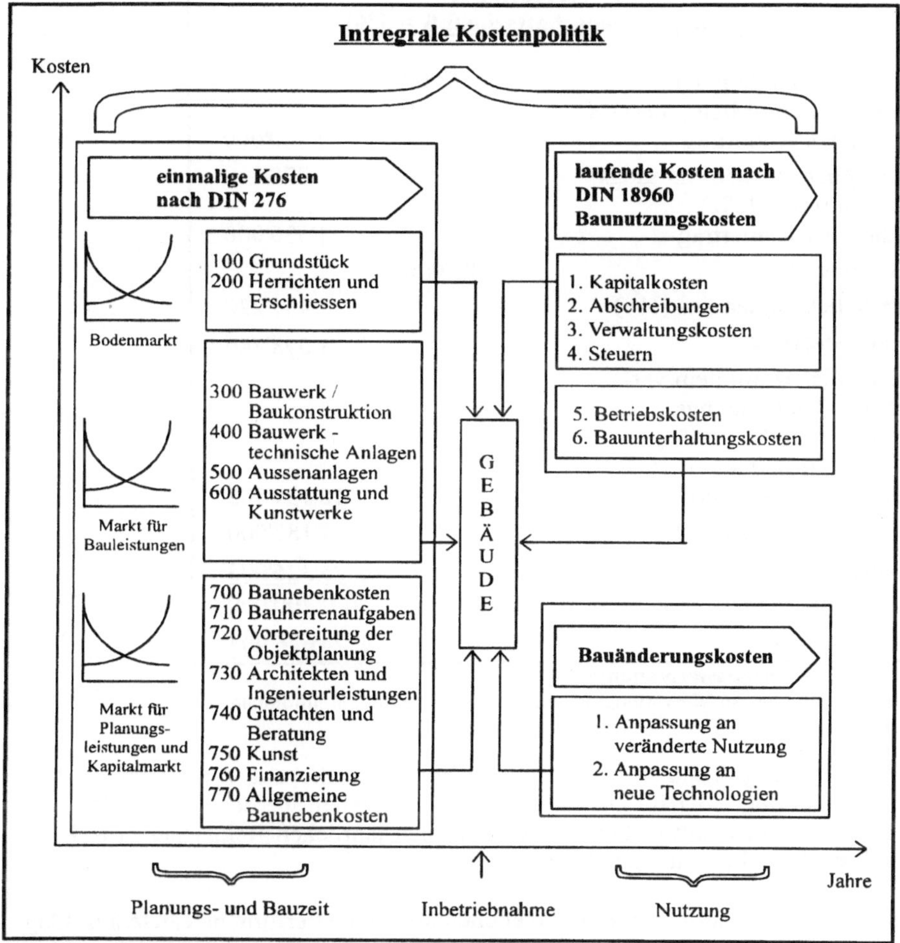

Abb. 12: Integrale Kostenpolitik
Quelle: in Anlehnung an Koopmann, M., (Kostentransparenz), S.101.

Die Betrachtung der Kosten als Entscheidungskriterium ist ohne Berüksichtigung der zu erzielenden Erträge, also der Rentabilität, vor allem für institutionelle Anleger bedeutungslos. Zur Beurteilung des Verkehrswertes von Neubauprojekten bietet sich das Ertragswertverfahren[93] an.

92 Papst Pius II an Bernardo Rosselino, 1463, zitiert in: Ricken, H., (Architekt), S. 118f.

93 Andere Bewertungsverfahren sind das Sachwert- und Vergleichswertverfahren; vgl. Heuer, B., (Erfolgreiches), Teil 7, Kap. 4.3., S.1ff.

Folgendes Beispiel stellt die Berechnungsgrundlagen dar:

Ertragswertverfahren (Beispiel, Liegenschaftszinsfuß = 6%)		
zu vermietende Fläche	5'000	
marktübliche Miete, qm/DM	30	
jährlicher Rohertrag		1'800'000
abzüglich Bewirtschaftungskosten (etwa 15%)		270'000
jährlicher Reinertrag		1'530'000
Bodenwert	7'187'000	
abzüglich Bodenzins (6%)		431'220
Gebäudeertrag		Σ 1'098'780
Kapitalisiert mit dem verbleibenden Nutzungszeitraum (n=80; i=6%) Vervielfältiger somit 16,509		
Gebäudeertragswert		18'139'903
zuzüglich Bodenwert		7'187'000
Ertragswert		Σ 25'326'903
Marktanpassung (+/-)		700'000
Verkehrswert		Σ 24'626'903

Tab.2: Beispiel Ertragswertverfahren
Quelle. in Anlehnung an "Bewertung gewerblicher Immobilien", in: Immobilien Manager, Feb. 1992, S.75.

Diese Berechnung kann, wie oben dargestellt, entweder auf den gesamten Nutzungszeitraum oder aber für ein einzelnes Jahr aufgestellt werden. Bei der Betrachtung eines einzelnen Jahres bietet es sich an, den jährlichen Reinertrag in Relation zu den Fremd- und Eigenkapitalkosten zu betrachten.

Neben der oben dargestellten Rendite können aber auch Performanceziele auschlaggebend sein. Unter Performance wird die Gesamtwertentwicklung, d.h. Wertsteigerung plus laufender Erträge verstanden.[94] Vor allem bei Immobilien in 1a-Lagen reduzieren die Anlagensicherheit und der langfristige Wertzuwachs die Renditeerwartungen. Trotzdem ist für Immobilien-Anleger normalerweise der Ertragswert das ausschlaggebende Entscheidungskriterium und der Sachwert stellt lediglich eine Korrekturgröße dar.

94 Gerlach, H., (Gewerbeimmobilien), S.126.

Bei Bauten für den Eigenbedarf sind darüberhinaus auch nicht quantifizierbare Erträge,[95] z.B. eine geringe Fluktuation und Fehlzeiten beim Personal oder Corporate-Identity-Effekte zu berücksichtigen.

1.3.2 Benötigte Bauzeit und fixe Bezugstermine

Kurze Bauzeit und zuverlässige Termineinhaltung sind für den Bauherrn eine entscheidende Kostenfrage. Jede Terminverschiebung führt zu einem Anstieg der Finanzierungskosten. Bei der Betrachtung der zeitlichen Komponente als Entscheidungskriterium der Nachfrageträger muß allerdings die gesamte Zeit, d.h. von der Projektinitiierung bis zur Inbetriebnahme, berücksichtigt werden.

Folgende Graphik stellt die Bedeutung von kurzen Bauzeiten und Termineinhaltung im Projektablauf dar.

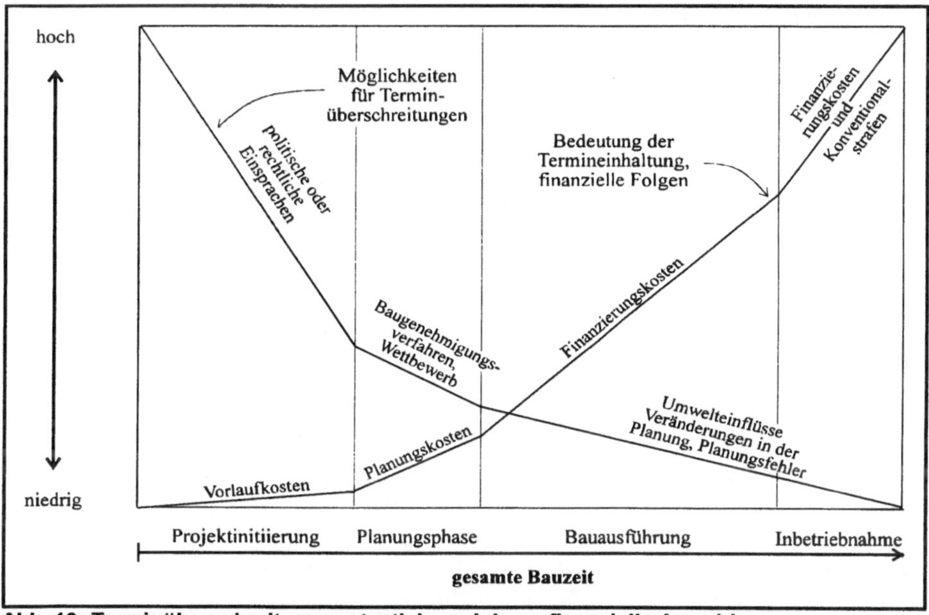

Abb. 13: Terminüberschreitungspotentiale und deren finanzielle Auswirkungen

Somit ist zwar ein degressiver Verlauf der Terminüberschreitungspotentiale festzustellen, aber die finanziellen Folgen verlaufen auch wegen des zunehmenden gebundenen Kapitals progressiv. Die Bedeutung von einzuhaltenden Terminen ist vor allem bei einem hohen Fremdfinanzierungsanteil relevant, da in diesem Fall komplette Finanzierungskonzepte zusammenbrechen können. Deshalb ist es auch nicht verwunderlich, daß Developer mit Generalunternehmern ausgesprochen gern zusammen arbeiten, da diese feste Preise und Termine garantieren, und somit für

95 Vgl. diesbezüglich Teil A, Kap. 1.3.7.

Schäden aus Terminverschiebungen haftbar gemacht werden können. Terminverschiebungen während der Bauausführung und vor allem nach Abschluß von Mietverträgen haben die größten finanziellen Folgen. Die meisten Terminverschiebungen treten während der Projektinitiierungs- und Planungsphase auf. Die Gründe hierfür sind meistens planungsrechtlicher oder politischer Natur. Auf die Termingarantien und deren Vor- und Nachteile wird im Kapitel 2.5 und 2.6 näher eingegangen.

1.3.3 Berücksichtigung der Interessen der Mitarbeiter

Die Berücksichtigung der Interessen der Mitarbeiter ist vor allem bei Eigenbedarfsbauten relevant. "The well-designed headquarters provides an appropriate environment for the people who are charged with making the company grow and prosper."[96] Aber auch bei Fremdbedarfsbauten sollte sie nicht unberücksichtigt bleiben, da es sich hierbei um ein hervorragendes Vermarktungsinstrument handelt. Abbildung 14 stellt die allgemeinen Kennzeichen eines menschengerechten Arbeitsumfeldes und die Gestaltungsmittel dar:

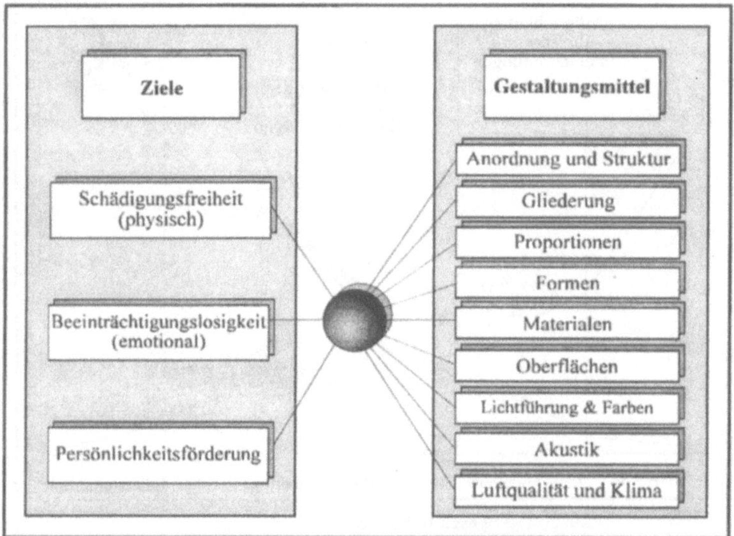

Abb. 14: Ziele und Gestalltungsmittel der Arbeitsplatzgestaltung;
Quelle: in Anlehnung an Sommer, D. / Wojda, F., (Anregungen), S.7ff.

Obwohl die äußere und innere Gestaltung nicht zu den wichtigsten Einflußfaktoren auf die Arbeitszufriedenheit und Motivation der Mitarbeiter gehören, erkennen immer mehr Unternehmen die Potentiale zur Steigerung derselben durch gestalterische Maßnahmen. Schwerpunkt ist dabei allerdings die innere Gestaltung, deren Qualität zwar häufig, aber nicht zwangsläufig, mit der äußeren korreliert, da diese größeren Einfluß auf die Arbeitszufriedenheit und Motivation zu haben scheint.

96 Gould, B., (Planing), S.2.

Aus der Sicht des Unternehmens stehen bei den gestalterischen Maßnahmen zur Steigerung der Arbeitszufriedenheit und Motivation folgende Zielsetzungen im Vordergrund:

1. Senkung der Fluktuationsrate,
2. Personalbeschaffung,
3. Prestigegefühl und Loyalität der Mitarbeiter,
4. Kommunikations- und Teamarbeitsförderung sowie
5. Produktivitätssteigerung.

Bei allen diesen Zielsetzungen stellt die innere und äußere Gestaltung nur einen von verschiedenen Einflußfaktoren dar. Somit ist eine Zuordnung äußerst problematisch. Vor allem Unternehmen mit hochqualifiziertem Personal müssen permanent gegen die Abwerbung ihres Personals ankämpfen und können sich durch hervorragende innere und äußere Gestaltung von der Konkurrenz abheben.[97] Dasselbe gilt bei der Rekrutierung neuer Mitarbeiter. Der Prestigewert eines Gebäudes ist Bestandteil der CI. Außerdem kann durch ein Gebäude, das den Bedürfnissen der Mitarbeiter entspricht, die Unternehmensloyalität gesteigert werden. Besondere Bedeutung hat die innere Gestaltung beim internen Kommunikationsfluß. So kam eine empirische Untersuchung über die Kommunikationsbeziehungen in einer F+E[98]-Abteilung zu dem Ergebnis, daß sich zwei Drittel aller Kommunikationsbeziehungen in einem Radius von 30m abspielten.[99] Bei dem Neubau eines Hamburger Verlagshauses wurde äußerst großer Wert darauf gelegt, daß die Flure als Kommunikationsstätten zwischen den Mitarbeitern der verschiedenen Redaktionen geeignet sind. Um ein möglichst häufiges Aufeinandertreffen zu garantieren, sind die Redaktionen im Stile eines Kontorhauses angeordnet. Bei DEC konnte aufgrund eines optimierten Gebäudes (Les Templiers in der Nähe von Cannes) die Arbeitsproduktivität um 5% gesteigert werden, und dies bei einer gleichzeitigen Senkung der Betriebskosten um rund ein Drittel.[100] Prinzipiell sollte jeder Neubau langfristig die Produktivität des Unternehmens steigern. In solchen Situationen bietet sich meist eine allgemeine Reorganisation und Optimierung der Arbeitsabläufe an. Daher sollte die Planung eines Neubaus durch eine Organisationsentwicklungsplanung begleitet werden.

Auch wenn die positiven Einflußfaktoren der inneren und äußeren Gestaltung seitens der Bauherren durchaus bestätigt wird, handelt es sich hierbei um einen Bereich, bei dem es wenig gesicherte Informationen gibt und der seitens der Architekten gern als Verkaufs- bzw. Rechtfertigungsargument für aufwendige Architektur benutzt wird. Es ist davon auszugehen, daß die Bedeutung noch stark zunehmen wird, da "Begeisterungsfähigkeit und Motivation der Mitarbeiter ... immer weniger über Geld möglich sein (wird), dafür wird die Zurverfügungstellung ideologisch und physisch optimaler Arbeitsplätze eine immer größere Bedeutung gewinnen."[101]

97 Von Lockheed wird berichtet, daß die Fluktuationsrate nach dem Bau erheblich gesunken ist; vgl. Walton, Th., (Architecture), S.55.

98 F+E = Forschung und Entwicklung.

99 T.J. Allen/A.R. Fustfeld, "Research Laboratory Architecture and the Structuring of Communications", in: R&D Management, 5.Jg., 2, 1975, S. 153-163 in: Freimuth, J., "Kommunikative Architektur im Unternehmen", HARVARDmanager, 2/1989, S.106.

100 Vgl. Gop, R., "'Intelligenter' Fehlstart, in: Immobilien Manager, Juni 1994, S. 63.

101 Müller, R., Vorwort in Würth AG, (Würth), S.5.

Viel diskutiert wird auch die Frage, in welchem Umfang die Mitarbeiter am Entscheidungsprozeß partizipieren sollen. Dabei geht es einerseits um den Zeitpunkt der Involvierung, und andererseits um das Maß der Mitbestimmung.[102] Unbestritten ist dabei, daß die Mitarbeiter umfangreich und frühzeitig informiert werden sollen, um mögliche Widerstände gegen das Projekt frühzeitig abzubauen.

Die Spannbreite der Ansichten zur Partizipation der Mitarbeiter am Entscheidungsprozeß geht von der absoluten Integration, im Sinne der Mitarbeitervertretung als gleichgewichtiger Partner im konventionellen Dreieck von Bauherr, Architekten und Bauunternehmer, bis hin zur bloßen Information über das Projekt.[103]

In der Praxis ist häufig eine Mischform anzutreffen. Während der Entwurfsphase werden die Mitarbeiter über das Projekt laufend informiert, haben allerdings kaum Einflußmöglichkeiten, und erst anschließend, in der Gestaltungsphase des Innenausbaus, werden sie, je nach Betroffenheit und in speziellen Fachgruppen, aktiv in den Entscheidungsprozeß involviert.[104]

1.3.4 Funktionalität und Flexibilität

Funktionalität - das Gebäude entspricht den funktionalen Ansprüchen des Nutzers - und Flexibilität - das Gebäude läßt sich auf veränderte Nutzungsanforderungen einrichten - werden maßgeblich in der Planungsphase bestimmt und können im nachhinein nur schwer verändert werden.

Ein neues Gebäude sollte nicht nur bestehenden Platzmangel oder eine Zergliederung auf verschiedene Standorte beheben, sondern auch innerbetriebliche Abläufe optimieren. Folgende Graphik stellt am Beispiel eines Bürogebäudes die zu optimierenden Faktoren dar:

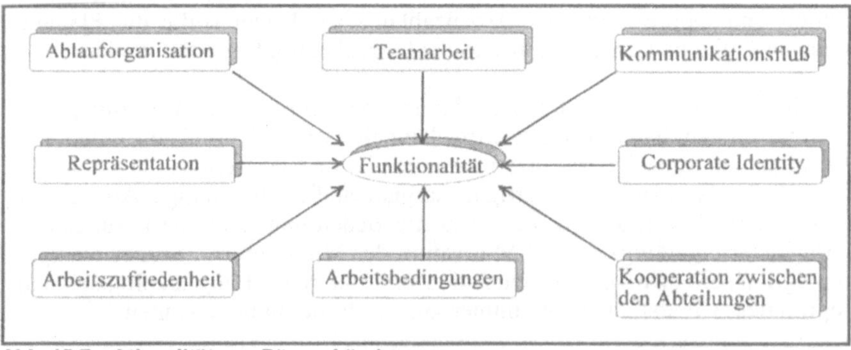

Abb. 15 Funktionalität von Bürogebäuden

102 Die Mindestanforderungen sind im Betriebsverfassungsgesetz festgelegt.

103 Vgl. diesbezüglich auch Teil B, Kap. 4.3.4.

104 Einen umfassenden Überblick über die Aufgaben des Betriebsrates während des Planungsprozesses gibt Sommer, D. / Wojda, F., (Anregungen), S. 92ff.

Für der Bauherren stellt die Funktionalität (bzw. das eng damit verbundene Nutzungskonzept bei Fremdbedarfsbauten) das maßgebliche Entscheidungskriterium dar. Bei Eigenbedarfsbauten können die Mitarbeiter anhand z.B. von Musterräumen bei der Innenraumgestaltung beteiligt werden. Es gilt dabei, die funktionalen Wunschvorstellungen und finanziellen Restriktionen zu optimieren.

Interne und externe Einflüsse bestimmen die Flexibilität.

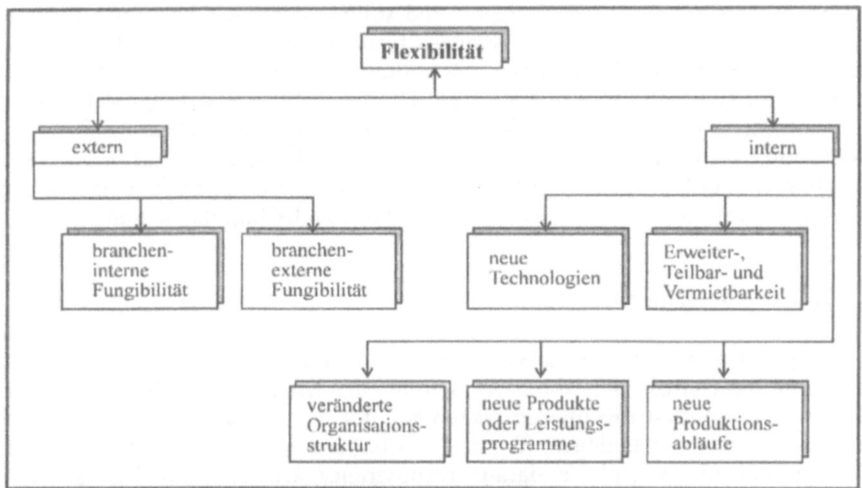

Abb. 16: Interne und externe Flexibilität von Immobilien

Die Bedeutung der Flexibilitätsformen ist je nach Bauherr sehr unterschiedlich. Für eine Leasinggesellschaft ist beispielsweise die weitestmögliche Drittverwertbarkeit zentrales Entscheidungskriterium. Für die meisten Eigenbedarfsbauten dürfte dieser Faktor unerheblich sein, um so wichtiger ist aber die Möglichkeit, sich an wechselnde Organisations- oder Produktionsbedingungen problemlos anpassen zu können. Die interne Flexibilität kann z.B. durch rohbauunabhängigen Ausbau (Trennung von tragender Konstruktion und Ausbau) und durch Trennung der Installationsführung von der tragenden Konstruktion erreicht werden.[105] Beispielhaft für die Berücksichtigung möglicher Veränderungen ist das Lloyds Building von Rogers in London. Hier wurden sämtliche sonst senkrechten Elemente, die den Raum begrenzen, wie z.B. Fahrstühle, Haustechnik und Leitungen, an der Außenwand des Gebäudes angebracht, um einerseits die Wartung, anderseits Modernisierungen zu vereinfachen.[106] Es besteht allerdings ein Trade-off zwischen "Intelligenz eines Gebäudes" und somit der internen Flexibilität und externen. Je stärker auf die Bedürfnisse und Charakteristika der Bauherren eingegangen wird, desto schwieriger lassen sich Folgenutzer finden.

105 Vgl. Kalusche, W., (Gebäudeplanung), S.87.

106 Vgl. Rogers, R., "People's Places", in: arch+, Aug. 1988, S.73.

Diese Flexibilität ist notwendig, da sich die Lebenszyklen der einzelnen Elemente eines Gebäudes erheblich unterscheiden:[107]

1. Gebäude 30-50 Jahre[108]
2. technische Konzeption 20 Jahre[109]
3. Inneneinrichtung 10 Jahre

Sowohl Funktionalität als auch Flexibilität beeinflussen die Gesamtkosten bzw. den Gesamtnutzen eines Gebäudes maßgeblich und sollten somit auf keinem Fall dem Architekten allein überlassen werden, sondern fordern einen aktiven und engagierten Bauherrn. Parallel zur Gebäudeplanung sollten Szenarien über die langfristige Unternehmensentwicklung erarbeitet werden. Hierbei geht es um Fragestellungen, wie z.B. Veränderungen der Unternehmensstruktur, Personalentwicklung, Arbeitszeitentwicklung, Rationalisierungspotentiale, neue Technologien und Corporate Identity. Hierfür werden spezialisierte Berater benötigt. Bei Fremdbedarfsbauten kann der Makler aufgrund seiner Nähe zum Markt hilfreiche Impulse geben.

1.3.5 Interne und externe Akzeptanz

Interne Akzeptanz meint in diesem Rahmen die Akzeptanz eines neuen Gebäudes bei den unmittelbar Betroffenen, d.h. vor allem bei den Mitarbeitern, die später dort arbeiten werden. Somit ist die interne Akzeptanz nur bei Eigenbedarfsbauten relevant. Jedes neue Gebäude bedeutet für die Mitarbeiter eine große Umstellung und eine während der Planungsphase daraus resultierende Unsicherheit. Es ist notwendig, daß die Unternehmensleitung zum Abbau möglicher Widerstände eine interne Informationsstrategie verfolgt. Neben laufenden Veröffentlichungen in Hauszeitungen, bieten sich spezielle Informationsveranstaltungen, Ausstellungen und Broschüren an. Der Versuch, die Mitarbeiter über Informationsmaßnahmen positiv zum neuen Gebäude zu stimmen, ist einerseits wegen des zu erwartenden Umzugsstresses, andererseits, zur Umsetzung der Corporate Identity wichtig.

Unter externer Akzeptanz soll in diesem Rahmen die Akzeptanz bei den mittelbar Betroffenen, den Stakeholdern,[110] verstanden werden. Hierzu gehören u.a. politische Gremien, öffentliche Verwaltung, Bürgerinitiativen, Standesorganisationen, Gewerkschaften und Medien. Sie ist somit sowohl für Fremd- als auch für Eigenbedarfsbauten relevant, wobei die Bedeutung bei Fremdbauten stärker zu sein scheint, da deren Lobby schwächer ist. Alteingesessene Unternehmen, wie in Hamburg zum Beispiel Gruner+Jahr oder DER SPIEGEL, haben politisch stärkere Rückendeckung als ein in der Öffentlichkeit weitestgehend unbekannter Projektentwickler. Die externe Akzeptanz hat bei den zunehmenden Einflußmöglichkeiten von Dritten, wie Bürgerinitiativen große Bedeutung. Als Beispiele für Projekte, die

---

107 Thoma, R., (Mitarbeiter-Akzeptanz), S. 231.

108 In den Vereinigten Staaten wird demgegenüber für ein Dienstleistungsgebäude lediglich von einer Lebensdauer von 20-25 Jahren ausgegangen; vgl. Bédarida, M. / Milatovic, M., (Bürogebäude), S. 6.

109 Bei einem Krankenhaus wechselt die technische Einrichtung durchschnittlich sogar alle 12,5 Jahre; vgl. Kalusche, W., (Gebäudeplanung), S. 87.

110 Unter Stakeholdern werden die mittelbaren Bezugsgruppen verstanden.

an externen Widerständen gescheitert oder weitgehend behindert worden sind, sei hier auf den geplanten Bau der Neuen Flora im Schanzenviertel, den Spiegel-Verwaltungsbau an der Gersteckerstraße und das geplante Einkaufszentrum auf dem ehemaligen jüdischen Friedhof verwiesen.

Gebäude mit "Charakter" und insbesondere architektonische Innovationen, werden immer gegen Widerstände anzukämpfen haben. Bauten, die heute als Jahrhundertwerke gefeiert werden, wie der Eiffelturm oder das Centre Pompidou, hatten sich auch gegen erheblich Widerstände zu behaupten.

Allgemeingültige Strategien für den Umgang mit internen und externen Widerständen kann es nicht geben. Im Rahmen eines integrierten Baustellenmarketings sollten aber ausreichend zeitliche und finanzielle Ressourcen für den Abbau bzw. die Bewältigung von Widerständen eingeplant werden. Es sollte nicht Ziel sein, jeglichen Widerständen aus dem Wege zu gehen oder nach der "Vogel-Strauß-Methode" zu ignorieren, sondern vielmehr einen konstruktiven Dialog zu schaffen und die Fronten nicht über Gebühr verhärten zu lassen. Entscheidend ist, daß Widerstände frühzeitig erkannt und gegebenfalls berücksichtigt werden. Somit ist es notwendig, daß im Vorfeld alle möglichen Widerstände analysiert und geeignete Strategien entwickelt werden. Dieser Ansatz entspricht dem Controlling. Es wird nicht gewartet, bis Widerstände auftreten, sondern es wird versucht, vorsteuernd zu agieren.

Diese Strategie gilt nicht nur für einzelen Bauherren, sondern auch für Städte. Berlin versucht beispielsweise durch umfangreiche Kampagnen das Verständnis der Bevölkerung für Belastungen durch die rege Bautätigkeit in der Stadt zu erhöhen.

1.3.6 Standort

Vor allem bei Fremdbedarfsbauten ist der Standort ein besonders wichtiges Entscheidungskriterium. Unter Fachleuten gilt der Grundsatz, daß für den Erfolg einer Immobilie erstens der Standort, zweitens der Standort und drittens der Standort entscheidend sei. Im folgenden soll dieses für Fremdbedarfsbauten etwas differnzierter betrachtet werden. Bei der Analyse von Standorten muß einerseits der Makro-, und andererseits der Mikrostandort beurteilt werden. Unter Makrostandort wird eine Stadt oder Region verstanden. Der Mikrostandort ist die Lage innerhalb des Makrostandortes.[111]

111 Vgl. Gerlach, H., (Gewerbeimmobilien), S.134f.

Abbildung 17 stellt die wesentlichen Beurteilungskriterien des Makrostandortes dar:

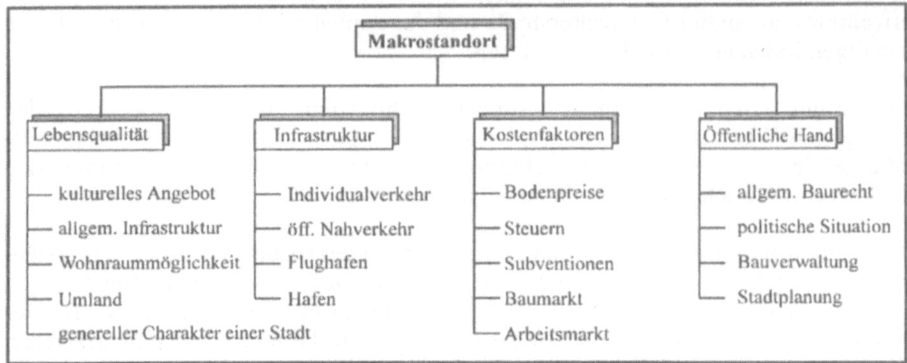

Abb. 17: Faktoren des Makrostandortes;
Quelle: in Anlehnung an Gould, B., (Planning), S.105ff.

Im Gegensatz zu anderen europäischen Staaten ist Deutschland nicht, zumindest noch nicht, nur auf die Hauptstadt fixiert und verfügt daher über mehrere gleichwertige Standorte. Tendenziell ist aber eine Konzentration von Branchen, z.B. Medienstadt Hamburg, Bankenplatz Frankfurt, festzustellen.

Abbildung 18 zeigt Einflußfaktoren, die den Mikrostandort bestimmen:

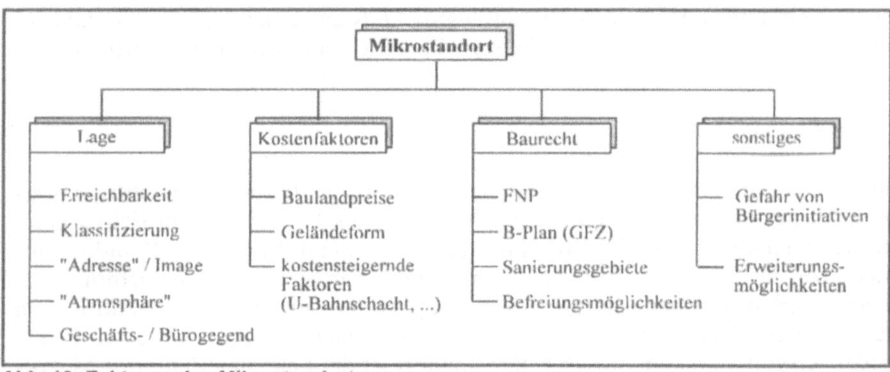

Abb. 18: Faktoren des Mikrostandortes

Zur Beurteilung eines Grundstückes bietet es sich an, die aufgeführten Kriterien des Makro- und Mikrostandortes im Rahmen einer Nutzwertanalyse zu gewichten. Die Standortwahl kann bei institutionellen Anlegern als Gradmesser ihrer Risikobereitschaft betrachtet werden. Vor allem Versicherungen, offene Immobilienfonds und ausländische Anleger bevorzugen die 1a-Lagen in Großstädten. Einige Projektentwickler und viele private Investoren ziehen demgegenüber Standorte vor, bei denen erst die "Adresse" geschaffen werden muß. Diese Lagen sind in der Regel spekulativer, d.h. aber auch, daß dort höhere Renditen erzielt werden können. Absolute "Top"-Lagen, z.B. in Hamburg oder Berlin, zeichnen sich demgegenüber dadurch aus, daß sie weitestgehend konjunkturresistent sind.

Bei Eigenbedarfsbauten spielen darüber hinaus der Wohnort der Entscheidungsträger, die Möglichkeit, Telefon- und Faxnummern beizubehalten und die gewohnten Wegebeziehungen von Mitarbeitern und Kunden eine entscheidende Rolle.[112] "Eine Untersuchung ... hat ergeben, daß Großverwaltungen von Konzernen, mit Ausnahme von Banken, ... nicht in der Stadtmitte, sondern einige Kilometer außerhalb der Zentren an verkehrlich exzellent erschlossenen Standorten angesiedelt werden."[113]

1.3.7 Bedeutung der Architekturqualität

Architekturqualität muß bei Innenstadtlagen anders als bei klassischen Gewerbe- oder Industriegebiete bewertet werden. Bei Innenstadtlagen gewinnt die Gestaltung an Bedeutung, sowohl bei Eigen- als auch Fremdbedarfsbauten. Bei Gewerbe- oder Industriegebieten handelt es sich nach wie vor weitestgehend um architektonische "Armutsgebiete". Vor allem freischaffende Architekten wie Meinhard von Gerkan kritisieren diese Gebiete und deren Gebäude auf das schärfste und sprechen von "kultureller Barbarei", "geistloser Banalität", "ästhetischem Unrat" und "städtebaulichen Wildschweingebieten."[114] Treffend formuliert Manfred Sack, Architektur-Kritiker der ZEIT: "In derlei Gewerbe-Ghettos entladen sich nicht nur Unbildung und Banausentum von Unternehmern und miesen Kleinkünstlern der Architektur, sondern blankes Profitdenken und Menschenverachtung."[115] Für freie Architekten ist die Kritik dieser Gebiete einfach, sind sie doch nur zu einem minimalen Teil an der Planung solcher Gebäude beteiligt.[116] In den letzten Jahren sind aber zunehmend auch hier positive Beispiele zu verzeichnen,[117] da immer mehr Bauherren erkannt haben, daß sich auch bei Industriebauten gute Architektur sich "lohnt". Die architektonischen Gestaltungsmöglichkeiten, die z.B. bei einem Klärwerksbau bestehen, haben die Architekten Ackermann + Partner mit der Kläranlage Marienhof eindrucksvoll dokumentiert.[118]

Bei der folgenden Unterteilung werden Eigen- und Fremdbedarfsbauten nicht nach finanziellem und bilanziellem Eigentum, sondern nach Planungshoheit unterschieden. Bauten, die zwar an eine Leasing-Gesellschaft abgetreten werden, aber von einem Unternehmen in eigener Regie geplant wurden, werden somit als Eigenbedarfsbauten klassifiziert (z.B. das Verlagsgebäude von Gruner+Jahr in Hamburg). Die Unterteilung ist notwendig, da entscheidende Kriterien von der Frage des Eigen- oder Fremdbedarfes abhängen. So ist eine Visualisierung der Corporate Identity (CI), auch wenn deren Bedeutung von Projektentwicklern immer wieder hervorgehoben wird, qua definitionem bei Fremdbedarfsbauten unmöglich. Zur Umsetzung dieser bedarf es mehr als nur der Tatsache, daß ein Gebäude modern oder im Trend ist. Dies können Projektentwickler nicht erreichen. Demgegenüber ist es für Eigenbedarfsbauten völlig unerheblich, daß "gute Architektur" bzw. "hübsche

112 Vgl. Müller Consult GmbH, (Büroflächen), S.31.
113 Senatsverwaltung für Stadtentwicklung und Umweltschutz, (Potsdamer), S.6.
114 "Hoffnungszeichen in der Gewerbesteppe", Der Spiegel, 1.5.1989, S.198.
115 Sack, M., "Suche nach der schöneren Arbeitswelt", in: DIE ZEIT, 29.9.1989.
116 "Hoffnungszeichen in der Gewerbesteppe", Der Spiegel, 1.5.1989, S.198.
117 Vgl. z.B., Lorenz, P., (Gewerbebau); Schulitz, H., (Industriearchitektur).
118 Schulitz, H., (Industriearchitektur), S.17f.

Hüllen" sich besser vermarkten lassen. Beiden ist aber gemein, daß "gute" Architektur, mehr noch aber namhafte Architekten, das Baugenehmigungsverfahren erheblich vereinfachen können. Vor allem in exponierten Lagen ist die Rolle des "Star"-Architekten als "Baugenehmigungsbeschaffer" nicht zu unterschätzen. Dasselbe gilt auch hinsichtlich der Vergabe städtischer Grundstücke und im besonderen bei Investorenwettbewerben.

Tabelle 3 gibt einen Überblick über die wesentlichen Unterschiede der Bedeutung der Architekturqualität für Eigen- und Fremdbedarfsbauten.

Grundsätzlich muß bei der Beurteilung von Architekturqualität zwischen interner und externer Qualität unterschieden werden. Unter interner Qualität soll die Übereinstimmung mit dem Unternehmensleitbild, sowohl bezüglich des Planungsprozesses als auch der Gestaltungswahl, verstanden werden. Somit gilt nicht "form follows function", sondern "form follows Firmengeist".[119] Die externe Qualität betrifft demgegenüber die Beurteilung eines Gebäudes durch Dritte.

Kriterium	Eigenbedarf	Fremdbedarf
Gründe für hochwertige Architektur	Umsetzung einer CI, Image, Prestige	Verkaufsargument, evtl. Wertstabilität
emotionale Bindung des Bauherrn an das Gebäude	gegeben	nein, i.d.R. nicht gegeben
Visualisierung einer Corporate Identity	möglich	nicht möglich
Identifikationsmöglichkeiten der Mitarbeiter mit dem Gebäude	häufig sehr groß, beziehungsbildend	selten, meistens anonym
ganzheitliche Architekturbetrachtung	ja, Innen- und Außengestaltung gleichermaßen entscheidend	eher nein, vor allem Fassade, schöne "Verpackung"
Integration in Werbekonzepte	sehr häufig	teilweise, bei mehreren Nutzern kaum möglich
Risikobereitschaft	teilweise vorhanden	sehr selten, vor allem Trends und Moden werden gebaut
engagierte Bauherren	häufig, v.a. Geschäftsführung	v.a. hinsichtlich Kosten und Terminen
Bezug zum genius loci	stärker, da häufig alteingesessene Unternehmen	sehr gering, v.a. bei nationalen oder internationalen Projektentwicklern

Tab. 3: Bedeutung der Architekturqualität bei Eigen- und Fremdbedarfsbauten

119 Gerken, G., (Kultur), S. 76.

Zielsetzungen und Voraussetzungen für die Umsetzung von Architekturqualität bei Eigenbedarfsbauten:

1. Visualisierung der Corporate Identity,
2. Architekturqualität und Kommunikationspolitik und
3. Voraussetzungen zur Umsetzung von Architekturqualität.

Die *Corporate Identity* bzw. Unternehmenskultur sind die "gemeinsam geteilten Überzeugungen, die das Selbstverständnis und die Eigendefinition der Organisation prägen."[120] Sie ist somit weitestgehend ein implizites Phänomen. Insgesamt setzt sich die Corporate Identity im wesentlichen aus folgenden Faktoren zusammen:

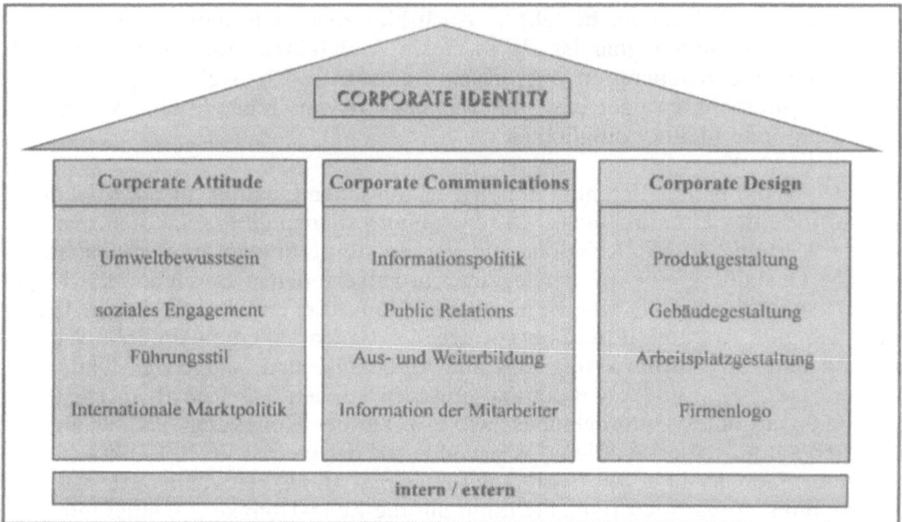

Abb. 19: Elemente der Corporate Identity
Quelle: in Anlehnung an Jäger, D., (gründliche), S.131.

Somit ist die Gebäudegestaltung, es wird in diesem Zusammenhang auch von Corporate Architecture gesprochen, Bestandteil des Corporate Designs. Es ist eines der Elemente der Corporate Identity und als visuelles Erscheinungsbild das sichtbarste. Ziel einer Visualisierung der Corporate Identity ist es, dem Unternehmen eine auch nach außen hin sichtbare Identität zu geben, da Gesichtslosigkeit immer als störend empfunden wird.[121] Dabei geht es nicht zwangsläufig darum, daß Gebäude und Produkte des Unternehmens sich optisch ähneln oder direkte Assoziationen erlauben. Solche Fälle, wie z.B. die Kölner Kofferfabrik Remova, deren Gebäude genauso aussieht wie ein großer Koffer des Unternehmens, die "Lochkarte" von IBM in Hamburg, oder der Vierzylinder von BMW in München, scheinen eher ungeeignet oder zumindest gefährlich, da das Gebäude möglichweise eine sehr viel längere Lebenszeit als das Produktionsprogramm hat. Besser eignet sich da die

120 Steinmann, H. /Schreyögg, G., (Management), S.533.

121 Vgl. Maack, K., "Funktion und Bedeutung der Architektur im System der Corporate Identity", in: Architektur, 10/91, S.7.

Geisteshaltung des Unternehmes.[122] So ist es Tradition, daß Unternehmen wie IBM[123] oder Olivetti stets mit den renomiertesten Architekten zusammengearbeitet haben. Architekten wie Eiermann, Le Corbusier, Tange, Sterling, Kahn und Meier prägten den "Stil Olivetti", ein Bestandteil der Gesamtstrategie Corporate Responsibility und ein Synonym für hervorragende Gewerbearchitektur und gesellschaftliche Verantwortung.[124]

Der Versuch der Visualisierung der Corporate Identity macht auch deutlich, daß es nicht alleiniges oder vorrangiges Kriterium sein kann, ob ein Gebäude besonders "schön" ist, sondern es muß vor allem zum Unternehmen passen. So stellt Maack berechtigt die Frage, welcher Zusammenhang zwischen dem High-Tech-Unternehmen AT&T und dessen von Johnson entworfenem Headquarter, das einer "Regency-Kommode" ähnelt, besteht.[125] Auch hier zeigt sich deutlich, das ein engagierter Bauherr unabdingbar ist, da es einem Architekten unmöglich sein wird, ohne die intensive Kooperation mit diesem herauszufinden, welche Art von Gebäude zum Unternehmen paßt bzw. mit welcher Art von Gebäude eine Visualisierung der Corporate Identity möglich ist.

Der zweite Aspekt ist das Potential der architektonischen Qualität für die *Kommunikationspolitik* eines Unternehmens. Die Kommunikationspolitik setzt sich aus den Bereichen Werbung, Public Relations und Verkaufsförderung zusammen. Die architektonische Gestaltung eines Gebäudes kann in verschiedenen Bereichen der Kommunikationspolitik sinnvoll integriert werden. "Industrie und Politik haben längst erkannt, daß gute Architektur und hervorragendes Bauen außergewöhnliche Werbeträger sind und zur Aufbesserung und zum internationalen Image des Unternehmens, der Stadt, des Landes wesentlich beitragen können."[126] Vor allem kann der Bekanntheitsgrad eines Unternehmens, wie z.B. bei der Hongkong- und Shanghai-Bank, erheblich gesteigert werden. "Wer wüßte auf der weiten Welt, Bankfachleute ausgenommen, etwas über die Hongkong-Shanghai Bank? Heute ist sie mit der Abbildung ihres großartigen Baus nicht nur auf die Zehn-Hongkong-Dollarnote und damit in den Hongkong-Alltag gelangt, sondern weltberühmt geworden."[127]

Die Werbewirksamkeit hervorragender Architektur kann auch bereits bei verhältnismäßig kleinen Gebäuden beeindruckend sein. Das Hamburger Autohaus Car&Driver, Händler von gebrauchten und neuen Autos der absoluten Luxusklasse, eröffnete nach nur einem Jahr Bauzeit im Mai 1991 den neuen Gebäudekomplex. Das für 18 Mio. DM (2'000 DM pro m^2) erstellte Gebäude erweckte aufgrund seiner architektonischen Qualität weit über die Hamburger Architektenszene hinaus großes Aufsehen. Wertvolle Imagewerbung für das Unternehmen, das an einer der "schäbigsten" Ausfallstraßen Hamburgs liegt. So erschienen nach der Fertigstellung durchweg positive Artikel in nahezu allen lokalen Zeitungen, in der Süddeutschen

122 Vgl. Maack, K., "Funktion und Bedeutung der Architektur im System der Corporate Identity", in: Architektur, 10/91, S.7.

123 Zum Architekturverständnis von IBM, vgl. Whyte, M., (IBM), S. 98ff.

124 Vgl. Schulitz, H., (Industriearchitektur), S.18f.

125 Maack, K., "Funktion und Bedeutung der Architektur im System der Corporate Identity", in: Architektur, 10/91, S.7.

126 Norweg, T., "Zwischen Identität und Image", in: Der Architekt, 7-8/1991, S. 386.

127 Hackelsberger, C., (Architektur), S.96.

Zeitung, in Fachzeitungen der Branche (Auto Bild, Krafthand) und in Kunst- und Architekturzeitschriften (art, Bauwelt, DBZ). Darüberhinaus gab es eine Fernsehsendung über dieses und zwei andere Hamburger Gebäude.

Einige Unternehmen, wie z.B. Renault mit dem Zentrallager in Swindon von Foster Associates, benutzen ihre Gebäude auch direkt, unter dem Motto "Kultur und Industrie", in ihren Werbekampagnen. Bei Car&Driver und repro 68, ein weiteres Beispiel von hervorragender Architektur mit großer Beachtung in den Medien, wird das Gebäude nicht im Public Relations- oder Werbekonzept verwendet, damit nicht der Eindruck erweckt wird, daß die hervorragende Architektur auf Kosten der Kunden entstanden ist. Beide versuchten eher schon zu bremsen, sahen die Gefahr, das es des Guten zuviel sein könnte. Viele Unternehmen lassen es sich dennoch nicht nehmen, ihre Gebäude in Bildbänden zu dokumentieren oder berichten, wie die Commerzbank, ausführlich in ihren Geschäftsberichten darüber.

Bemerkenswert ist auch die Stellungnahme von Th. Watson jr., IBM: " In the IBM Company, we do not think that good design can make a poor product good... . But we are convinced that good design can materially help make a good product to reach its full potential. In short, we think, that good design is good business."[128] Die verkaufsfördernde Wirkung der Architektur wurde empirisch von Schwanzer nachgewiesen.[129]

Der dritte zu betrachtende Aspekt sind die *Voraussetzungen zur Realisierung von Architekturqualität*. Entscheidend ist hier ein engagierter und interessierter Bauherr. Es muß in diesem Zusammenhang nochmals darauf hingewiesen werden, daß es sich hierbei weitestgehend um nicht delegierbare Aufgaben handelt. Sämtliche analysierten Beispiele zeigten, daß es unabdingbar ist, daß sich ein "guter" Architekt und ein "guten" Bauherr sowie im optimalen Fall auch noch eine "gute" Bauverwaltung gegenüberstehen. Nur aus diesem Spannungsverhältnis kann ein für alle Beteiligten optimales Ergebnis entstehen. Dieser Forderung wird häufig in kleineren und mittleren Unternehmen entsprochen und es wirkt sich meines Erachtens positiv aus, wenn der Bauherr gleichzeitig Eigentümer des Unternehmens ist.

Der engagierte Bauherr erkennt, daß es sich bei hervorragender Architektur weder um Mäzenatentum noch um Kultur-Sponsoring handelt, sondern um nicht-quantifizierbaren Return-on-Investment. Diese Einstellung ist zwar bei vielen Bauherren vorhanden, Unsicherheit herrscht aber bei der Frage, was "gute" Architektur sei.[130] Somit ist es unerläßlich, daß Unternehmen Gebäudeleitbilder entwickeln, in denen die wesentlichen Anforderungen an ein neues Gebäude fixiert werden.[131]

Die **Zielsetzungen und Voraussetzungen** zur Realisierung von Architekturqualität liegen bei **Fremdbedarfsbauten** auf einer anderen Ebene. Auch wenn von allen

---

128 Thomas J. Watson Jr., Good design is good business, zitiert in: Th. Schutte, Hrsg., The uneasy coalition: Design in Corporate America, S.79, zitiert in: Walton, Th., (Architecture), S.174.

129 Schwanzer, B., (Bedeutung), S.67ff.

130 Vgl. Büttner, O., "Qualität liegt im öffentlichen Interesse", in: Der Architekt, 7-8/1991, S.370.

131 Vor allem amerikanische Unternehmen erarbeiten häufig solche Gebäudeleitbilder; für konkrete Beispiele; vgl. Walton, Th., (Architecture), S. 50ff.

immer wieder die Bedeutung der Architektur für die Corporate Identity ihrer Kunden hervorgehoben wird, geht es hierbei lediglich um die Feststellung, daß "gute" Architektur sich besser vermarkten läßt.[132] Es wird somit auf den Anspruch der Kunden nach Ambiente und hoher Repräsentationswirkung des Gebäudes reagiert. Auch wenn die Nutzer zunehmend mietpreissensibel werden, sind es i.d.R. zuerst die "häßlichen" Gebäude, die leerstehen oder sich schwer vermieten lassen. Bei einem zunehmenden Käufermarkt für gewerbliche Immobilien wird die Bedeutung der Architektur entscheidender.

Darüberhinaus können viele institutionelle Anleger Grundstücke in 1a-Lagen nur über Investorenwettbewerbe akquirieren. Bei dieser Form der Grundstücksvergabe wird von dem Auslober (in Hamburg die Stadt) neben einem überzeugenden Nutzungskonzept auch hohe gestalterische Qualität gefordert. In der Regel engagieren Investoren zur Steigerung ihrer Chancen bereits für die Bewerbung namhafte Architekten. Unabhängig von dieser Vorplanung wird häufig die anschließende Auslobung eines Wettbewerbes zur Bedingung gemacht.

Die zunehmende Realisierung von Architekturqualität bei Fremdbedarfsbauten kann meines Erachtens nicht als Ausdruck der gesellschaftlichen Verantwortung der Investoren gedeutet werden, sondern ist vielmehr die Reaktion auf den zunehmend anspruchsvolleren Markt und auf die steigenden Anforderungen der Stadt. Die realisierten Projekte zeugen zwar von einem zunehmenden Architekturbewußtsein, spiegeln aber häufig vor allem Trends und Moden wider. Architektonische Innovationen werden von diesen Bauherren nur in den seltensten Fällen realisiert. Außerdem wird hier häufig unter Architektur die "schöne Verpackung" eines Gebäudes verstanden. Dieses Verständis ist meiner Meinung nach äußerst bedenklich.

1.4 Entscheidungsprozesse der Bauherren

1.4.1 Anonymisierung der Entscheidungen und Pluralität der Entscheidungsinstanzen

Wer trifft die Entscheidungen, welcher zeitliche Rahmen wird dazu benötigt? Seitens der Architektenschaft wird immer wieder die Klage erhoben, daß es "den" Bauherrn nicht mehr gäbe und Entscheidungen in anonymen Gremien getroffen würden. Diese Einschätzung der Entwicklung, die allerdings nicht von allen Architekten geteilt wird, hat weitgehende Konsequenzen auf das Bauwesen. Folgende Erscheinungen können daraus resultieren:

1. Fehlende emotionale Bindung an das Gebäude,
2. persönliche Handschrift des Bauherrn geht verloren, keine Selbstdarstellung,
3. Entscheidungen werden stromlinienförmiger, durchschnittlicher,
4. fehlender Mut zu Extremen, Innovationen und "komischen" Ideen,
5. Gestaltung identisch mit Werbung und
6. geringere Unterschiede, Uniformität.

132 Hinsichtlich der Anforderungen an die Büroflächenausstattung; vgl. Müller Consult GmbH, (Büroflächen), S.34f.

Das Bauwesen, bedingt durch die Verschiebungen bei den Nachfrageträgern, wird zunehmend von "reinen" Ökonomen dominiert. Darüberhinaus gilt es heutzutage eine Vielzahl, zum Teil divergierende, Interessen zu berücksichtigen.

Zu dem klassischen Entscheidungsdreieck Bauherr - Architekt - Bauausführung, sowie der die Rahmenbedingungen festlegenden öffentlichen Bauverwaltung sind neue Einflußgrößen hinzugekommen.[133]

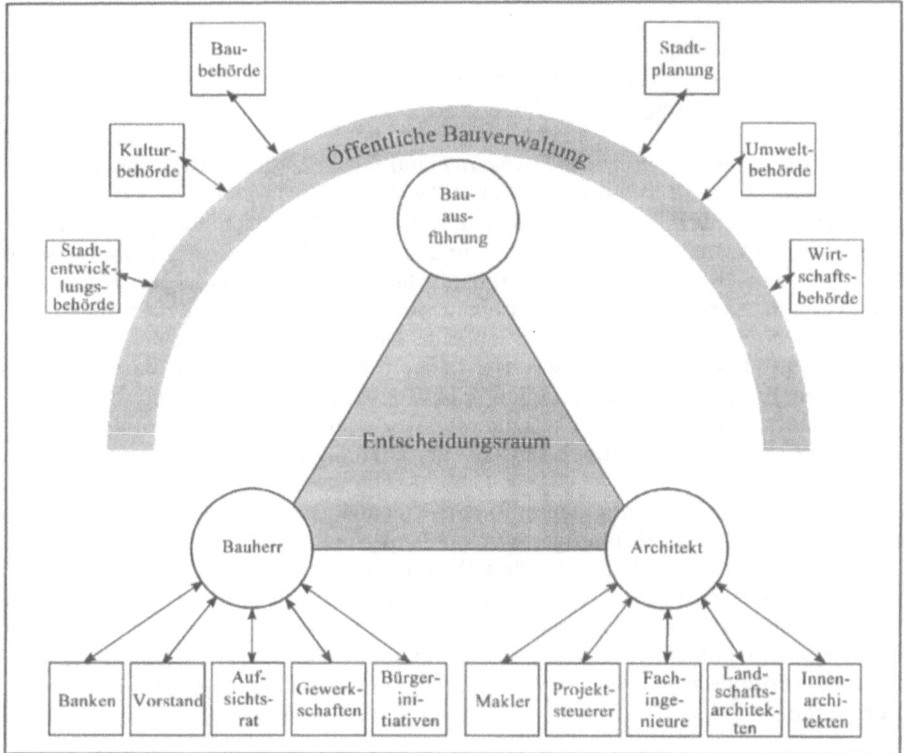

Abb. 20: Entscheidungsraum der Nachfrageträger

Diese Einflußgrößen sind nicht primär inhaltlich neu, sondern als Entscheidungs- bzw. die Entscheidung mitbeeinflußende Instanzen neu. So sehr es auch notwendig erscheint, daß möglichst viele Interessengruppen am Entscheidungsprozeß partizipieren, besteht hierbei aber auch die Gefahr, daß jeweils nur der "kleinste gemeinsame Nenner" realisierbar ist. Reuter[134] spricht in diesem Zusammenhang davon, daß Pläne heutzutage durch einen Filter zahlreicher Gremien mit den unterschiedlichsten Interessen gehen müssen. Extrema, sowohl positive als auch negative, scheinen unmöglich. Es stellt sich die Frage, ob Architekturqualität durch Mehr-

133 Auf die Bauausführung wird im Rahmen dieser Arbeit nicht näher eingegangen.
134 Vgl. Reuter, W., (Macht), S.9.

heitsbeschlüsse erreichbar ist. Im folgenden soll die Entscheidungsfindung der einzelnen Nachfrageträger analysiert werden.

1.4.2 Entscheidungsstrukturen der Bauherren

Bei der Betrachtung der nachfrageträgerindividuellen Entscheidungsstrukturen muß lediglich zwischen folgenden Nachfrageträgern unterschieden werden.

1. Eigenbedarfsbauherren,
2. institutionelle Anleger,
3. private Investoren und Projektentwickler i.e.S sowie
4. öffentliche Bauherren.

Bauten für den *eigenen Unternehmensbedarf* sind meistens durch Einmaligkeit charakterisiert. Dies gilt vor allem für größere Bauvorhaben. Da nicht auf Erfahrungen zurückgegriffen werden kann, resultiert daraus für die Entscheidungsträger Unsicherheit. Der Einfluß von Architekten und externen Beratern ist deshalb auch größer.[135] Bei Entscheidungen dieser Größenordnung sind Vorstand, Divisions-bzw. Abteilungsleiter, Aufsichtsrat und Betriebsrat involviert. Es muß hierbei allerdings unterschieden werden, ob es sich nur um eine Neubauentscheidung oder um eine Neubauentscheidung mit Standortwechsel handelt. Bei der letzteren Variante sind weitere Interessengruppen, z.B. Kunden oder Regierungsinstanzen, hinzuzuziehen. Da Standortentscheidungen für das Unternehmen sehr langfristige Konsequenzen haben, gehören sie zu den ""strategischsten" der strategischen Entscheidungen".[136]

Ausgehend von der Erkenntnis, daß ein neues Gebäude notwendig ist, wird normalerweise im Vorstand ein zuständiges Vorstandsmitglied ausgewählt. Da es sich um eine zeitlich begrenzte Aufgabe handelt, bietet sich eine Projektorganisation an. Dem Vorstandsmitglied wird ein vollamtlicher Projektleiter zugeordnet. Hierbei kann es sich um den Leiter des Innendienstes, der eigenen Bauabteilung oder aber um einen speziell eingestellten Mitarbeiter handeln. Dieser hat die Aufgabe, daß Projekt zu koordinieren und das verantwortliche Vorstandsmitglied über den Stand zu informieren.

---

135 Vgl. auch: BMN Planconsult AG, (Konstruktionsentscheidungen), S.3.
136 Paganoni, R., (Vorstände), S.159f.

Der zeitliche Ablauf, dargestellt an einem relativ kleinen Projekt (10 Mio DM), verläuft folgendermaßen:

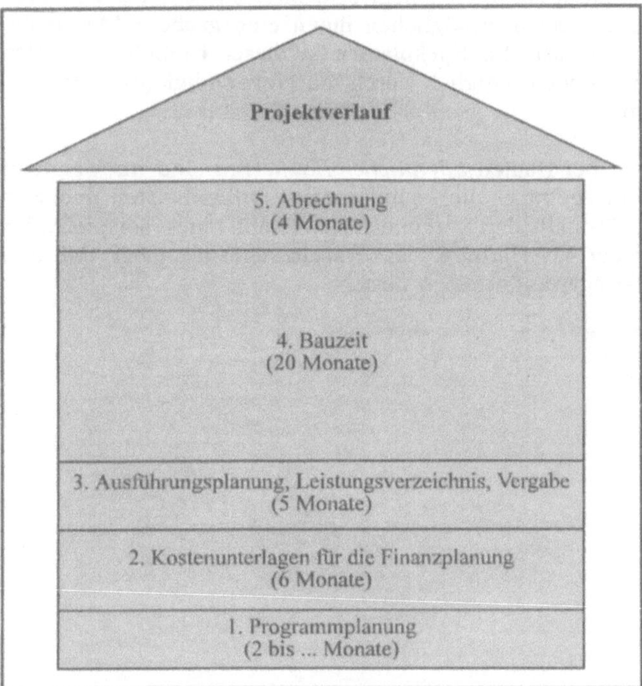

Abb. 21: Projektverlauf privater Bauherren;
Quelle: Freie und Hansestadt Hamburg, Senatsdrucksache Nr. 1229 vom 22.9.1992, S.8.

Hierbei handelt es um Durchschnittwerte, die erheblich über- (repro68 mit 5 bis 6 Jahren) oder unterschritten (Car&Driver mit unter einem Jahr) werden können.

Die Entscheidungsstrukturen *institutioneller Anleger* sollen am Beispiel eines großen deutschen Versicherungskonzerns dargestellt werden. Ausgangssituation ist der Anlagebedarf einer Tochtergesellschaft, z.B. einer Lebensversicherung, die sich mit einem Budget an die spezielle Tochtergesellschaft für Immobiliengeschäfte wendet. Diese stellt potentielle Projekte in einem Gremium, das Vorentscheidungen trifft, vor. Bei den potentiellen Investitionsobjekten handelt es sich um selbstentwickelte Projekte, oder um Produkte von Projektentwicklern. Entscheidungsträger und Projekt stehen somit in keinem persönlichen Verhältnis. Ausschlaggebend sind ausschließlich anlagestrategische Kriterien. Die Entscheidungskriterien dürften mit denen des Bankgeschäftes vergleichbar sein.

Da ausschließlich für Fremdbedarf gebaut wird, sind keine internen Abstimmungsprobleme zu erwarten, und der Abwicklungszeitraum dürfte erheblich kürzer als bei Eigenbedarfsbauten sein.

Im Vergleich zu den anderen Nachfrageträgern dürften *private Investoren und Projektentwickler i.e.S.* die kürzesten Entscheidungswege haben. In der Schnelligkeit und Flexibilität der Entscheidungsstrukturen liegt eine ihrer strategischen Erfolgspositionen. Schnelle Entscheidungen ermöglichen ihnen eine größere Marktnähe. Sie stellen auch die Geschäftsbasis für Spekulanten in dieser Branche dar. Verlängert werden die Entscheidungen lediglich durch die Notwendigkeit einer weitgehenden Fremdfinanzierung.

Die Entscheidungsstrukturen bei Bauten *öffentlicher Bauherren* sind im Vergleich zu denen der anderen Nachfrageträger die komplexesten, unflexibelsten und zeitaufwendigsten. Abbildung 22 stellt den vereinfachten Ablauf eines beispielhaften Projektes, die Erweiterung der TU Harburg, dar. Entscheidend ist dabei, daß eine Trennung zwischen Bedarfsträger und Bauherr besteht.

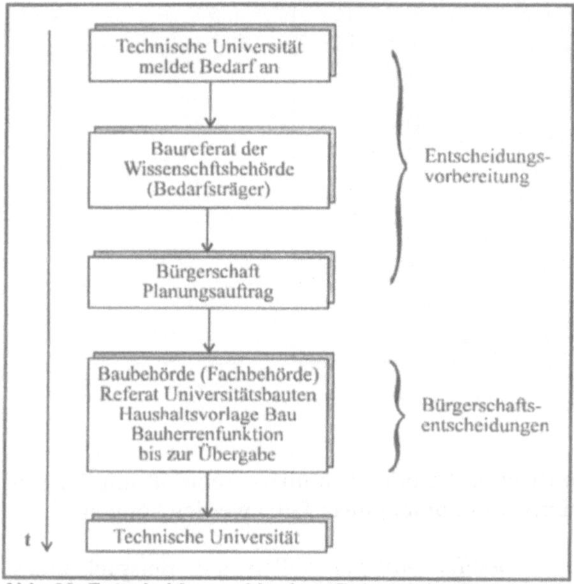

Abb. 22: Entscheidungsablauf am Beispiel der Freien und Hansestadt Hamburg

Obwohl dieses Verfahren nach wie vor für die meisten Fachbehörden besteht, gibt es Bestrebungen einer Reorganisation des staatlichen Hochbaus. Pilotprojekte zur Einführung dezentraler Bauabteilungen laufen bereits. Ziele der Reorganisation sind ein kreatives Umfeld zu schaffen, die Bürokratie abzubauen, die Motivation zu steigern und bestehende Sanktionsmöglichkeiten konsequenter zu nutzen.[137]

137 Freie und Hansestadt Hamburg, Senatsamt für den Verwaltungsdienst, Probau, Faltblatt, o.A.d.J.

Die bestehende Ineffizienz läßt sich auch an einer Gegenüberstellung der benötigten Zeit verdeutlichen.[138]

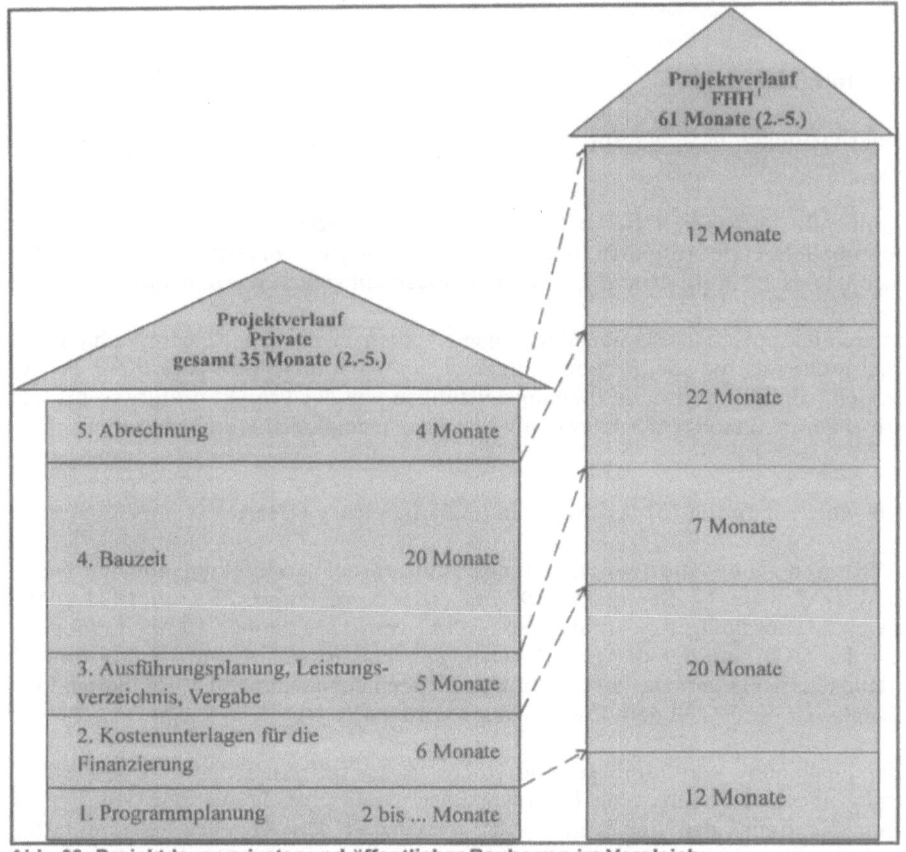

Abb. 23: Projektdauer privater und öffentlicher Bauherren im Vergleich;
Quelle: Freie und Hansestadt Hamburg, Senatsdrucksache Nr. 1229 vom 22.9.1992, S.8.

Der erheblich höhere Zeitbedarf[139] ist vor allem durch die Entscheidungsphasen bedingt. Dies liegt einerseits an den komplexen politischen Entscheidungsstrukturen und -wegen und andererseits, möglicherweise an der Behördenmentalität.

138 FHH = Freie und Hansestadt Hamburg

139 Da die Angaben staatlichen Quellen entstammen, ist nicht auszuschließen, daß die Diskrepanz in der Realität nicht erheblich größer ist.

2 Anbieter von Planungsleistungen

2.1 Planungsleistungen

Planungsleistungen bestehen im wesentlichen aus drei Aufgaben, die sich nicht selten widersprechen:

1. ordnende Aufgaben, d.h. Abstimmung und Koordination,
2. optimalisierende Aufgaben, d.h., die beste Lösung soll angestrebt werden und
3. schöpferische Aufgaben, d.h., daß neue Ideen entwickelt werden sollen.

Unter architektonischen Planungsleistungen werden in diesem Zusammenhang allerdings nicht nur die klassischen Aufgaben des Architekten im Sinne der HOAI verstanden, sondern sämtliche Planungsleistungen von der Projektinitiierung bis zur Inbetriebnahme, unabhängig davon, in wessen Zuständigkeitsbereich sie fallen.

2.1.1 Honorarordnung für Architekten und Ingenieure (HOAI)

Die Verordnung über die Honorare für Leistungen der Architekten und der Ingenieure (HOAI) vom 17. September 1976 ersetzt die zuletzt am 23. Juli 1974 geänderte Gebührenordnung für Architekten (GOA) vom 13. Oktober 1950. Im Gegensatz zu der GOA umfaßt die HOAI neben den klassischen Architektenleistungen auch landschaftsplanerische sowie teilweise Ingenieursleistungen.[1] Bezüglich der Rechtsnatur ist die HOAI dem Preisrecht zuzuordnen.[2]

Mit der Festlegung von Mindest- und Höchstsätzen soll einerseits eine Qualitätssicherung und andererseits eine Baukostenbegrenzung erreicht werden. Hierbei ist zu berücksichtigen, daß der Mindestsatz tendenziell den Regelsatz darstellt. So sinnvoll eine Vermeidung des Preiswettbewerbes auf den ersten Blick auch erscheinen mag, so muß aber auch berücksichtigt werden, daß erstens gute und schlechte Architektur gleich honoriert wird und zweitens, daß die weitgehende Koppelung an die anrechenbaren Kosten (Baukostensumme) kein virtuelles Interesse seitens der Planer an Kostenreduktionen hervorruft. Somit ist die HOAI eher als die beste unter den unzureichenden Varianten anzusehen.

---

1 Zur Geschichte der Gebührenordnungen von Architekten; vgl. Pfarr, K.H. (Geschichte), 93ff, Pfarr, K.H., (Was), S. 8ff oder Hesse, G. et al., (HOAI). 171ff.

2 Hesse, G. et al., (HOAI), 186.

2.1.2 Leistungsbild Objektplanung der HOAI

Die HOAI legt in §15 das Leistungsbild Objektplanung[3] für Gebäude, Freianlagen und raumbildende Ausbauten fest. Das Leistungsbild ist in neun Leistungsphasen, jeweils mit den dazugehörenden Grundleistungen und Besonderen Leistungen, unterteilt. Jeder Leistungsphase steht ein gewisser Prozentsatz des Gesamthonorares zu. Die Abgrenzung der einzelnen Leistungsphasen sowie deren Interpretation ist problematisch. Die nachfolgenden Paragraphen §§18-27 regeln Besonderheiten und führen in Kombination mit §15 zum Ergebnis.

§15 HOAI Leistungsbild Objektplanung für Gebäude, Freianlagen und raumbildende Ausbauten

Leistungsphasen	Anteil am Honorar (in %)	wesentliche Inhalte
1. Grundlagenermittlung	3	Ermitteln der Voraussetzungen zur Lösung der Bauaufgabe durch die Planung
2. Vorplanung (Projekt- und Planungsvorbereitung)	7	Erarbeiten der wesentlichen Teile einer Lösung der Planungsaufgabe
3. Entwurfsplanung (System- und Integrationsplanung)	11	Erarbeiten der endgültigen Lösung der Planungsaufgabe
4. Genehmigungsplanung	6	Erarbeiten und Einreichen der Vorlagen für die erforderlichen Genehmigungen oder Zustim mungen
5. Ausführungsplanung	25	Erarbeiten und Darstellen der ausführungsreifen Planungslösungen
6. Vorbereitung der Vergabe	10	Ermitteln der Mengen und Aufstellen von Leistungsverzeichnissen
7. Mitwirkung bei der Vergabe	4	Ermitteln der Kosten und Mitwirkung bei der Auftragsvergabe
8. Objektüberwachung (Bauüberwachung)	31	Überwachung der Ausführung des Objektes
9. Objektbetreuung und Dokumentation	3	Überwachen der Beseitigung von Mängeln und Dokumentation des Gesamtergebnisses

Tab. 4: Leistungsbild Objektplanung

3 Der Begriff Objektplanung ist insofern unglücklich gewählt, als es sich hierbei nicht um Planung im engeren Sinne handelt, sondern um sämtliche Arbeiten eines Architekten zur Verwirklichung eines Bauvorhabens und somit der Begriff Objekttätigkeiten treffender wäre; vgl. Hesse, G. et al., (HOAI), S.576.

Das festgelegte Honorar ist eine Kombination aus anrechenbaren Kosten und Honorarzone. Mit dem Honorar sind allerdings lediglich die Grundleistungen[4] abgegolten. Besondere Leistungen müssen gesondert und schriftlich (§5 HOAI) vereinbart werden. Neben den im Verordungstext explizit benannten Aufgaben, kann es sich um zahlreiche andere Leistungen handeln, soweit sie erheblichen Arbeits- und Zeitaufwand verursachen.[5] Im folgenden sollen die einzelnen Leistungsphasen näher betrachtet werden.[6]

Zu den Grundleistungen der *Grundlagenermittlung* gehören:

1. Klären der Aufgabenstellung,
2. Beraten zum gesamten Leistungsbedarf und
3. Formulieren von Entscheidungshilfen für die Auswahl anderer an der Planung fachlich Beteiligter.

Andere an der Planung fachlich Beteiligte können z.B. sein: Stadtplaner, Landschaftsplaner, Tragwerksplaner, Bauleiter, Innenraumplaner, Gutachter, Projektsteuerer, Heizungs- und Klimaanlagenplaner, Akustikplaner und Straßenbauplaner. Die Leistungsphase Grundlagenermittlung ist interdisziplinär und im Gegensatz zu den folgenden Phasen nicht projekt-, sondern problemorientiert.

Darüber hinausgehende Aufgaben wie z.B. Standortanalysen, Bestandsaufnahmen, Betriebsplanung, Raum- und Funktionsprogramme und Umweltverträglichkeitsprüfungen sind mit dem Honorar nicht abgegolten und müssen im vorhinein schriftlich festgelegt werden. Sie werden in der HOAI als Besondere Leistungen bezeichnet. Im Gegensatz zu den Grundleistungen können sie problemlos aus dem Planungsprozeß herausgenommen werden.

Zur *Vorplanung (Projekt- und Planungsvorbereitung)* gehören folgende Grundleistungen:

1. Analyse der Grundlagen,
2. Abstimmung der Zielvorstellungen und Erstellung eines Zielkataloges,
3. Erarbeiten eines Planungskonzeptes, inkl. versuchsweiser zeichnerischer Darstellungen,
4. Klären und Erläutern der wesentlichen städtebaulichen, gestalterischen, technischen und wirtschaftlichen Zusammenhänge,
5. Vorverhandlungen mit Behörden über die Genehmigungsfähigkeit und
6. Kostenschätzungen nach DIN 276.

Besondere Leistungen im Sinne der HOAI wären z.B. das Aufstellen eines Finanzierungs- oder Zeit- und Organisationsplanes.

---

4 Bei Grundleistungen handelt es sich um Aufgaben, die nach allgemein anerkannter Erfahrung im Regelfall zu erbringen sind. Ohne diese ist das Bild von einer dem Architekten obliegenden Aufgabe grundsätzlich unvollständig, wohingegen besondere Leistungen über den Regelfall hinausgehen; vgl. Hesse, G. et al., (HOAI), S.577.

5 Motzke, G. / Wolff, R., (Praxis), S.121.

6 Nachfolgende Auflistungen der Grundleistungen und Besonderen Leistungen, vgl. HOAI, §15 Abs.2. Auch wenn gekürzt wurde, handelt es sich um den Wortlaut der Honorarordnung.

Grundlage der Vorplanung ist eine problemorientierte Anforderungsliste, die auf die Planungsrelevanz bzw. Realisierbarkeit hin analysiert werden muß.[7] Ein erstes Programm (Raum- und Nutzungskonzept) ist auszuarbeiten. Bei der Kostenschätzung nach DIN 276 werden Planungsgrößen (BGF, BRI oder Nutzungseinheiten) mit Durchschnittswerten (Kostenrichtwerten) vergleichbarer Bauten multipliziert. Im Gegensatz zu den meisten Investoren betrachtet die Rechtssprechung Abweichungen von 25-30% zwischen Kostenschätzung und Kostenfeststellung, somit zwischen Soll-Kosten und Ist-Kosten, als tolerierbar.[8]

Die Schwerpunkte dieser Phase liegen also in der endgültigen Klärung der Ziele und in der Erarbeitung eines ersten Lösungskonzeptes.

Bei der *Entwurfsplanung (System- und Integrationsplanung)* sind im wesentlichen folgende Grundleistungen zu erbringen:

1. Durcharbeiten des Planungskonzeptes unter Berücksichtigung städtebaulicher, gestalterischer, technischer und wirtschaftlicher Anforderungen,
2. Integrieren der Leistungen anderer an der Planung fachlich Beteiligter,
3. zeichnerische Darstellung des Gesamtentwurfes (Maßstab 1:50 bis 1:20)
4. Verhandlungen mit Behörden und
5. Kostenberechnung nach DIN 276.

Besondere Leistungen sind z.B. Wirtschaftlichkeitsberechnungen und weitergehende Kostenberechnungen. Bei der Kostenberechnung nach DIN 276 handelt es sich nach wie vor um ein Schätzverfahren.[9] Im Gegensatz zur Kostenschätzung in der zweiten Leistungsphase wird ein größerer Detaillierungsgrad (3. Spalte der Kostengliederung der DIN 276) gefordert. Die Kostenberechnung stellt dabei die Grundlage für die Finanzierung dar.

Nach der HOAI sind bei der *Genehmigungsplanung* als Grundleistungen zu erbringen:

1. Erarbeiten der Vorlagen für die Genehmigungen (inkl. Anträge für Ausnahmen und Befreiungen),
2. Einreichen der Unterlagen und
3. Vervollständigen der Planungsunterlagen.

Besondere Leistungen sind hierbei:

1. die Beschaffung nachbarlicher Zustimmungen,
2. Unterlagen für besondere Prüfverfahren (v.a. bei Behördenbauten),
3. fachliche und organisatorische Unterstützung bei juristischen Auseinandersetzungen und
4. Ändern der Genehmigungsunterlagen infolge von Umständen, die der Auftragnehmer nicht zu verantworten hat.

---

7 Pfarr, K.H., (Handbuch), S.148.
8 Koopmann, M., (Kostentransparenz), S.92.
9 Möller, D.-A., (Planungs- und Bauökonomie), S. 116.

Im wesentlichen geht es also um die Herstellung der Pläne nach behördlichen Bestimmungen (i.d.R. 1:100), um die Verhandlungen mit Ämtern und um die Anpassung und Vervollständigung der Planungs- und Genehmigungsunterlagen aufgrund behördlicher Auflagen.

Grundleistungen der Phase *Ausführungsplanung* sind im wesentlichen:

1. zeichnerische Darstellung des Objektes mit allen für die Ausführung notwendigen Einzelangaben (Maßstab 1:50 bis 1:1) und
2. Fortschreiben der Ausführungsplanung während der Objektausführung.

Besondere Leistungen sind das Aufstellen einer detaillierten Objektbeschreibung als Baubuch zur Grundlage der Leistungsbeschreibung mit Leistungsprogramm. Werden aber die Leistungsbeschreibungen mit Leistungsprogramm angewandt, handelt es sich ganz oder nur teilweise um Grundleistungen.[10]

Die Leistungsphase Ausführungsplanung entspricht der Vorgehensweise nach der Vorplanung und führt zu einer umfassenden Darstellung der zur Realisierung der Baumaßnahmen notwendigen Einzelheiten. Der Maßstab der Ausführungsplanung beträgt 1:100 bis 1:1. Die Ausführungsplanungen dienen anschließend den Bauunternehmen als Grundlage ihrer Tätigkeit.

Die sechste Leistungsphase ist die *Vorbereitung der Vergabe* mit folgenden Grundleistungen:

1. Ermitteln und Zusammenstellen von Mengen als Grundlage für das Aufstellen von Leistungsbeschreibungen und
2. Aufstellen von Leistungsbeschreibungen mit Leistungsverzeichnissen nach Leistungsbereichen.

Besondere Leistungen wären z.B. das Aufstellen von alternativen Leistungsbeschreibungen für geschlossene Leistungsbereiche oder Leistungsbeschreibungen mit Leistungsprogrammen und vergleichenden Kostenübersichten.

Bei Leistungsbeschreibungen mit Leistungsverzeichnissen wird die Bauaufgabe in Teilleistungen zerlegt. Dabei sollen die Leistungen möglichst eindeutig und erschöpfend beschrieben werden.

Bei Leistungsbeschreibungen mit Leistungsprogramm, man spricht auch von funktionaler Leistungsbeschreibung, wird zusammen mit der Bauausführung auch der Entwurf für die Leistungen dem Wettbewerb unterstellt.

10 Diese Einschränkung gilt ebenfalls bei den Leistungsphasen 6 und 7.

Die Leistungsphase *Mitwirkung bei der Vergabe* beinhaltet folgende Aufgaben:

1. Zusammenstellen der Verdingungsunterlagen für alle Leistungsbereiche,
2. Einholen von Angeboten,
3. Prüfen und Werten der Angebote,
4. Verhandlungen mit den Bietern,
5. Kostenanschlag nach DIN 276 und
6. Mitwirken bei der Auftragsvergabe.

Besondere Leistungen - mit den gleichen Einschränkungen wie bei der Leistungsphase fünf und sechs - sind das Prüfen und Werten der Angebote aus Leistungsbeschreibungen mit Leistungsprogramm und das Ausarbeiten von Preisspiegeln nach besonderen Anforderungen.

Das Prüfen und Werten von Angeboten ist bei der absprachеanfälligen Baubranche[11] äußerst schwierig. Submissionsabsprachen verhindern einen offenen Wettbewerb. Vor allem unerfahrenen Bauherren dürfte die Prüfung der Angemessenheit von Preisen unmöglich sein. Bei der Angebotsbewertung auf der Grundlage funktionaler Leistungsbeschreibungen muß darüberhinaus die Lösungsvariante beurteilt werden, da hinter jedem Preis eine ganze Palette verschiedener Leistungsalternativen stehen. Somit erfordert die Auswertung fast schon Beurteilungskunst.[12] Damit eine Vergleichbarkeit erreicht werden kann, muß der Auslober klare Bedingungen festlegen.

Der Kostenanschlag nach DIN 276 soll die tatsächlich zu erwartenden Kosten ermitteln. Grundlage bildet die Zusammenstellung der Angebote für Teilleistungen, Eigenberechnungen, Honorar- und Gebührenberechnungen und sonstige bereits entstandene Kosten.

Bei der *Objektüberwachung (Bauüberwachung)* sind folgende Leistungen zu erbringen:

1. Überwachung der Ausführung hinsichtlich Übereinstimmung mit der Baugenehmigung,
2. Aufstellen und Überwachen eines Zeitplanes,
3. Führen eines Bautagebuches,
4. Abnahme der Bauleistungen unter Feststellung der Mängel,
5. Rechnungsprüfung, Kostenfeststellung nach DIN 276 und Kostenkontrolle sowie
6. Übergabe des Objektes.

Besondere Leistungen bei der Objektüberwachung sind:

1. Aufstellen, Überwachen und Fortschreiben eines Zahlungsplanes, differenzierter Zeit-, Kosten- oder Kapazitätspläne und
2. je nach Landesrecht, die Tätigkeit als verantwortlicher Bauleiter.

11 Vgl. z.B. Pfarr, K.H., (Handbuch), S.214ff.
12 Pfarr, K.H., (Trends), S. 100.

Die Leistungsphase Objektüberwachung umfaßt somit sämtliche Tätigkeiten, "die zur Überwachung der technischen, wirtschaftlichen und zeitlichen Durchführung des Bauvorhabens notwendig sind, sowie die abschließenden Tätigkeiten, die zur Übergabe des Bauwerks führen".[13]

Die Kostenfestsetzung dient dem Nachweis der tatsächlich entstanden Kosten (Ist-Kosten). Die Rechtsprechung hält, wie bereits erwähnt, Abweichungen zwischen Kostenschätzung und -feststellung von 25-30% für tolerierbar. Vor allem bei öffentlichen Bauten gibt es extreme Kostenüberschreitungen:[14]

	Soll-Kosten	**Ist-Kosten**
Olympia-Bauten 1972	600 Mio.	1,9 Mrd.
ICC-Berlin[15]	270 Mio.	926 Mio.
Klinikum Aachen	700 Mio.	2,4 Mrd.

Tab. 5: Beispiele für Kostenüberschreitungen;
Quelle: Pfarr, K.H., (Trends), S.103.

Diese Baukostenüberschreitungen sind aus mehreren Gründen nur bedingt den Architekten anzulasten. Erstens handelt es sich bei den am Anfang publizierten Zahlen meistens um politische Zahlen, von denen jeder weiß, daß sie unrealistisch sind, aber mit denen das Projekt politisch einfacher durchzusetzen ist. Zweitens sind Behörden verpflichtet, zumindest nach außen, mit Ist-Preisen zu kalkulieren. Bei langfristigen Projekten führt die Teuerung bereits zu erheblichen Kostenüberschreitungen. Und drittens, was für private Bauherren in gleichem Maße gilt, führen veränderte und vor allem erweiterte Anforderungen während der Planungsphase häufig zu erheblichen Mehrkosten. Bezüglich der Baukostenüberschreitung für den Bonner Plenarsaal von 88 auf 256 Mio. DM argumentiert Behnisch treffend: "Das ist so, als würden Sie in einen Laden gehen, um ein Paar Schuhe zu kaufen. Dann kommen Sie komplett eingekleidet wieder heraus und sagen, die Schuhe waren aber teuer."[16] Einen erheblichen Anteil der den Architekten zugeschrieben Mehrkosten hat somit allein der Bauherr zu verantworten.[17]

Bei der *Objektbetreuung und Dokumentation* sind folgende Grundleistungen zu erfüllen:

1. Objektbegehung zur Mängelfeststellung vor Ablauf der jeweiligen Gewährleistungsansprüche gegenüber den bauausführenden Unternehmen,
2. Überwachung der Beseitigung von Mängeln und
3. systematische Zusammenstellung der zeichnerischen Darstellungen und rechnerischen Ergebnisse des Objektes.

---

13 Pfarr, K.H., (Handbuch), S.233.
14 Pfarr, K.H., (Trends), S.103.
15 Eine detaillierte Darstellung über Gründe und Verantwortlichkeit für die Baukostenüberschreitung stellt das Gutachten von Pfarr dar; vgl. Pfarr, K.H. et al., (Generalgutachten).
16 "Ich bin nicht töricht", Interview mit G. Behnisch, Der Spiegel, 16/1993, S. 30.
17 Vgl. Koopmann, M., (Kostentransparenz), S.93.

Besondere Leistungen der Objektbetreuung und Dokumentation sind:

1. Erstellen von Bestandsplänen,
2. Erstellen von Wartungs- und Pflegeanweisungen,
3. Objektverwaltung,
4. Überwachen der Wartungs- und Pflegeleistungen sowie
5. Ermittlung und Kostenfeststellung zu Kostenrichtwerten.

Ebenso wie den Planern, wäre den potentiellen Investoren sicherlich geholfen, wenn die Ermittlung und Kostenfeststellung zu Kostenrichtwerten nicht eine Besondere, sondern eine Grundleistung wäre. Somit könnte ein Instrument zur besseren Kostenschätzung geschaffen werden.

Die Überwachung der Beseitigung von Mängeln ist mit Abnahme der Bauleistungen auf fünf Jahre zeitlich begrenzt. Die gesetzlichen Grundlagen basieren auf dem BGB.

2.1.3 Typologisches Raster potentieller Anbieter architektonischer Planungsleistungen

Bevor im nachfolgenden die einzelnen Anbieter architektonischer Planungsleistungen näher betrachtet werden, sollen mögliche Aufteilungen der gesamten Planungsleistungen dargestellt werden. Auch wenn es vielleicht nicht im Sinne der geistigen Väter der HOAI war, führt die Aufteilung in Leistungsphasen dazu, daß Bauherren problemlos das Leistungsbild Objektplanung an verschiedene Auftragnehmer vergeben können. In der Praxis ist häufig eine Aufteilung in Leistungsphase 1 bis 4 oder 5 und 5 bzw. 6 bis 9 anzutreffen. Die ersten Phasen werden an freie Architekten vergeben. Anschließend wird ein Generalunternehmer eingesetzt. Die Bedeutung fester Termine und fixer Kosten sind hierfür ausschlaggebend. Die HOAI schreibt allerdings nicht vor, daß einzelne Leistungsphasen nur komplett vergeben werden dürfen. Somit ist also z.B. möglich, einem Architekten nur die Hälfte der Leistungsphase Genehmigungsplanung, bei einem entsprechend gekürzten Honorar, zu übertragen. Der Übersicht halber wird in der nachfolgenden Graphik nur nach ganzen Leistungsphasen differenziert. Im Teil B Kap. 1.5 werden idealtypische Kombinationen, je nach Bauherr und Nutzungszweck, dargestellt.

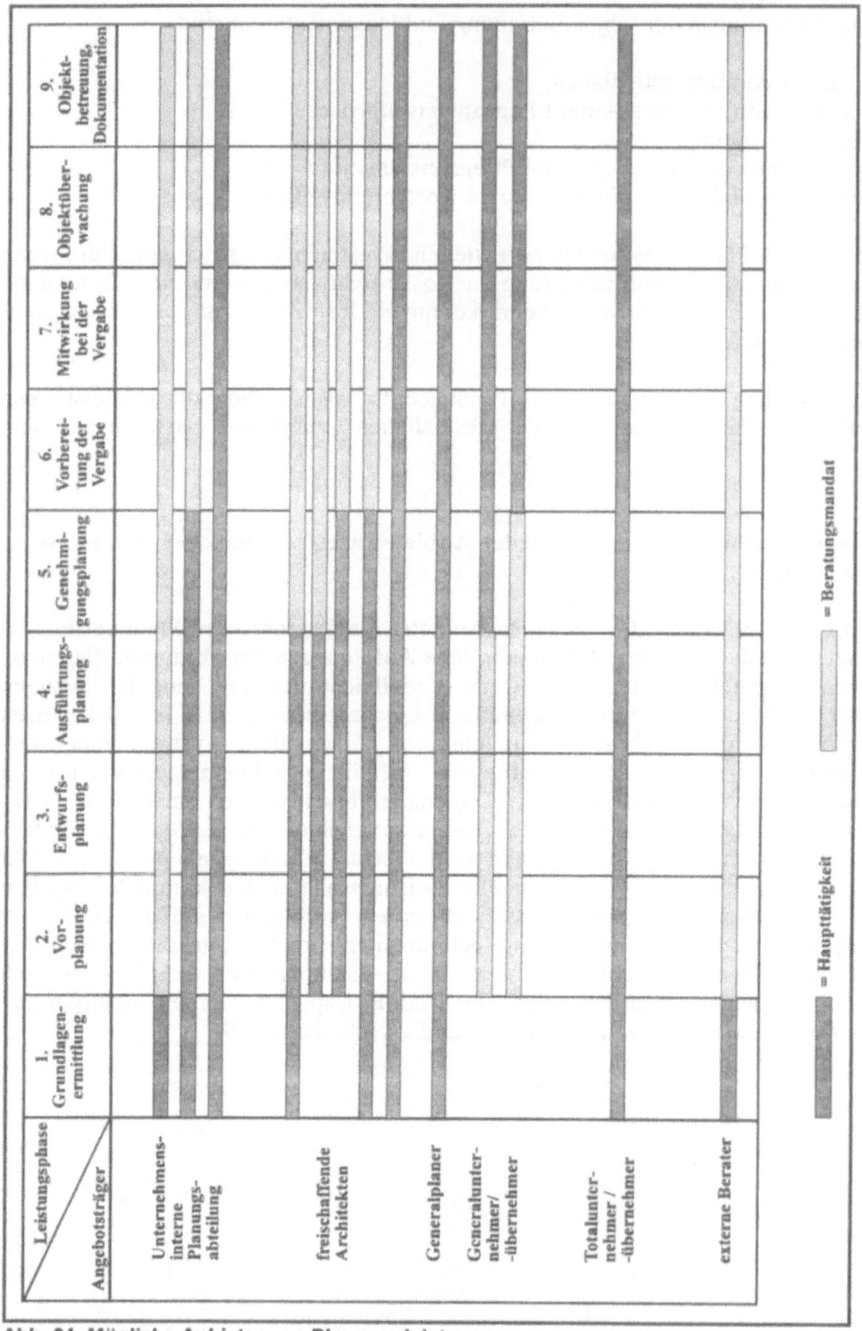

Leistungsphase / Angebotsträger	1. Grundlagen-ermittlung	2. Vor-planung	3. Entwurfs-planung	4. Ausführungs-planung	5. Genehmi-gungsplanung	6. Vorberei-tung der Vergabe	7. Mitwirkung bei der Vergabe	8. Objektüber-wachung	9. Objekt-betreuung, Dokumentation
Unternehmens-interne Planungs-abteilung									
freischaffende Architekten									
Generalplaner									
Generalunter-nehmer/ -übernehmer									
Totalunter-nehmer / -übernehmer									
externe Berater									

= Haupttätigkeit = Beratungsmandat

Abb. 24: Mögliche Anbieter von Planungsleistungen

2.2 Unternehmensinterne Bauabteilungen

2.2.1 Grundlagen und typologisches Raster

Bei unternehmensinternen Bauabteilungen muß strikt zwischen jenen Abteilungen, die regelmäßig in die Planung und Durchführung von Neubauprojekten involviert sind (dies sind die Bauabteilung von Großkonzernen wie Siemens oder Philips und die der institutionellen Anleger) und jene Bauabteilungen, für die die Aufgabenstellung eine Ausnahme darstellt (sämtliche andere Unternehmen). Abbildung 25 gibt einen Überblick über Gemeinsamkeiten und Unterschiede der Bauabteilungen.

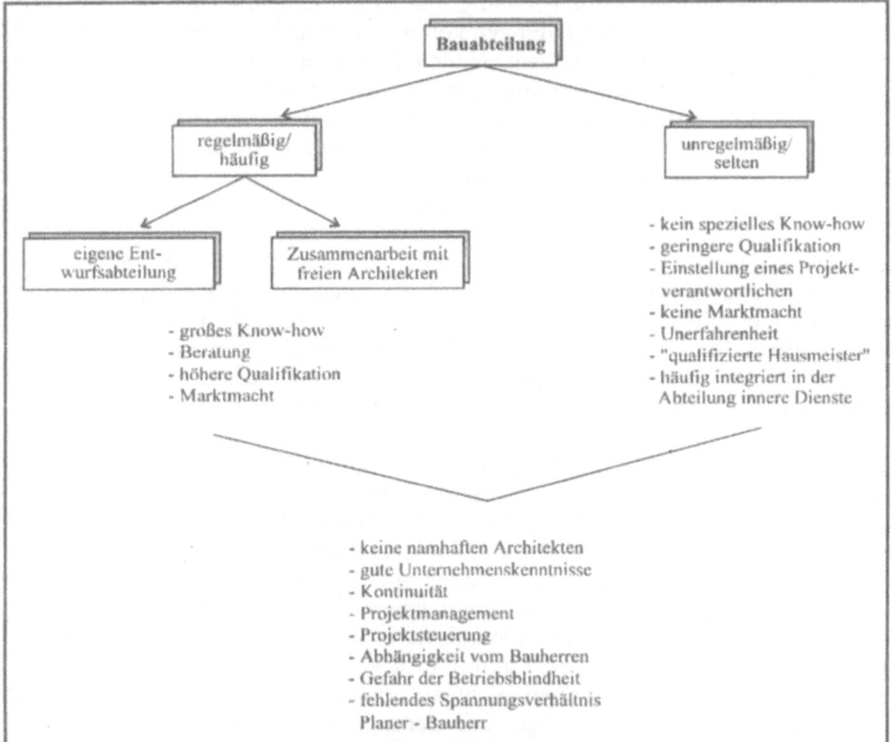

Abb. 25: Arten von unternehmensinternen Bauabteilungen

Beiden Arten von Bauabteilungen ist gemeinsam, daß in ihnen weder namhafte Architekten arbeiten, noch arbeiten wollen. Berühmte Architekten sind ausschließlich freiberuflich tätig. Wegen der Bedeutung namhafter Architekten als "Baugenehmigungsbeschaffer" wird bei größeren und vor allem prestigeträchtigen Bauten immer auf externe Architekten zurückgegriffen.[18] Die Aufgabe der Bauabteilungen

[18] Hierbei muß berücksichtigt werden, daß die Involvierung namhafter Architekten vor allem bei den höheren Chargen (Senatoren, Oberbaudirektoren und Abteilungsleitern) vorteilhaft ist. Die allgemeine Bauverwaltung präferiert Büros, die sich auf eine optimale Vorbereitung der Unterlagen spezialisiert haben.

liegt bei den in diesem Rahmen betrachteten Bauten vor allem im Projektmanagement und in der Projektsteuerung.

Der zentrale Vorteil unternehmensinterner Bauabteilungen ist ihre Unternehmenskenntnis. Dieser Vorteil kommt besonders bei Spezialbauten, wie z.B. Fabrikationsanlagen, zum Tragen. Außerdem weisen unternehmensinterne Bauabteilungen eine größere personelle Kontinuität auf, was bei langwierigen Projekten auschlaggebend sein kann. Aufgrund der häufig langjährigen Betriebszugehörigkeit und dem festen Anstellungsverhältnisses besteht aber die Gefahr von Betriebsblindheit und zu großen Abhängigkeitsverhältnissen zum Bauherrn.

Nicht alle Bauabteilungen, die regelmäßig und häufig bauen, leisten die Entwurfsarbeit selbst. Eigene Entwurfsabteilungen kommen primär bei architektonisch, nicht aber zwangsläufig quantitativ, unbedeutenden Projekten zum Zuge. Die entscheidende Erfolgsposition ist die Kenntnis der Produktionsanforderungen sowie Skalenerträge durch repetitive Anforderungen. Darüber hinaus besitzen die Bauabteilungen großer Konzerne eine nicht unerhebliche Marktmacht. Kein Generalunternehmer möchte die Geschäftsbeziehungen aufgrund überzogener Forderungen oder schlechter Bauausführung gefährden. Aufgrund eigener Erfahrungen sind sie als Bauherren in der Lage, eine effektive Kostenbeurteilung und -kontrolle vorzunehmen, da sie über interne Kostenrichtwerte verfügen. Aufgrund des Anforderungsprofils ist auch das Qualifikationsniveau der Mitarbeiter höher, als bei Bauabteilungen die nur selten und unregelmäßig mit solchen Aufgaben betraut sind. Bei Konzernen übernehmen die zentralen Bauabteilungen auch Beratungstätigkeiten für ihre ausländischen Niederlassungen. Auf die zunehmende organisatorische Ausgliederung des Corporate-Real-Estate-Management wurde bereits eingegangen.

Für Bauabteilungen, die unregelmäßig und selten mit großen Neubauprojekten beschäftigt sind, ist die Situation problematischer. Sie können weder auf konkrete Erfahrungen zurückgreifen, noch besteht eine Marktmacht. Für sie stellt ein umfangreiches Neubauprojekt einen großen Unsicherheitsfaktor dar. Generell handelt es sich hierbei um Bauabteilungen, die geeignet sind, um kleinere bauliche Veränderungen während der Nutzungszeit zu übernehmen, die aber Großprojekte nicht in eigener Regie realisieren können. Organisatorisch sind sie häufig den inneren Diensten zugeordnet. Häufig wird für das Projekt ein Mitarbeiter speziell eingestellt, weil die eigenen Kapazitäten nicht ausreichen oder weil die vorhandenen Mitarbeiter nicht über das notwendige Anforderungsprofil verfügen.

Im Teil B Kapitel 1 soll dargestellt werden, wie die verschiedenen Arten von Bauabteilungen sinnvoll kooperieren könnten.

2.2.2 Bedeutung unternehmensinterner Bauabteilungen

Im folgenden soll die Bedeutung unternehmensinterner Bauabteilungen für die Bauherren betrachtet werden, sofern verallgemeinerbare Aussagen gemacht werden können. Unberücksichtigt bleibt die Frage der organisatorischen Gestaltung, weil sie in diesem Zusammenhang unbedeutend ist.

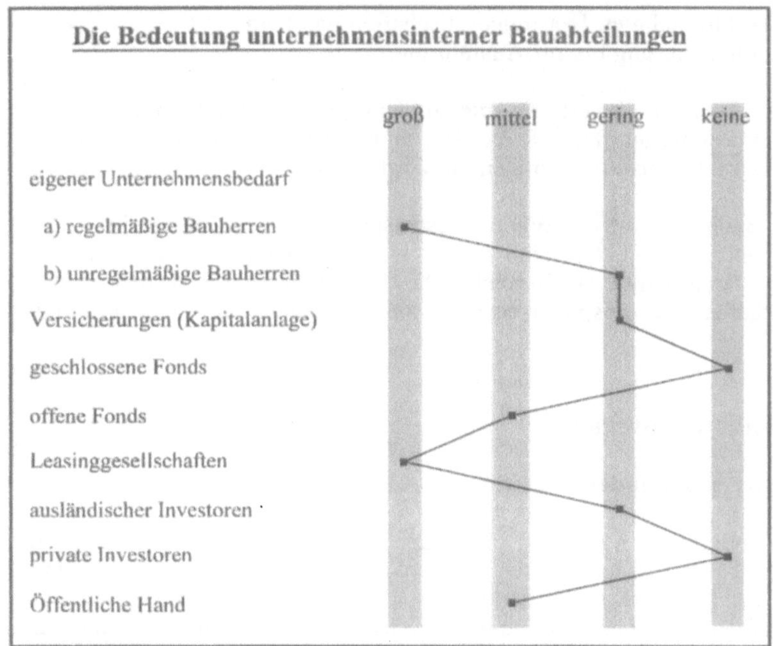

Abb. 26: Bedeutung der unternehmensinternen Bauabteilung

Die Bedeutung der unternehmensinternen Bauabteilung ergibt sich auch aus den unterschiedlichen Anlagestrategien bzw. dem Geschäftszweck. Die relativ geringe Bedeutung unternehmensinterner Planungsabteilungen bei Versicherungen liegt an den Standortpräferenzen der Versicherungen. In 1a-Lagen kann kaum ohne namhafte Architekten gebaut werden und die Versicherungen sind sich der Werbewirkung hervorragender Architektur bewußt. Versicherungen legen außerdem großen Wert auf schlüsselfertige Ausführungen; sie sehen somit ihren Geschäftzweck ausschließlich in der Kapitalanlage nicht in der Erstellung von Immobilien und den damit verbundenen Renditemöglichkeiten.

Bei geschlossenen Immobilienfonds spielen unternehmensinterne Bauabteilungen keine Rolle. Entweder werden bereits erstellte Objekte erworben, Generalübernehmerverträge abgeschlossen oder aber der Fonds steigt bei Neubauprojekten erst in dem Stadium ein, wenn sämtliche Vertragspartner bereits feststehen. Handelsketten liefern beispielsweise die Baupläne gleich mit.

Bei offenen Fonds hat die unternehmensinterne Bauabteilung eine wesentlich größere Bedeutung. Die Rolle wird allerdings eingeschränkt, da zwar vorzugsweise mit Generalunternehmern gebaut, aber ein möglichst namhafter Architekt für die "Hülle" engagiert wird.

Leasinggesellschaften messen unternehmensinternen Bauabteilungen eine bedeutende Rolle zu, da sie dem Anspruch dienen, eine Full-Service-Leistung anzubieten.

In diesem Rahmen übernehmen Leasinggesellschaften das komplette Bauvorhaben, von der Planung, Finanzierung bis zur Ausführung.

Für private und ausländische Investoren spielen demgegenüber unternehmensinterne Bauabteilungen eine untergeordnete Rolle. Bei ihnen stehen, teilweise aus organisatorischen Gründen, Finanzierungsfragen im Vordergrund.

Bei öffentlichen Bauherren ist ein Wandel festzustellen. Eigene Entwurfsarbeiten, zumindest bei größeren Projekten, sind immer weniger anzutreffen. Das Schwergewicht liegt im administrativen Bereich. Die Reorganisation des öffentlichen Hochbaues in Städten wie beispielsweise Hamburg dokumentiert diese Entwicklung.

2.3 Freischaffende Architekten

2.3.1 Berufsbild freischaffender Architekten

Im Vergleich zu anderen Künstlern ist über das Leben berühmter Architekten nur wenig bekannt. Selbst die bedeutendsten Baudenkmäler werden eher mit den Bauherren als mit ihren Architekten verbunden. Auch bei der aktuellen Architekturdiskussion wird in den Massenmedien, die sowieso nur in geringem Maße über Architektur berichten,[19] vorwiegend über konkrete Projekte und deren Bauherren gesprochen und nur sehr wenig über die beauftragten Architekten und deren bisherige Werke.

Unter dem *Selbstbild von freischaffenden Architekten* soll das Verständnis der Architekten über ihren eigenen Berufsstand verstanden werden. Obwohl die Architekten sich als eine relativ homogene Berufsgruppe verstehen, kann von einem einheitlichen Berufsbild nicht gesprochen werden. Hierbei erscheint es wichtig, zwischen den wenigen Meinungsführern und der breiten Masse der Architekten zu unterscheiden. So ergab die empirische Untersuchung,[20] daß sich die befragten Architekten am stärksten mit dem Idealtypus des "wissenschaftlich-technischen Koordinators", gefolgt vom "individuellen Gestaltungsexperten" und dem "politisch-gesellschaftlich bewußten Architekten" identifizieren können. Der "universalistische Baukünstler" landete auf dem vierten und letzten Platz.

19 Vgl. Bremmer, G., (Public), S.122ff oder Gerkan, M.v., (Verantwortung), S. 190; vgl. auch Teil A, Kap. 3.4.

20 Nachfolgende Ausführungen fassen die wesentlichen Ergebnisse einer empirischen Studie zusammen; vgl. Rühl, M., (Selbstbild).

Interessante Aufschlüsse über das Selbstbild der Architekten ergibt folgende Tabelle:

in Prozent	Ja	Nein	k.A.
Architekt ist Treuhänder des Auftraggebers	92	6	2
Architekturtrends nur von wenigen	75	23	2
Gute Architektur nur mit gutem Bauherrn	72	26	2
Erfüllungsgehilfe des Auftraggebers	72	24	4
Architekturtrends haben mit den meisten Bauprojekten nichts zu tun	64	32	4
Architekten sind elitäre Gruppen	26	70	5

Tab. 6: Selbstbildnis der Architektenschaft;
Quelle: Rühl, M., (Selbstbild), A29, gekürzt.

Auffallend ist, daß 84,7% der befragten Architekten ihre schöpferische Freiheit als eingeengt bezeichnen - von Gerkan vergleicht die Architektur auch mit der Politik, im Sinne einer Kunst des Machbaren[21]- und, daß nur 58,8% der Auffassung sind, daß die Architekten den heutigen Ansprüchen gerecht werden. Trotz dieser relativ pessimistischen Selbsteinschätzungen kann ich mich nicht des Eindrucks erwehren, daß viele und vor allem arrivierte Architekten sich als "mißverstandene, von pingeligen Beamten und geizigen Bauherren gebeutelte, Künstler" verstehen. Das Künstlerimage, der Anspruch trifft auf einen Teil, sicher aber nicht auf alle zu, wird durch die Kultivierung einer eigenen Sprache gepflegt. "Auch Architekten ... haben eine Sprache entwickelt, die nicht nur dazu dient, wohldefinierte Termini von einer ungenauen Umgangssprache abzusetzen - böse Zungen behaupten die Terminologie ... diene eher der Verschleierung-, sondern auch das Schalten und Walten erleichtert."[22] Der Anspruch des Architekten, Dirigent des Baugeschehens bzw. "integrative Klammer"[23] zu sein, vor allem der Gesellschaft gegenüber verpflichtet, wird maßgeblich von den Architektenkammern vertreten.[24]

Fernab der Realität und tendenziell naiv ist auch die normative Berufsdefinition der UIA: "Der Architekt ist der Mensch, der die Kunst des Bauens meistert und so die Stätten, an denen Menschen ruhen oder sich regen, aufs beste gestaltet und beseelt."[25] Scharfe Kritik am Selbstbild vieler Architekten übt von Gerkan, der ihnen eitle Individualität, pseudowissenschaftliches Imponiergehabe und das Aufspielen zu "Gesellschafts-Ingenieuren" vorwirft bzw. behauptet, daß sich Architekten zunehmend in der Rolle eines kreativen Künstlers und gefälligen Umweltdesigners gefallen.[26]

21 Gerkan, M.v. (Verantwortung), S.175.
22 Reuter, W., (Macht), S.124.
23 Feldhusen, G., (Perspektiven), S.39.
24 Vgl. Hamburgerische Architektenkammer, (Fragen), S.3ff.
25 UIA = Union Internationale des Architectes, Charta der Architekten, 1955; zitiert in: Wiesand, A. et al., (Beruf), S.30.
26 Gerkan, M.v., (Verantwortung), S. 174f.

Das Fremdbild der Architekten wird in der Öffentlichkeit und unter Bauherren unterschiedlich gesehen.[27] Trotz eines relativ schlechten Gesamtimages des Bauwesens genießen Architekten in der Öffentlichkeit ein hohes Sozialprestige. Bei einer repräsentativen Umfrage unter Frauen rangierte der Architekt auf Platz zwei des Berufes des "Traummannes".[28] Bei Bauherren genießen Architekten bei weitem nicht dieses hohe Image. Standardvorwürfe oder -vorurteile sind sein unzureichendes Kostenbewußtsein, Zeitüberschreitungen und die fehlende Bereitschaft auf Wünsche des Bauherrn einzugehen.[29] Vor allem Mehrfachbauherren wie z.B. Fonds, Leasinggesellschaften oder Versicherungen sehen in den Architekten einen Dienstleister unter anderen, nicht aber ihren Treuhänder. Es besteht eher die Tendenz, daß die Bauherren den Architekten als einen von der anderen Seite betrachten, dessen Eigensinnigkeit gemäßigt werden muß.

2.3.2 Architektenrecht und Standesorganisationen

Freischaffende Architekten gehören zu der Gruppe der freien Berufe. Freiberufler erbringen typischerweise persönliche Leistungen, die ein besonderes Vertrauensverhältnis voraussetzen, mit spezieller Sachkunde aufgrund einer qualifizierten Berufsausbildung.[30] Bei der Zuordnung zu den freien Berufen handelt es sich aber vor allem um eine ideelle und steuerrechtliche Einteilung und nicht um den freien Marktzutritt. Wie auch andere freie Berufe unterliegen Architekten einer besonderen berufsrechtlichen Regulierung. Die gesetzlichen Grundlagen sind in den Länderarchitektengesetzen geregelt.[31] Die Berufsbezeichnung Architekt ist, im Gegensatz zur Berufsausübung,[32] geschützt.[33] Das Architektengesetz schreibt genau vor, wer sich Architekt oder freischaffender Architekt nennen darf. Grundvorraussetzung ist die Eintragung in der Architektenliste.[34] Die Architektenliste wird bei der Architektenkammer geführt. Bei der Architektenkammer handelt es sich um eine Körperschaft des öffentlichen Rechts und somit quasi um einen Bestandteil der öffentlichen Verwaltung, der allerdings in Form einer Selbstverwaltungsorganisation von der Berufsgruppe selbst übernommen wird. Einerseits ist sie eine Architekten-Lobby, und andererseits, so argumentiert Feldhusen, das Gelenk zwischen Architekten und Gesellschaft "mit der Funktion, die Gesellschaft vor unqualifizierten Leistungen der Architekten zu schützen."[35] Ihre Zuständigkeiten und

---

27 Es sei hier nochmals auf die Einschränkung des Themengebietes auf größere und gewerbliche Objekte hingewiesen.

28 Bremmer, G., (Public), S.140.

29 BNM Planconsult, (Konstruktionsentscheidungen), S.54.

30 Vgl. Moser, G., (Freie), S.76.

31 Nachfolgende juristische Ausführungen beziehen sich auf die Rechtslage in der Freien und Hansestadt Hamburg. Grundlage bildet das Hamburgerische Architektengesetz vom 26.11.1965, zuletzt geändert am 5.7.1985.

32 Im engeren Sinne ist diese über das in den Landesbauordnungen geregelte Planvorlagerecht eingeschränkt.

33 Die Tatsache, daß man heutzutage zum Bauen ein Diplom benötigt, wird beispielsweise von dem Maler Friedensreich Hundertwasser, der auch für seine Architektur weltbekannt ist, auf das Schärfste kritisiert. Seiner Ansicht nach kann Architektur deshalb keine Kunst sein, da ihr die Freiheit fehlt; vgl. Hundertwasser, F., (Verschimmelungs-Manifest), S. 149.

34 §2 Hamburgerisches Architektengesetz. Somit kann zwar festgestellt werden, wieviele sich Architekt nennen dürfen. Es handelt sich aber nicht um die Gesamtzahl derer, die als Architekt tätig sind.

35 Feldhusen, G., (Perspektiven), S.42.

Aufgaben, wie z.B. die Förderung der Baukultur und des Bauwesens, die Schlichtung, die Förderung der Aus- und Weiterbildung sowie die Kontrolle des Wettbewerbswesens, sind im Gesetzestext klar umrissen.[36] Zum Tragen der Berufsbezeichnung "Architekt" ist die Mitgliedschaft in der Architektenkammer obligatorisch. Die Rechte und Pflichten der Architekten werden in der Berufsordnung konkretisiert.[37] Neben den allgemeinen Anforderungen zu einer korrekten Berufsausführung, weist die Berufsordnung Besonderheiten auf:

1. Der freischaffende Architekt darf weder gleichzeitig ein Bauunternehmen betreiben, noch darf er als gewerbsmäßiger Vermittler von Bauland und Baugeldern auftreten (§3).
2. Der Architekt darf keine Provisionen annehmen (§5).
3. Der Architekt darf grundsätzlich ohne honorarpflichtigen Auftrag keine Leistungen für den Auftraggeber erbringen (§9).
4. Der Architekt darf nur an GRW-konformen Wettbewerben teilnehmen (§9).
5. Der Architekt darf keine allgemein gehaltene berufliche Werbung zum persönlichen Vorteil machen (§10).
6. Der freischaffende Architekt muß sich gegen Haftpflichtansprüche ausreichend absichern (§13).

Wie bei vielen Berufsordnungen besteht eine erhebliche Diskrepanz zwischen Anforderungen und Realität. Vor allem die Punkte drei und vier erscheinen mehr als Wunschvorstellung, denn als Realität. Die Durchsetzbarkeit der Berufsordnung hängt auch in erheblichem Maße von der konjunkturellen Lage ab. Neben der Bundesarchitektenkammer und den einzelnen Landesarchitektenkammern gibt es, je nach Qualifikation und Schwerpunkt der beruflichen Tätigkeit, noch eine Vielzahl von Berufs- und Interessenverbänden. Die bedeutesten Interessenverbände sind der Bund Deutscher Architekten (BDA, 4837 Mitglieder), in den Architekten nicht eintreten, sondern nur aufgrund besonderer Leistungen berufen werden können, sowie der Bund Deutscher Baumeister, Architekten und Ingenieure (BDB, ca. 20'000 Mitglieder).[38] Sowohl die Architektenkammer, als auch die Interessenverbände wurden allerdings bei einer empirischen Untersuchung in Hessen von den Architekten, vor allem den jüngeren, nicht übertrieben positiv bewertet.[39]

Das Honorar der Architekten richtet sich, wie bereits erwähnt, nicht nach Marktpreisen, sondern nach der Honorarordnung (HOAI).[40] Somit stehen die Architekten untereinander nicht in einem Preis-, sondern nur in einem Leistungswettbewerb. Wie auch bei anderen Berufen mit Gebührenordnungen, z.B. Ärzten, wird argumentiert, daß die Gesellschaft ein Anrecht darauf hat, daß bei der gestalteten Umwelt nicht der Preis, sondern die Leistung entscheidend ist. Die Verhinderung des Preiswettbewerbs existiert nur zwischen den Architekten, nicht aber hinsichtlich der Konkurrenz der Architekten. Bei der Planung der Bauausführung besteht zwischen

[36] §§9 bis 25 Hamburgerisches Architektengesetz.
[37] Berufsordnung der Hamburgerischen Architektenkammer vom 30. Nov. 1972.
[38] Vgl. Schiller, A., "Gedränge bei Wettbewerben", S.89.
[39] Rühl, M., (Selbstbild), S.46.
[40] Verordnung über die Leistungen von Architekten und Ingenieuren auf der Grundlage von §§1 und 2 des Gesetzes über die Regelung von Ingenieurs- und Architektenleistungen vom 12.11.1984.

Architekten und Generalunternehmern sicherlich nicht nur ein Leistungs-, sondern mindestens in gleichem Maße ein Preiswettbewerb, bei dem der Architekt durch seine Bindung an eine Gebührenordnung, die für ihn verbindlich ist, eher gehandikapt ist.

2.3.3 Branchenstruktur

Im Rahmen einer Branchenstrukturanalyse sollen sechs Aspekte betrachtet werden:

1. Tätigkeitsfelder,
2. Größenstruktur von Architekturbüros,
3. Ausbildung von Architekten,
4. Spezialisierungsdruck,
5. Kosten- und Erlössituation von Architekturbüros sowie
6. Einsatz von Computertechnologien.

Bei der Analyse des *Tätigkeitsfeldes* Architektur muß nochmals darauf hingewiesen werden, daß lediglich die Berufsbezeichnung, nicht aber die Berufsausübung gesetzlich geschützt ist. Erhebliche Teile der Architektenaufgaben werden von Berufsfremden, vor allem gewerblichen Anbietern übernommen. Als Konkurrenz zu den freischaffenden Architekten treten sie teilweise für die gesamten Leistungsphasen, teilweise nur partiell auf:

1. angestellte und beamtete Architekten planender öffentlicher Verwaltungen,
2. gewerbliche Architekten,[41]
3. planende Unternehmen des Bauhauptgewerbes und der Wohnungswirtschaft,
4. planende Nachfrageträger, wie z.B. Leasinggesellschaften oder Immobilienfonds und
5. spezialisierte Unternehmensberatungen und Engineering Büros.

Der Anteil der freischaffenden Architekten am gesamten Planungsvolumen für Hochbaumaßnahmen beträgt lediglich 30 bis 35 Prozent.[42] Abbildung 27 stellt die Arbeitsplätze von Architekten unterteilt nach Einsatzgebiete dar.

Dabei hat sich die Zahl der eingetragen Architekten im Zeitraum von 1970 bis 1990 nahezu verdoppelt.[43] Die Statisitik muß kritisch betrachtet werden. Auch wenn momentan 88´000 Architekten in der Liste eingetragen sind, zeigt dies nur undeutlich die wirklichen Begebenheiten. Es ist davon auszugehen, daß ungefähr die gleiche Anzahl Architekten sich nicht in der Liste eintragen lassen, da dies für sie noch nicht möglich ist oder aber sich nicht lohnt.[44] Die Zahl der Studenten der Fachrichtung Architektur ist im Zeitraum vom Wintersemester 1979/80 bis 1987/88 um 65 Prozent angestiegen. Unter Berücksichtigung des enormen Bedarfes in den

41 Gewerbliche Architekten betreiben gleichzeitig ein Bauunternehmen. Es handelt sich um sogenannte Generalübernehmer, vgl. Teil A, Kap. 2.5.

42 Moser, G., (Freie), S.76.

43 Moser, G., (Freie), S.77; inklusive Innen- und Landschaftsarchitekten.

44 Vgl. Schiller, A., "Gedränge bei Wettbewerben", S.88f.

Neuen Bundesländern, in der ehemaligen DDR gab es 52 freischaffende Architekten, ist mit massiver Arbeitslosigkeit aber nicht zwangsläufig zu rechnen.[45]

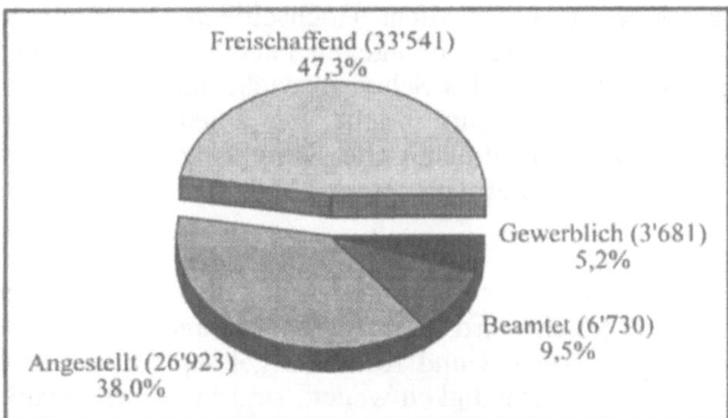

Abb. 27: Einsatzgebiete von Architekten
Quelle: BfRSW, (Ideen), S.307; Einschließlich Innen- und Landschaftsarchitekten; Ohne Angabe des Jahres.

Im Vergleich zum Ausland verfügt Deutschland mit 918 Architekten pro Mio. Einwohner über eine stattliche Anzahl Architekten.[46] Die Anzahl Architekten pro Einwohner korreliert aber weder mit der Architekturqualität noch mit dem Bauvolumen, sondern ist m.E. Ausdruck des Verdrängungsgrades der Architekten aus ihrem klassischen Berufsfeld. Demgegenüber korreliert die Architektendichte mit der Struktur des Bauhauptgewerbes. Dort, wo Generalunternehmer und viele Großbetriebe anzutreffen sind, ist die Architektendichte geringer und umgekehrt.[47]

Die *Bürogrößenstruktur* der Branche ist durch Kleinst- und Kleinunternehmen charakterisiert. Weniger als ein Prozent der Architekturbüros haben mehr als 50 Mitarbeiter.[48] Zur Ausführung größerer Bauvorhaben kommen lediglich acht Prozent der Büros (mit mehr als zehn Mitarbeitern) in Frage. Im Gegensatz zum Ausland gibt es in Deutschland keine extrem großen Büros, wie man sie zum Beispiel aus Amerika kennt. Außerdem ist die Branche durch ihr weitgehend regionales bzw. lokales Tätigkeitsfeld gekennzeichnet. Selbst die größten deutschen Architekturbüros sind nur in einem sehr geringen Maße international[49] tätig. Vor allem von Bauherrenseite wird argumentiert, daß der Architekt sich mit den lokalen Gegebenheiten auskennen, sprich über die nötigen Kontakte, z.B. zu der Bauverwaltung, verfügen muß.

45 Vgl. Schiller, A., "Gedränge bei Wettbewerben", S.89.

46 In der Schweiz ist das Verhältnis 429 Architekten zu 1 Mio. Einwohnern. Aufgrund unterschiedlicher Begriffsfassungen sind internationale Vergleiche problematisch; vgl. Bundesanstalt für Arbeit, (Blätter), S.90 oder Wiesand, A. et al., (Beruf), S.91.

47 Vgl. Pfarr, K.H., (Was), S. 137.

48 Bundesanstalt für Arbeit, (Blätter), S.94.

49 Die internationale Tätigkeit konzentriert sich schwerpunktmäßig auf solche Länder, die nicht über ausreichend qualifizierte inländische Architekten verfügen, wie z.B. die meisten arabischen Länder.

Die *Ausbildung* von Architekten erfolgt einerseits an Technischen Hochschulen und Universitäten, Kunsthochschulen bzw. Hochschulen für bildende Künste, Gesamthochschulen und Fachhochschulen. Die Schwergewichte unterscheiden sich erheblich. Tendenziell legen Universitäten und vor allem Hochschulen für bildende Künste das Schwergewicht auf die Gestaltung, wohingegen Fachhochschulen eher praxisorientiert ausbilden. Generell liegt aber das Schwergewicht auf dem technischen und gestalterischen Bereich, Ackermann spricht von einem Trend zum Künstlerarchitekten in der Ausbildung,[50] kaufmännische Fähigkeiten würden nur am Rande gelehrt. Von betriebswirtschaftlicher Kompetenz könne nicht gesprochen werden.

Der Wettbewerb als Karrieresprungbrett, wie z.B. bei den Architekten von Gerkan und Marg, ist, obwohl es gern so dargestellt wird, eher eine Ausnahme.[51] Jene, die in einem namhaften Architekturbüro gearbeitet und Kontakte geknüpft haben und nach einigen Jahren den Sprung in die Selbständigkeit wagen, sind in der Mehrzahl. Dieser Weg entspricht, zumindest heute, eher der Realität. Auch wenn er nicht dem Image entspricht, handelt es sich doch um eine "kalkulierte" Karriereplanung.

Der vierte Aspekt ist der *Spezialisierungsdruck*. In zunehmendem Maße muß die Architektenschaft akzeptieren, daß sich bei größeren Projekten ihre Rolle vom "Dirigenten" zu der eines "ersten Geigers" oder gar eines Dienstleisters unter anderen verändert. Nach wie vor fordern sie vehement, daß die Bauherren die Leistungsphasen 1 bis 9 an einen Architekten vergeben. Als abgeschwächte Form wird zumindest eine "künstlerische Oberleitung" ab der sechsten Leistungsphase gefordert. Eine weitere Unterteilung der einzelnen Leistungsphasen wird strikt abgelehnt. In der Realität ist diese Forderung immer schwieriger durchzusetzen. Dies liegt zum einen an den Bauherren, die daran zweifeln, daß der Architekt, bei den sich wandelnden Anforderungen, für diese Aufgabe der richtige Partner ist. Die zunehmende Bedeutung der Kostenkontrolle sowie der juristischen Aufgaben lassen ihn von seiner Ausbildung her nicht zwangsläufig als geeignet erscheinen. Zum anderen verfügen vor allem institutionelle Anleger häufig über ausreichend oder sogar besseres, eigenes Personal, so daß sie die "Dirigentenfunktion" bevorzugt durch Interne ausführen lassen.[52]

Bei der zunehmenden Spezialisierung sind zwei Entwicklungen festzustellen. Eine funktionale Spezialisierung auf kleine aber sehr spezielle Aufgabenstellungen im Gesamtbauprozeß und eine, meines Erachtens allerdings zu geringfügige, objektorientierte Spezialisierung, z.B. auf Krankenhäuser oder Flughäfen. Die klassische Trennung in Architekten- und Bauingenieurleistungen hat sich zu einer Aufteilung in eine Vielzahl von Spezialplanerleistungen auf beiden Seiten verändert. Je breiter, heterogener und differenzierter die Methoden und Produkte im Bauprozeß geworden sind, umso größer wurde auch der Kreis derjenigen, die damit umgehen.[53] Die

50 Ackermann, K., "Unsere Arbeit wird sich immer ändern", in: Der Architekt, 10/91, S.493.

51 Der Wettbewerbserfolg reicht nämlich häufig nicht aus, da weder sichergestellt ist, daß der erste Preis realisiert wird, noch ob überhaupt und vor allem wann er realisiert wird.

52 Auf die in Kap. 3.1.3 dargestellten möglichen Aufgabenteilungen wird wertend im Teil B eingegangen.

53 Belz, W., "Kompetenz der Architekten?", in: Der Architekt, 10/91, S.487.

Aufteilung in General- und Subplaner kann sehr eindrucksvoll am Beispiel des Passagierabfertigungsbereiches des Flughafens München II dargestellt werden. Den Generalplanern Prof. v. Busse und Partner standen 20 Subplaner, die sich auf gewisse Bereiche wie z.B. Lichttechnik, Straßenverkehrsanlagen, visuelle Kommunikation oder Freianlagen spezialisiert haben, und weitere 23 fachlich Beteiligte zur Seite. Mit zunehmender Komplexität wird diese Spezialisierung entweder weiter fortschreiten, da selbst die großen Büros nicht in der Lage sind, Spezialisten der verschiedensten Gebiete zu beschäftigen, oder aber es werden Großbüros in bisher nicht dagewesener Größe entstehen.

Neben der klassischen Konkurrenz (Architekten) sieht sich der Architekt in Konkurrenz zu denen, die ihn aus einzelnen Leistungsphasen komplett verdrängen möchten, wie z.B. Generalunternehmer. Von Gerkan argumentiert, daß Architektur mehr als die Summe optimaler Teilleistungen vieler Experten und Spezialisten, nämlich eine ganzheitliche Leistung ist, die ohne persönliche Verantwortung nicht entstehen kann.[54] Diese persönliche Verantwortung sollte m.E. aber nicht der freischaffende Architekt, sondern der Bauherr selbst übernehmen.

Der fünfte Aspekt ist die *Kosten- und Erlössituation* von Architekturbüros. Die Honorare von Architekten sind in der Honorarordnung geregelt. Das Gesamthonorar für alle Leistungsphasen liegt in der Regel zwischen 6 und 10% der anrechenbaren Kosten.[55] Dabei ist die Höhe des Honorars von drei Faktoren abhängig:

1. Honorarzone,
2. vereinbartes Honorar zwischen Höchst- und Mindestsatz der entsprechenden Hononarzone und
3. den anrechenbaren Kosten, da die Honorartabellen degressiv steigen.

Mit rund 75% der Gesamtkosten haben Architekturbüroseinen hohen Anteil an Personalkosten.[56] Die Argumentation, daß die Architektenhonorare, da sie sich an den anrechenbaren Kosten orientieren, in ausreichendem Maße mit der allgemeinen Kostensteigerung im Bauwesen steigen, trifft nicht zu. Einerseits ist der Architekt nur unterproportional an einer allgemeinen Kostensteigerung beteiligt, da das Honorar bei zunehmenden Baukosten nur degressiv steigt, es handelt sich somit um eine schleichende Degression seines Honorares, und andererseits liegt der Anteil der Personalkosten im bauausführenden Gewerbe deutlich unter denen der Architekturbüros. Empirische Untersuchungen haben ergeben, daß die Honorareffizienz, definiert als die durch das Honorar gedeckten Projektstunden, zwischen 1973 und 1986 um durchschnittlich 22% gesunken ist.[57]

54 Gerkan, M.v., (Verantwortung), S.21f.
55 Vgl. Hamburgerische Architektenkammer, (Fragen), S.19; Bezüglich detaillierter Darstellungen des Honorars bei unterschiedlichen Varianten: vgl. Koopmann, M., (Kostentransparenz), S. 122ff.
56 Pfarr, K.H., (Kostenentwicklung), S.36.
57 Pfarr, K.H., (Kostenentwicklung), S.40ff.

Außerdem muß bei der Betrachtung der Kosten- und Erlössituation zwischen den Deckungsbeiträgen der einzelnen Leistungsphasen unterschieden werden. Hierbei muß zwischen den Leistungsphasen 1 bis 5, die durch einen hohen Anteil schöpferischer Arbeit gekennzeichnet sind, und den Leistungsphasen 6 bis 9, die eher technisch-analytisch sind, unterteilt werden. Ist in den letzten Leistungsphasen Planungsaufwand und -ergebnis proportional, gibt es bei den ersten eine große Bandbreite:

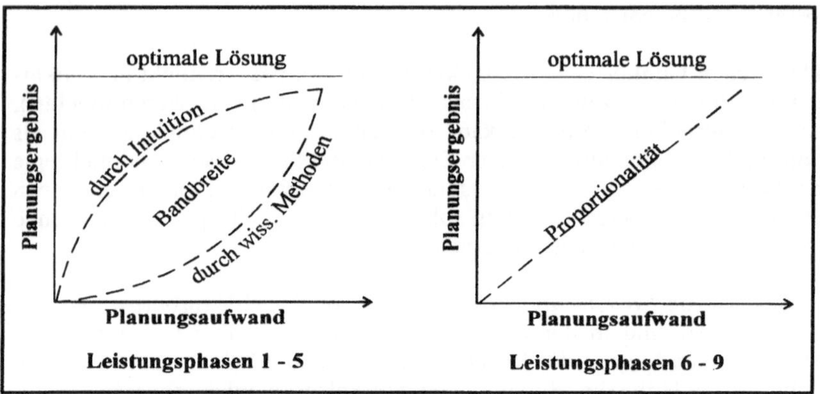

Abb. 28: Planungsaufwand und Leistungphasen;
Quelle: in Anlehnung an Pfarr, K.H., (Grundlagen der Bauwirtschaft), S. 224.

Auch wenn in den ersten Leistungsphasen die Deckungsbeiträge meist höher als in den letzten sind,[58] sind hier auch die Unterschiede je nach Projekt und Büro am größten. Aufgrund des großen Anteils schöpferischer Arbeit ist der Versuch, Planzeitwerte zu schaffen, zum Scheitern verurteilt.

Auch wenn das Gesamtbild der Verdienstmöglichkeiten durch einige wenige sehr gut verdienende Büros verzerrt wird, kann allgemein festgehalten werden, daß sie sehr begrenzt und extrem konjunkturabhängig sind. Generell liegt das Lohnniveau deutlich unter dem für vergleichbare Aufgaben in der Bauindustrie. Als Lösungsstrategie für die zunehmenden Rentabilitätsprobleme von freischaffenden Architekten bietet sich einerseits der verstärkte Einsatz von freien Mitarbeitern, was auch hinsichtlich der Konjunkturabhängigkeit positiv, aber sozialpolitisch äußerst bedenkenswert ist, und andererseits der verstärkte Einsatz der Computertechnologie an.

Neben dem Einsatz der *Computertechnologie* im Rahmen der Bürokommunikation, auf die hier nicht näher eingegangen werden soll, da sie für jedes moderne Büro inzwischen eine Selbstverständlichkeit darstellt, sind im Architekturbüro folgende weitere Einsatzbereiche bedeutend:

1. Managementbereich: AVA, Kostenermittlung, Netzplantechnik und
2. Gestaltung: CAD, CAAD.

58 Pfarr, K.H., (Was), S. 32.

Die Einsatzmöglichkeiten müssen je nach Leistungsphase differenziert betrachtet werden. Für die Leistungsphasen Grundlagenermittlung und Vorplanung bietet der Einsatz von Computertechnologie wenig Potential. Im Bereich Gestaltung ist der Einsatz ab der dritten Leistungsphase sinnvoll. Wesentlicher Vorteil ist dabei, daß dem Bauherrn problemlos verschiedene Varianten vorgestellt werden können. Konstruktionsveränderungen verursachen nur unwesentlichen Mehraufwand. Vor allem bei Projekten mit einer Vielzahl von Imponderabilien ist die Veränderbarkeit, und zwar innerhalb kürzester Zeit, sehr wichtig. Für einige Bauherren ist die Verwendung von CA(A)D-Programmen ein Entscheidungskriterium bei der Auswahl der Architekten. Da maßstabsneutral geplant wird, können die Zeichnungen in jedem beliebigen Maßstab ausgegeben werden.

Im Managementbereich sind die Einsatzpotentiale vor allem ab der sechsten Leistungsphase sinnvoll. Der Zeitgewinn in der sechsten und siebten Leistungsphase, die 14% des Gesamthonorares ausmachen, liegt zwischen 15 und 25 Prozent.[59]

Aufgrund der nach wie vor relativ hohen Investitionskosten werden zur Zeit vor allem in größeren Büros Computerlösungen eingesetzt. Eine empirische Untersuchung[60] ergab, daß 1988 von den Architekturbüros mit mehr als 20 Mitarbeitern, 83% AVA- und 35% CA(A)D-Programme einsetzten, wohingegen bei Büros mit weniger als fünf Mitarbeitern lediglich 39% AVA- und 19% CA(A)D-Programme nutzten. Da wie in der gesamten Computerbranche die Preise und Leistungsfähigkeit der Hard- und Software sich quasi täglich verändern, ist eine generelle Aussage, ob und in welchem Umfang der Einsatz zu einer Rentabilitätssteigerung führt, nicht möglich. Bei den stark fallenden Preisen für die Hardware und der zunehmenden Leistungsfähigkeit der Anwendersoftware ist allerdings davon auszugehen, daß der Einzug der Computertechnologie in die Architekturbranche und vor allem auch in kleinere Büros stark zunehmen wird. Der Einsatz von CA(A)D-Programmen stellt m.E. eine strategische Erfolgsposition jüngerer Büros dar, weil auch heute noch viele ältere Architekten größte Berührungsängste mit neuen Technologien haben. Das Anforderungsprofil, und hier sind die Universitäten gefordert, wird sich hinsichtlich der EDV-Kenntnisse stark wandeln.

2.4 Generalplaner

2.4.1 Tätigkeitsfeld und Selbstverständnis von Generalplanern

Ausgehend von der Annahme, daß bei komplexeren Projekten ein klassischer Architekt nicht in der Lage oder aber aus Sicht des Bauherrn der ungeeignete Partner ist, sämtliche Teilaufgaben zu erfüllen, müssen neue Organisationsformen geschaffen werden. Bei der nachfolgenden Betrachtung von Generalplanern wird zwischen Generalplanern im engeren und im weiteren Sinne unterschieden.

59 Pfarr, K.H., (Kostenentwicklung), S.109.
60 Pfarr, K.H., (Kostenentwicklung), S.82f.

Unter Generalplanern i.e.S. sollen diejenigen Büros verstanden werden, die für sämtliche Anforderungen über eigene Spezialisten[61] verfügen. Im Gegensatz zu Totalübernehmern handelt es sich bei Generalplanern um reine Dienstleister, da die Bauausführung extern vergeben wird. Als Abgrenzung zu Developern trägt der Generalplaner nicht das finanzielle Risiko und wird nur im Auftrag eines Kunden tätig.

Unter Generalplanern im weiteren Sinne werden diejenigen Planungsbüros verstanden, die ebenfalls weit über die engeren Aufgaben hinaus Planungsleistungen anbieten, aber auf selbständige Subplaner zurückgreifen, die allerdings nur mit dem Generalplaner ein Vertragsverhältnis haben. Abbildung 29 stellt beispielhaft das Angebotsspektrum eines Generalplaners dar. Die Abbildung zeigt deutlich, daß das Schwergewicht sich von gestalterischen Aspekten zum ganzheitlichen Projektmanagement gewandelt hat.

Der Bauherr schließt mit dem Generalplaner einen einzigen Vertrag ab. Für den Bauherrn sind die Vertragsverhältnisse einfach und übersichtlich. Die Varianten unterscheiden sich lediglich dadurch, daß der Generalplaner i.e.S. die zu erfüllenden Aufgaben mit eigenen Ressourcen verrichtet. Somit muß es sich aufgrund der verschiedenen Fachplaner zwangsläufig um große Büros handeln. Generalplanerverträge i.w.S. ermöglichen auch Kleinstbüros, große Projekte zu bearbeiten. Es geht somit für Architekturbüros um die generelle Frage der Form des Unternehmenswachstums. Einerseits die Generalplaner i.e.S., die ein internes Wachstum anstreben, indem sie sämtliche Leistungen durch eigenes Personal selbst erbringen. Strenggenommen handelt es sich um eine Diversifikation, wobei darauf abgezielt wird, verlorene und/oder vernachläßigte Positionen zurückzugewinnen. Dem Bauherrn werden Komplettlösungen angeboten.

Beim Generalplaners i.w.S. müssen zwei Ausgangslagen unterschieden werden. Einerseits die freiwillige Reduzierung auf gestalterische Kernaufgaben und andererseits fehlende Kapazitäten. Ein Teil der Architekturbüros zieht es vor, sämtliche "nicht-kreativen" Aufgaben extern zu delegieren. Man möchte lieber "klein, aber fein" bleiben. Managementaufgaben wie die Bauleitung, die in der Regel auch einen völlig anderen Mitarbeitertyp erfordern, werden als störend für den kreativen Prozeß betrachtet. Genauso werden komplementäre Leistungen, wie z.B. Innenarchitektur oder Landschaftsplanung an externe Büros vergeben. Dabei sind die Verantwortung und die administrativen Aufgaben seitens des Büroinhabers sehr viel geringer. So sinnvoll die bewußte personelle Beschränkung zur Erhaltung einer kreativen Atmosphäre scheint, so ist zumindest die Vergabe der Bauleitung problematisch, da der Kontakt zum Bauprozeß und Rückkopplungseffekte verloren gehen. Diese Variante wird auch von Büros gewählt, die mit einmaligen oder zumindest selten vorkommenden Großprojekten konfrontiert werden. Diese Situation kann z.B. das Resultat eines gewonnen Wettbewerbs sein.

---

61 Dabei muß es sich nicht um festangestellte Mitarbeiter handeln, sondern auch freie Mitarbeiter oder Subplaner sind denkbar.

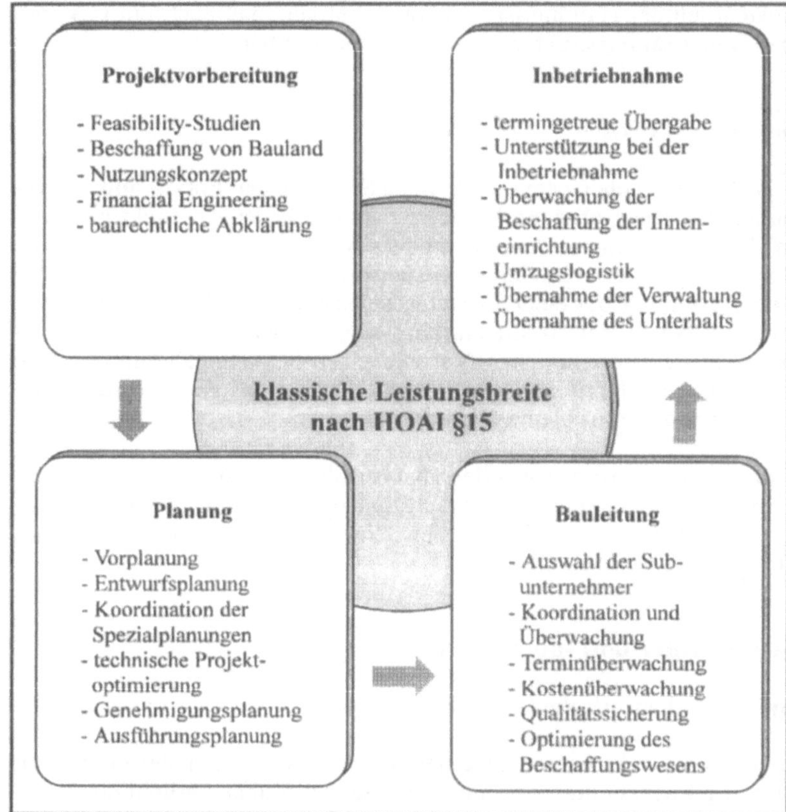

Abb. 29: Angebotsspektrum von Generalplanern;
Quelle: in Anlehnung an Turner Steiner, Imagebroschüre, o.T., o.A.d.J., S.2ff.

Gelegentlich akzeptiert der Bauherr nicht, daß der Architekt als Generalplaner i.e.S. auftritt, sondern fordert für bestimmte Teilaufgaben eine Zusammenarbeit mit gewissen Subplanern. Hierbei handelt es sich von allem um Projektsteuerer und Kosten-Controller.

Vorteile von Generalplanern sind:[62]

1. Übernahme der Gesamtverantwortung für alle Planungs- und Bauleitungsaufgaben,
2. zeitverkürzende Planungsabwicklung infolge eingeübter Kooperationen,
3. besseres Management in der "Projektsteuerung" sowie
4. Verminderung von Bau- und Konstruktionsmängeln, die z.B. auf Kommunikationsdefiziten beruhen.

62 In Anlehnung an: Brehmer, E.-G., (Bauherren), S. 115.

Aber gerade hinsichtlich der Haftung ist zu berücksichtigen, daß auch ein Generalplaner von seiner Organisationsstruktur her nur begrenzt haftbar ist.

2.4.2 Bedeutung in der Praxis

Vor allem die Bedeutung von Generalplanern i.e.S. ist in der Praxis äußerst begrenzt. Der Bauherr hat sogar eher ein Interesse daran, daß der Architekt mit Subplanern arbeitet. Selbst renomierte Architekurbüros werden nicht in der Lage sein, hervorragende Spezialisten zu rekrutieren. Genausowenig wie hervorragende Architekten eine Festanstellung bei einer Leasinggesellschaft anstreben, werden gute Innenarchitekten dies bei einem Architekturbüro tun, sondern vorzugsweise freischaffend tätig sein. Die vermeintlichen Vorteile einer besseren Kommunikation und Koordination, die auch durch eine gute Projektorganisation erzielt werden können, werden m.E. durch diese Probleme überkompensiert.

Es ist eher sogar die Tendenz festzustellen, daß erfolgreiche Architektengemeinschaften sich nach starkem Unternehmenswachstum wieder teilen. Auffallend ist, daß im europäischen Ausland, vor allem in der Schweiz und in Österreich, Generalplaner ein weit größere Rolle spielen.

2.5 Generalunternehmer und -übernehmer

2.5.1 Definitionen und theoretische Grundlagen

Die Begriffe Generalunternehmer und -übernehmer sind weder klar definiert noch geschützt. Je nach Blickwinkel unterscheiden sich die Definitionen erheblich. Unter einem Generalunternehmer soll im folgenden ein Unternehmen des Bauhauptgewerbes verstanden werden, das die Bauausführung schlüsselfertig anbietet. Dabei werden sowohl die Kosten als auch die Termine vom Generalunternehmer garantiert sowie die Gesamtgewährleistung übernommen. Er übernimmt die Koordination sämtlicher Gewerke, wobei ein wesentlicher Teil der Arbeiten durch eigene Kapazitäten ausgeführt wird. Im Durchschnitt werden 52% des Gesamtleistungsumfanges selbst erbracht.[63] Die restlichen 48% werden an Subunternehmen, die nur mit dem Generalunternehmer, nicht aber mit dem Bauherrn, in einem Vertragsverhältnis stehen, vergeben. Vor allem die Großbetriebe des Bauhauptgewerbes, aber auch in zunehmendem Maße mittelständische Unternehmen, bieten Generalunternehmerleistungen an.[64]

Dabei handelt es sich nicht um neue Formen des Bauens, auch die Bauindustrie beruft sich gerne auf die Geschichte, denn bereits die mittelalterlichen Bauhütten er-

63 Knechtel, E., "Schlüsselfertiges Bauen - ein wesentlicher Faktor im deutschen Bauwesen", Sonderdruck aus: Bauwirtschaft, 19.1.1984, S. 4.

64 Vgl. Knechtel, E., "Schlüsselfertiges Bauen - ein wesentlicher Faktor im deutschen Bauwesen", Sonderdruck aus: Bauwirtschaft, 19.1.1984, S. 5.

stellten schlüsselfertige Bauten.[65] Zwei Entwicklungen sind m.E. entscheidend für die massive Zunahme von Generalunternehmerleistungen in den letzten Jahren.

Erstens steht das Bauhauptgewerbe unter starkem Konkurrenzdruck. Im Gegensatz zur Fachlosvergabe können bei Generalunternehmervergaben zusätzliche Leistungen, z.B. Termin- und Kostengarantie, mitverkauft werden. Es werden nicht mehr Einzelleistungen, sondern Leistungsbündel mit einem erheblichen Anteil an Dienstleistungen angeboten. Es handelt sich somit um eine Diversifikation ausgehend von potentiellen Synergieeffekten in verstärkt dienstleistungsorientierte Tätigkeitsfelder. Die gleiche strategische Intention liegt der Diversifikation in das Projektentwicklungsgeschäft zugrunde.

Die zweite entscheidende Entwicklung ist im Wandel des Selbstverständnisses vieler Bauherren zu sehen. In zunehmendem Maße versuchen Bauherren, das technische, wirtschaftliche und rechtliche Risiko zu delegieren.[66] Außerdem möchten viele darüberhinaus auch ihre eigene Mitwirkungspflicht reduzieren. Pfarr behauptet zu Recht, daß der Bauherr durch seine Stellung als Auftragsmonopolist das Verständnis für seine eigene Rolle verlassen hat.[67] Da scheint der Generalunternehmervertrag mit garantierten Kosten und Terminen sowie der Gesamtgewährleistung eine vermeintlich perfekte Lösung. Im Gegensatz zum Architekten ist nämlich der Generalunternehmer, häufig handelt es sich um Baukonzerne, in der Lage, das wirtschaftliche Risiko und die Gesamthaftung zu übernehmen.

Im Gegensatz zum Generalunternehmer erbringt der Generalübernehmer keine eigenen Leistungen, von Gerkan spricht hier von Schreibtischtätern,[68] sondern delegiert sämtliche Aufgaben an Subunternehmen. Es handelt sich somit um einen Händler von Bauleistungen,[69] einen reinen Dienstleister.

2.5.2 Leistungsumfang von Generalunternehmern

Bei der Betrachtung des Leistungsumfangs von Generalunternehmern müssen Planungsleistungen, Einsatzzeitpunkt und Kostensicherheit unterschieden werden. Da es sich um Inominatsverträge handelt, ist die Vertragsgestaltung individuell. Standardverträge sind aufgrund der unterschiedlichen Anforderungen und Rahmenbedingungen nicht sinnvoll.

Hinsichtlich der vom Generalunternehmer angebotenen Planungsleistungen sind drei wesentliche Ausprägungen zu unterscheiden:

1. reine Bauausführung, keine Planungsleistungen,
2. Bauausführung und Detailplanung und

65 Vgl. Knechtel, E., "Schlüsselfertiges Bauen - ein wesentlicher Faktor im deutschen Bauwesen", Sonderdruck aus: Bauwirtschaft, 19.1.1984, S. 1.
66 Vgl. Pfarr, K.H. et al., (Generalgutachten), S. 76.
67 Pfarr, K.H., (Trends), S. 98f.
68 Gerkan, M.v., (Verantwortung), S. 189.
69 Bayer, W., (Bauausführung), S. 88.

3. Bauausführung und Leistungsphasen 6 - 9 HOAI.

Verständlicherweise versuchen die Generalunternehmer möglichst intensiv in den Planungsprozeß integriert zu werden. Nach ihren Vorstellungen sollte der Generalunternehmer bereits bei der Leistungsphase 5, der Ausführungsplanung, ein Mitspracherecht erhalten.[70] Eng damit verbunden ist die Frage nach dem Zeitpunkt der Involvierung des Generalunternehmers.

Tabelle 7 zeigt bei verschiedenen Gebäudetypen die "sinnvolle Rollenverteilung", aus der Sicht des Bauhauptgewerbes, zwischen Architekten und Generalunternehmer:

	Verwaltungsbauten	**Industriebauten**	**Kulturbauten**	**Krankenhausbauten**
1. Definition der Bauaufgabe	B	B	B	B
2. Grundlagenermittlung	B/P	B/P	B/P	B/P
3. Vorplaung: Gestaltung	P	P	P	P
4. Vorplanung: Technik und Konstruktion	P/GU	P*	P	P
5. Entwurfsplanung	P/GU	P/GU	P	P
6. Vorentwurf: technischer Ausbau	GU	P/GU	P/GU	P/GU
7. Konstruktionsentwurf	GU	GU	P/GU	P/GU
8. Leistungsbeschreibung	GU	GU	GU	P/GU
9. Ausführungs- und Detailplanung	GU	GU	GU	P/GU

B = Bauherr P = Planer GU = Generalunternehmer * Mitwirkung des GU wünschenswert

Tab. 7: Rollenverteilung zwischen Architekt und Generalunternehmer
Quelle: in Anlehnung an Hauptverband der Deutschen Bauindustrie e.V., (schlüsselfertig), S.4.

Abgesehen von der Fragestellung, inwieweit der Bauherr eigene Aufgabenbereiche und die des Architekten an den Generalunternehmer delegiert, hängt der mögliche Einsatztermin auch von der Art der zu erstellenden Gebäude ab. Generell argumentieren die Generalunternehmer, daß das volle Leistungspotential nur bei frühzeitigem Hinzuziehen ausgeschöpft werden kann.

70 Vgl. "Kooperation statt Konfrontation", Sonderdruck aus: Bauwirtschaft, 11/88, S.2.

Bei den Verträgen wird zwischen Pauschal- und Pauschalfestpreisen unterschieden. Bei Pauschalpreisen werden die Kosten auf heutiger Basis kalkuliert. Der Vertrag wird durch Gleitklauseln für Material- und Lohnkosten ergänzt. Diese Regelung ist vor allem bei Bauprojekten mit einer mehrjährigen Bauzeit sinnvoll. Der Generalunternehmer kann damit sein Risiko erheblich reduzieren. Pauschalfestpreise garantieren demgegenüber unabhängig etwaiger Kostensteigerungen einen Festpreis. Das Risiko für den Generalunternehmer ist entsprechend höher. Generell sichern sich allerdings Generalunternehmer durch Zusatzvereinbarungen aus-reichend ab. Dies gilt vor allem für unerwartete Terminverschiebungen. Die Rechtsabteilungen der großen Baukonzerne sind in der Branche gefürchtet. Aus Sicht des Bauherrn kommt einer möglichst sicheren Vertragsgestaltung große Bedeutung zu.

2.5.3 Vor- und Nachteile von Generalunternehmern

Die Vergabe sämtlicher Bauleistungen, einschließlich der dazugehörenden Planungsleistungen, an einen Generalunternehmer soll der Fachlosvergabe gegenübergestellt werden.

	Pro	Contra
Kosten	1. Kalkulationssicherheit für den Bauherrn 2. Beschaffungsmarktmacht des GU	1. GU - Zuschlag sehr hoch 2. keine wirkliche Kostensicherheit (Schlupflöcher in den Nachträgen)
Bauabwicklung	1. weniger Verantwortung für den Bauherrn 2. nur ein Vertragsverhältnis 3. Gesamtgewährleistung 4. durchgehender Versicherungsschutz	1. Auflösung des erprobten Dreiecks Bauherr - Architekt - Bauausführung 2. häufig Überbestimmtheit 3. funktionale Leistungsbeschreibung bei komplexen Bauaufgaben kaum möglich 4. nach Vertragsabschluß "managt" der Bauherr nur noch den GU-Vertrag 5. Machenschaften der GU
Architektur	1. frühzeitiges Erkennen von Planungsfehlern	1. "Totengräber" guter Architektur 2. Überbetonung wirtschaftlicher Aspekte 3. schlampige Bauausführung

Tab. 8: Vor- und Nachteile von Generalunternehmern

Der erste zu analysierende Aspekt sind die *Kosten von Generalunternehmerverträgen.* Als Richtwert für den Generalunternehmerzuschlag gilt eine Größenordnung von 10 bis 20 Prozent.[71] Die Generalunternehmer argumentieren aber zu Recht, daß die Leistungen eines Generalunternehmers aufgrund der Zusatzleistungen nicht unmittelbar mit denen der Fachlosvergabe vergleichbar sind. Die Kostensicherheit, mit oder ohne Indexierung, stellt einen wesentlichen Zusatznutzen (Risiko-

71 Vgl. Brehmer, E.-G., (Bauherren), S. 118.

verteilung) dar. Dabei ist allerdings zu berücksichtigen, daß diese Kostensicherheit nur in dem Fall eintritt, wenn keine Änderungen während der Bauphase vorgenommen werden müssen. Im Falle von nachträglichen Änderungen gelten Generalunternehmer als ausgesprochen "unverschämt". In den Nachträgen verdient der Generalunternehmer sein Geld, sprich, je unklarer die Pläne, Beschreibungen und Verträge, desto größer die Chance, aus Nachträgen zu gewinnen. Dies ist auch nicht weiter verwunderlich, denn im Falle von nachträglichen Änderungen ist der Bauherr "verheiratet", die Konkurrenz "flirtet" nicht mehr.[72]

Die Kalkulationssicherheit besteht somit nur in den Fällen, in denen erhebliche Änderungen während der Bauphase definitiv ausgeschlossen werden können. Bei komplexen Bauvorhaben dürfte dies in den seltensten Fällen zutreffend sein.

Der Generalunternehmer verfügt über eine erhebliche Macht auf den Beschaffungsmärkten. Die gilt sowohl hinsichtlich der Materialbeschaffung, als auch bezüglich der Verträge mit Subunternehmern. Es stellt sich lediglich die Frage, inwieweit diese Vorteile auch an den Bauherrn weitergegeben werden.

Der zweite Aspekt ist die *Bauabwicklung*. Die von den Generalunternehmern angeführten Vorteile (nur ein Vertragsverhältnis, Gesamtgewährleistung und durchgehender Versicherungsschutz) entsprechen dem Bedürfnis vieler Bauherren, möglichst die gesamte Verantwortung und das komplette Risiko zu delegieren. Diese, auf den ersten Eindruck einleuchtenden, Vorteile müssen allerdings relativiert werden.

Der Bauherr muß, auch bei vertraglich fixierten Qualitätsstandards, die Arbeit der Generalunternehmer sorgfältig kontrollieren. Der Architekt als Koordinator und auch Kontrolleur der einzelnen Gewerke entfällt. Eine baubegleitende Kontrolle, am besten durch den Architekten, scheint auch weiterhin notwendig. Als Funktion zwischen Architekt und Generalunternehmer - in Deutschland fehlt ein entsprechendes Berufsbild - gibt es in England den Quantity Surveyor.

Vor allem komplexe Bauten sind mit einer Fixierung von Kosten, Terminen und Qualität überbestimmt.[73] Damit Imponderabilien kompensiert werden können, sollten maximal zwei Faktoren fixiert werden. Ansonsten besteht die latente Gefahr, daß sich übertriebener Zeit- oder Kostendruck negativ auf die Qualität niederschlagen.

Bei einem Generalunternehmervertrag müssen erheblich mehr Vorarbeiten geleistet werden. Wie bereits erwähnt kommen Nachträge sehr teuer. Eine komplette funktionale Leistungsbeschreibung ist bei komplexen Bauvorhaben allerdings nur schwer möglich, wenn sie nicht sogar unmöglich ist. Außerdem führt dieser Mehr-

72 Vgl. Zoelly, P., "Warum nicht mit einem Generalunternehmer bauen?", in: archithese, 5/87, S. 32.
73 Pfarr, K.H. et al., (Generalgutachten), S. 30.

aufwand zu erheblichen Kosten. Das amerikanische Modell[74] mit seinen sehr detaillierten Vorplanungen kann teilweise Lösungsansätze bieten.

Nach Vertragsabschluß mit einem Generalunternehmer "managt" der Bauherr nicht mehr die Bauabwicklung, sondern ein meist sehr komplexes Vertragswerk mit unzähligen Ausnahmen und Sonderregelungen. Dabei steht er erfahrenen und "ausgebufften" Rechtsabteilungen gegenüber.

Der dritte Aspekt ist die *Architektur*. Durch die Trennung von Planung und Bauleitung können konzeptionelle Fehler frühzeitig aufgedeckt werden.[75] Die Ausführungsplanung muß vom Generalunternehmer zur Angebotserstellung sorgfältig analysiert werden. Dieser unbestreitbare Vorteil kann allerdings genauso von anderen, z.B. einem Construction Manager nach amerikanischen Vorbild, durchgeführt werden.

Architekten werfen den Generalunternehmern Überbetonung wirtschaftlicher Aspekte vor. Mit seinem Interesse an Gewinnmaximierung würde der Generalunternehmer in der Detailplanung vor allem nach Kostenargumenten, nicht aber nach gestalterischen, entscheiden. Generalunternehmer müssen nicht Totengräber guter Architektur sei, da auch sie realisierte Projekte als Werbemittel einsetzen und somit an Architekturqualität zumindest ein gewisses Interesse haben.

2.5.4 Generalunternehmerverträge aus der Sicht der Beteiligten

Institutionelle Bauherren lassen fast ausschließlich schlüsselfertig bauen. Dies hat folgende Gründe:

Bei Fremdbedarfsbauten sind Änderungen während der Bauausführung in geringerem Umfang zu erwarten. Darüberhinaus sind institutionelle Bauherren, die häufig mit Generalunternehmern bauen, ganz anders in der Lage, bei der Vertragsgestaltung Einfluß zu nehmen. Sie kennen aus langjähriger Erfahrung die Schwachstellen von Generalunternehmerverträgen und es besteht auch seitens des Generalunternehmers ein langfristiges Interesse an einer zufriedenstellenden Zusammenarbeit.

Bei ertragswertorientierten Bauten steht die Finanzierung im Vordergrund. Bei Bauten, die weitestgehend fremdfinanziert sind, werden schon die Banken darauf bestehen, daß die Kosten durch Generalunternehmer garantiert sind. Vor allem kleinere Developer könnten größere Projekte ohne Generalunternehmer, die häufig durch Vorleistungen auch eine Kreditfunktion erfüllen, nicht durchführen. Die Termingarantie ermöglicht darüber hinaus das Vermieten oder Verkaufen noch während der Bauphase.

---

74 Vgl. Pfarr, K.H. et al., (Generalgutachten), S. 33ff; Das amerikanische Modell unterscheidet sich im wesentlichen von der deutschen Variante dadurch, daß Planungs- und Bauzeit sich nicht überschneiden, d.h. erst nach Abschluß der gesamten Planung wird mit der Ausführung begonnen.

75 Vgl. Norweg, Th., (Pauschalvertrag), S. 23.

Unternehmen, die für den eigenen Unternehmensbedarf bauen, erhoffen sich, das "Abenteuer Bauen" begrenzen zu können. Sie kaufen sich, häufig recht teuer, reale oder vermeintliche Sicherheiten. Das Bauprojekt kann mit einem Minimum an eigenen Mitarbeitern realisiert werden.

Generell werden diejenigen Bauherren, die scharf kalkulieren müssen, d.h. keinen finanziellen Spielraum haben, den Generalunternehmervertrag der Fachlosvergabe vorziehen, auch wenn es nicht zwangsläufig die preiswerteste Lösung ist.

Die schärfsten Kritiker von Generalunternehmerverträgen sind die *Unternehmen des Bauhauptgewerbes*, die aufgrund ihrer Größe oder Spezialisierung nicht in der Lage sind, selbst als Generalunternehmer aufzutreten und sich nun als Subunternehmer anbieten müssen. Vor allem das kleine Handwerk kann sich der Übermacht großer Generalunternehmen und ihrer Rechtsabteilungen kaum erwehren. Die Höhe der Konventionalstrafen ist für Handwerksbetriebe häufig eine Existenzbedrohung. Die Subunternehmerverträge, von Hausjuristen verfaßt, sind für den Handwerker kaum verständlich.

Die Beurteilung von Generalunternehmern durch die *Architektenschaft* hängt m. E. stark von der konjunkturellen Lage ab. Natürlich ist der Generalunternehmer für den Architekten ein Konkurrent in seinem klassischen Tätigkeitsfeld, allerdings eine Konkurrenz in einem von den Architekten nicht sonderlich präferierten Aufgabenbereich. Wenn ein Architekt über ausreichend Aufträge verfügt, gibt er sicherlich die Bauleitung noch verhältnismäßig gern ab. Entscheidend ist allerdings, inwieweit der Architekt bei Änderungen während der Bauausführung beteiligt ist. Die alte GOA sah eine sogenannte künstlerische Oberleitung vor, die es dem Architekten ermöglichte, in jeder Bauphase einzugreifen. Ohne künstlerischer Oberleitung besteht für den Architekten das Problem, daß sein Entwurf während der Bauausführung dermaßen abgewandelt werden kann, in der Regel um Kosten einzusparen, daß das Endprodukt nur noch wenig mit seinen Entwürfen gemein hat. Für den Architekten bedeutet das, abgesehen von den urheberrechtlichen Fragen, daß eine Gestaltung mit seinem Namen verbunden wird, obwohl er bei wichtigen Entscheidungen nicht mehr involviert war.

Somit ist es für den Architekten ausgesprochen wichtig, seine Machtposition bis zum Abschluß des Generalunternehmervertrages zu nutzen. Als Berater des Bauherrn hat er bei der Auswahl des Generalunternehmers erheblichen Einfluß. Nach Vertragsabschluß sieht er sich gleich den Subunternehmern, der Übermacht der Rechtsabteilungen ausgesetzt. Daher ist das Verhältnis zwischen Architekten und Generalunternehmer maßgeblich von der Vertragsgestaltung abhängig.

Ausgesprochen gern geben die Architekten die Leistungsphase neun, Objektbetreuung und Dokumentation, an Generalunternehmer ab. Vor allem bei der Mängelbeseitigung und der Zuordnung von Mängeln sind Generalunternehmen den Architekten überlegen. Kleinere Architekturbüros sehen außerdem in der Zusammenarbeit mit einem Generalunternehmer, aufgrund ihrer begrenzten Ressourcen, häufig die einzige Möglichkeit größere Projekte, zu bewerkstelligen.

2.6 Totalunternehmer und -übernehmer

2.6.1 Definitionen und Leistungsumfang

Totalunternehmer sind Unternehmen, die sowohl die kompletten Planungsleistungen, als auch die Bauausführung aus einer Hand anbieten. Teile der Leistungen können durch Subunternehmer ausgeführt werden. Totalübernehmer erbringen die Leistungen nicht selbst, sondern zeichnen sich durch eine vollständige Delegation aus. Abbildung 30 stellt bespielhaft das Leistungspaket eines Totalunternehmers dar:

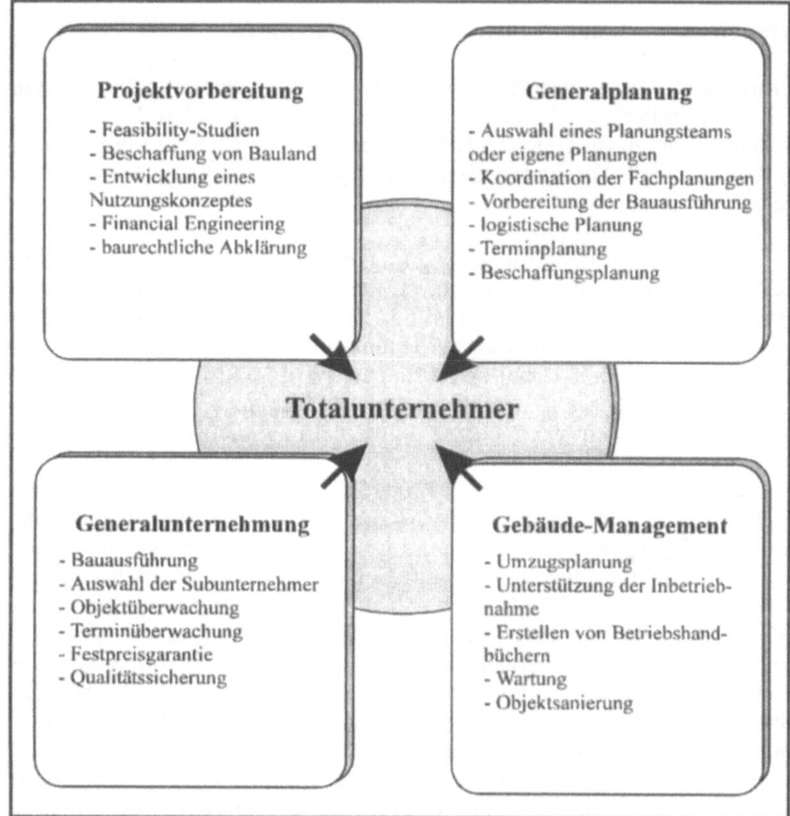

Abb. 30: Leistungsspektrum eines Totalunternehmers
Quelle: in Anlehnung an Steiner Infratec, "Wir Planen beim Bauen die Zukunft mit ein", S. 7.

Somit bietet der Totalunternehmer integrierte Problemlösungen aus einer Hand. Er sieht seine Vorteile in der ganzheitlichen Problemlösung und den daraus resultierenden oder erhofften Synergieeffekten. Strenggenommen handelt es sich um einen Generalplaner mit eigener Bauausführung beziehungsweise um eine Steigerungsform der Generalunternehmer. Deshalb wird im folgenden nur auf die über den

Generalunternehmervertrag hinausgehenden Leistungen eingegangen. Der Bauherr hat für das gesamte Bauprojekt nur ein Vertragsverhältnis und auch nur einen Ansprechpartner.

Im Gegensatz zum Developer wird der Totalunternehmer allerdings nur nach Auftrag tätig und trägt somit kein Marktrisiko.

Neben den auf Totalunternehmerleistungen spezialisierten Unternehmen bieten Developer, große Bauunternehmen, aber auch Leasinggesellschaften, potentiellen Kunden "Bauten von der Stange" an.

2.6.2 Totalunternehmerverträge aus der Sicht der Beteiligten

Bei der Beurteilung von Totalunternehmerverträgen wird zwischen standardisierten Bauten, wie z.B. Lagerhallen, SB-Märkten und die hier nicht zu behandelnden Fertigwohnhäusern und kundenindividuellen Bauten unterschieden. Diese Unterteilung ist insofern legitim, als daß Totalunternehmerverträge nur im ersten Bereich eine nennenswerte Bedeutung haben.

Für den *Bauherrn* ist der Totalunternehmervertrag die weitestgehende Delegation sämtlicher Verantwortungen. Somit kommt diese Form des Bauens den Bedürfnissen vieler Bauherren sehr entgegen bzw. es ist das Resultat der Überforderung freischaffender Architekten, den Bedürfnissen der Bauherren (vor allem Einhaltung des Kostenrahmens) zu entsprechen. Das Bauvorhaben wird quasi zu einer reinen Anlageinvestition, vergleichbar mit dem Kauf neuer Maschinen. Die Bauherrenfunktion reduziert sich, vor allem wenn der Totalunternehmer auch die Finanzierung übernimmt, gen Null.

Für viele *Architekten* sind Totalunternehmerverträge ein "rotes Tuch". Besteht für Generalunternehmerverträge teilweise noch eine gewisse Sympathie, da sie erstens aus der Sicht der Architektenschaft relativ unbeliebte Aufgaben übernehmen und zweitens kleineren Büros erst die Möglichkeit geben, größere Projekte realisieren zu können, wird der Totalunternehmervertrag stärker als Bedrohung angesehen. Der sonst charakteristische Optimierungsprozeß von Gestaltung, Funktionalität und Wirtschaftlichkeit wandelt sich zu einer Dominanz wirtschaftlicher Apekte. Sowohl von ihrer Ausbildung, als auch von ihrem Selbstverständnis her, sind freischaffende Architekten kaum in der Lage mit Totalunternehmern zu konkurrieren. Zwischen freischaffenden Architekten und Totalunternehmern besteht in vielen Bereichen ein Verdrängungswettbewerb.

Dabei ist allerdings zu berücksichtigen, daß vor allem bei größeren Projekten und solchen in exponierten Lagen, Totalunternehmer sehr wohl die Zusammenarbeit mit freischaffenden Architekten suchen. Das Interesse beschränkt sich aber weitestgehend auf die Leistungsphasen "Vorentwurfsplanung" bis "Genehmigungsplanung". Der namhafte Architekt wird zur "Speerspitze" problemloser Baugenehmigungsbeschaffung degradiert. Viel entscheidender scheint aber, daß der Architekt seine Rolle als Treuhänder des Bauherrn verliert. Er steht in keinem Vertragsverhältnis mit dem Bauherrn, sondern nur mit dem Totalunternehmer und ist somit ein Dienstleister bzw. Subunternehmer unter anderen.

Ausgehend von der Tatsache, daß der *freischaffende Architekt* entweder gar nicht oder nur als Subunternehmer zum Zuge kommt, verwundert es auch nicht, daß ihre Beurteilung sehr negativ ausfällt. Entweder wird argumentiert, der Totalunternehmer agiert in einem anderen Marktsegment, was einer partiellen Kapitulation gleichkommt, oder aber es wird deren Verbot gefordert. Bei letzterem wird hervorgehoben, daß die Funktion des Architekten als Mittler zwischen privaten und öffentlichen Interessen aufgehoben wird. Folgerichtig wird verlangt, daß Totalunternehmer einer künstlerischen bzw. gestalterischen Oberleitung unterstellt werden sollten. Abgesehen von exponierten Lagen bestehen nämlich auch seitens der öffentlichen Hand kaum Einflußmöglichkeiten.

Aber auch Totalunternehmer sind sich zunehmend der Bedeutung der Architektur bewußt. Einerseits werben Totalunternehmer wie alle anderen Marktteilnehmer mit realisierten Projekten. Andererseits entspricht gute Architektur den Kundenbedürfnissen. Somit stehen sie im Spannungsverhältnis, sowohl möglichst gute Architektur zu realisieren, am besten von einem namhaften Architeken entworfen, aber trotzdem wirtschaftliche Aspekte dominieren zu lassen. Als Lösungsstrategie wird zunehmend der Fassadenwettbewerb eingesetzt. Der freischaffende Architekt ist somit nur noch für die Hülle zuständig, was für den Totalunternehmer ein wirtschaftlich sehr begrenztes Risiko darstellt. Hier wird der Architekt zu einem Maskenbildner degradiert, der versucht, das Schlimmste zu verhindern.

2.7 Externe Berater

2.7.1 Die Bedeutung von Maklern im Planungsprozeß

Insgesamt gibt es in Deutschland 12'000 Immobilienmakler.[76] Die auf den ersten Eindruck atomistische Konkurrenz muß allerdings relativiert werden. Erstens ist die Immobilienmaklerbranche durch eine starke regionale oder lokale Ausrichtung geprägt, so daß Marktkonzentrationen auf Teilmärkten bestehen. Zweitens gibt es nur wenige national oder sogar international tätige Immobilienmakler. Für die Vermittlung von Bauland und die Vermietung von größeren Gewerbeimmobilien kommen allerdings nur große lokal oder national bzw. international tätige Makler in Frage. Meist handelt es sich um auf Gewerbeimmobilien spezialisierte Makler, die allerdings über Tochtergesellschaften auch Wohnungsgeschäfte abwickeln.

Der Beruf des Maklers ist in Deutschland nicht geschützt. Zur Berufsausübung bedarf es lediglich einer gewerblichen Zulassung, aber keines Qualifikationsnachweises. So ist es auch nicht weiter verwunderlich, daß Makler unter einem schlechten Image leiden. Das Image wird maßgeblich durch Wohnungsmakler geprägt, die, zumindest in Zeiten von Wohnungsknappheit, von manchem weniger als Dienstleister, denn als "Wegelagerer" empfunden werden. Generell hängt der Umfang der

76 Gop, R., "Makler-Hitliste: Die Spitze hält auf Abstand", in: Immobilien Manager, Feb. 1992, S. 6.

angebotenen Dienstleistungen, nicht aber die Courtage, entscheidend von der Konjunkturlage ab. Die qualitativ hochwertigen Leistungen von Gewerbeimmobilienmaklern werden weitestgehend unter Ausschluß der Öffentlichkeit erbracht.

Im Gegensatz zu Wohnimmobilien besteht für Gewerbeimmobilien kein Mietenspiegel, so daß sich die Miethöhe frei auf dem Markt bilden kann. Der Makler steht somit in einem Spannungsverhältnis, da er einerseits für seinen Auftraggeber höchstmögliche Erträge erzielen muß, andererseits aber aus Imagegründen die Mieten für seine Kunden Vertretbare sein müssen.

Unter den größten Maklern sind Unternehmen ohne Bindung an eine Bank oder Versicherung in der Minderheit. Dabei geht der Anstoß zu einer strategischen Allianz zwischen Makler und Banken vor allem von den Banken aus, die sich Synergieeffekte im Kapitalanlagegeschäft erhoffen. Man möchte seinen Kapitalanlegern nicht nur die Anlage in Immobilien empfehlen, sondern auch gleich entsprechende Objekte quasi hausintern anbieten können. In der Maklerbranche gibt es allerdings erhebliche Zweifel an den erhofften Synergieeffekten, vor allem sehen sie die notwendige Unabhängigkeit gefährdet.

Zunehmend sind in der Branche Entwicklungstendenzen vom Makler zum Immobilien-Consultant festzustellen. Das Leistungsspektrum großer Gewerbeimmobilienmakler umfaßt nämlich heutzutage eine ganze Bandbreite komplementärer Dienstleistungen. Dabei handelt es sich um Serviceleistungen im Rahmen eines Verkaufs oder einer Vermietung oder aber um gesondert angebotene und entsprechend zu honorierende Dienstleistungen.

Der angebotene Komplettservice umfaßt in der Regel folgende Aufgabenbereiche:[77]

1. Grundstücks-[78] oder Objektsuche,
2. Research/Consulting (inkl. Bewertung),
3. Kauf/Verkauf,
4. Projektmanagement/-entwicklung,
5. Vermietung,
6. Objekt-/Centermanagement und
7. Finanzierungskonzepte.

Der Makler versteht sich dabei als Dienstleister rund um die Immobilien. Die zusätzlichen Dienstleistungen werden häufig durch die Alleinvermietungsrechte abgegolten. Aus organisatorischen, aber auch aus maklerrechtlichen Gründen sind die großen Maklerfirmen meistens als Holding organisiert. Im Gegensatz zu den anderen Marktteilnehmern ist der Makler der einzige, der ein Projekt während des gesamten Produktlebenszyklus betreut und somit zwangsläufig langfristig denken muß. Für ihn ist es nicht nur entscheidend, daß ein Objekt nach der Fertigstellung, sondern auch über einen längeren Zeitraum hinweg, vermietbar ist. Seine strategi-

---

77 Vgl. z.B.: Jones Lang Wootton, Unsere Dienstleistungen in Europa, S.9ff; oder die Imagebroschüren von Aengevelt, Müller International oder Zadelhoff.

78 Wesentliche Aufgabe bei der Grundstückssuche ist auch das Hinzukaufen von fehlenden Einzelparzellen, sogenannten "Quälzipfeln", die eine größere Bebauung erst ermöglichen.

schen Vorteile sind die lokalen Marktkenntnisse, sowohl hinsichtlich der Nachfrage als auch bezüglich des Angebotes. Somit ist er auch für "Immobilien-Profis", wie z.B. Versicherungen, die zwar häufig den Markt sehr gut kennen, aber nicht über Kontakte zu potentiellen Kunden verfügen, ein interessanter Partner. Die Zusammenarbeit mit Maklern ist für den Anbieter schon deshalb interessant, weil er von den Vorteilen profitiert, aber zumindest im Vermietungsgeschäft, die Kosten der Kunde zu tragen hat. In der Branche soll es sogar Maklerfirmen geben, die die Vermietung garantieren. Aber genauso wie ein freischaffender Architekt keine definitiven Kosten garantieren kann, kann dies auch ein freier Makler für die Vermietung nicht, so daß solche Angebote nur von Maklerfirmen mit Banken im Hintergrund angeboten werden können.

Ihre lokalen Marktkenntnisse dokumentieren die großen Maklerfirmen gerne in Marktberichten, sogenannten City-Reports. Für jede Großstadt gibt es mittlerweile Marktanalysen, die die Researchtätigkeit der Maklerfirmen unterstreichen sollen. Dabei handelt es sich aber meist weniger um wissenschaftliche Analysen, als um bunt bebilderte Hochglanzprospekte, die einen Standort beschreiben und die wesentlichen Eckdaten zusammenstellen.

Nach wie vor machen allerdings die komplementären Dienstleistungen am Gesamtumsatz der Maklerfirmen nur einen unbedeutenden Anteil aus.[79] Ursache ist die fehlende Bereitschaft der Kunden, komplementäre Dienstleistungen des Maklers als entsprechende Unternehmensberaterleistungen zu honorieren. Gutachten werden als Selbstverständlichkeit angesehen und Maklern wird keine qualifizierte Tätigkeit zugetraut. Es ist eine vordringliche Aufgabe renommierter Maklerfirmen, sich von dem Gesamtimage der Branche zu lösen. Somit sollte eine Imagekorrekur vom Makler mit zusätzlichen Dienstleistungen zu einem spezialisierten Unternehmensberater mit Maklertätigkeit angestrebt werden.

Der Wandel zum Unternehmensberater für Immobilienfragen hätte auch den Vorteil, daß neue Kundensegmente, nämlich die Unternehmen die für den eigenen Unternehmensbedarf bauen, erschlossen werden könnten.

Als Vorbild könnten hier die Marktstrukturen in Großbritanien dienen. Die Royal Institution of Chartered Surveyors (RICS), gegründet 1868, überwacht das Standesrecht und stellt eine optimale Ausbildung sicher. Im Gegensatz zu Deutschland dauert hier die Ausbildung fünf Jahre und findet an Universitäten bzw. Fachhochschulen statt. Außerdem sind die Mitglieder verpflichtet, jährlich an Fortbildungsmaßnahmen, mindestens 20 Stunden pro Jahr, teilzunehmen. Das Resultat dieser hohen Ausbildungsanforderungen ist ein sehr hohes gesellschaftliches Prestige.[80]

Im Rahmen einer Betrachtung der Bedeutung von Maklern im Planungsprozeß muß auch auf das Verhältnis zwischen Maklern und Architekten eingegangen werden. Beurteilen Makler das Verhältnis Architekt - Makler tendenziell als freundlich-gespannt, empfinden viele Architekten die Maklerschaft als ausgesprochen störend. Zwar konkurrieren Makler und Architekten noch nicht unmittelbar, so aber doch

[79] Gop, R., "Makler-Hitliste: Die Spitze hält auf Abstand", in: Immobilien Manager, Feb. 1992, S. 11.
[80] Vgl. Trupp, M., "schwieriger Aufstieg", in: Immobilien Manager, April 1994, S. 56ff.

mittelbar. Vor allem für institutionelle Anleger, bei denen wirtschaftliche Aspekte dominieren, verdrängt der Makler den Architekten aus seiner Treuhänderfunktion. Die Interessen des Bauherrn kann in diesen Fällen der Vermarktungsexperte besser als der Gestaltungsexperte wahrnehmen. Der Architekt fühlt sich in seiner Beraterfunktion bedroht und somit aus seiner angestammten Funktion verdrängt.

Eine unmittelbare Konkurrenz hinsichtlich der ersten Leistungsphase, der Grundlagenermittlung, besteht zur Zeit noch nicht. Es scheint mir aber nur eine Frage der Zeit, bis Makler zumindest diese Leistungsphase auch offiziell als Dienstleistung anbieten werden. Aber auch weitere Funktionen, z.B. die des Projektsteuerers oder noch weitergehend die des Construction Managers nach amerikanischem Vorbild, können theoretisch von Maklerfirmen angeboten werden.

Gegenüber dem Architekten besitzt der Makler aufgrund seiner fundierten Marktkenntnisse vor allem bei der Ausarbeitung eines Nutzungskonzeptes strategische Erfolgspositionen. Nur er kann beurteilen, für welche Raumgrößen, technischen Ausstattungen und welchen Branchen-Mix Nachfrage besteht. Im Gegensatz zum Architekten hat der Makler aufgrund seiner langfristigen Verbindung zu den Mietern ein Feed-Back und kann sehr viel besser beurteilen, welche Nutzungskonzepte erfolgreich waren und welche nicht.

Der Architekt wäre gut beraten, die Marktkenntnisse des Maklers zu nutzen. Da beide am Vermietungserfolg interessiert sind, besteht insgesamt auch eine Interessenharmonie bzw. es besteht eine gegenseitige Abhängigkeit. Die Nichtberücksichtigung von Marktbedürfnissen führt zu Bauten wie dem Frankfurter Messeturm, dessen Raumtiefen eine sinnvolle Vermarktung erheblich erschweren, oder dem Haas-Haus in Wien, das ebenfalls wegen der Raumgestaltung erhebliche Schwierigkeiten bei der Vermietung hat.

Für den Bauherrn besteht das Problem, daß er bei der momentanen Konstellation im Prinzip zwei Treuhänder bzw. begleitende Berater braucht: den Makler als Garant für den Vermarktungserfolg und den Architekten als Gestaltungsexperten.

2.7.2 Bedeutung von spezialisierten Beratern im Planungsprozeß

Bei der Betrachtung von spezialisierten Beratern im Planungsprozeß können folgende Schwerpunkte unterschieden werden:

1. architektur- und wettbewerbsorientierte Beratung,
2. ingenieursorientierte Beratung,
3. ökologieorientierte Beratung,
4. marktorientierte Beratung,
5. organisationsorientierte Beratung und
6. politikorientierte Beratung.

Bei den architektur- und wettbewerbsorientierten Beratern handelt es sich weitestgehend um spezialisierte Planungsbüros, die die Planung und Durchführung von

Wettbewerben organisieren. Ingenieursorientierte Berater, die sich vorwiegend mit der Steuerung von Projekten hinsichtlich Bauablauf, Kosten- und Terminkontrolle beschäftigen, werden in Kapitel 2.8. dieses Teils näher betrachtet. Unter ökologieorientierten Berater werden Unternehmen verstanden, die ein Neubauprojekt funktional und bezüglich der verwendeten Baustoffe auf Umweltverträglichkeit analysieren.

Abbildung 31 stellt die Schwerpunktausrichtung der anderen Berater dar:

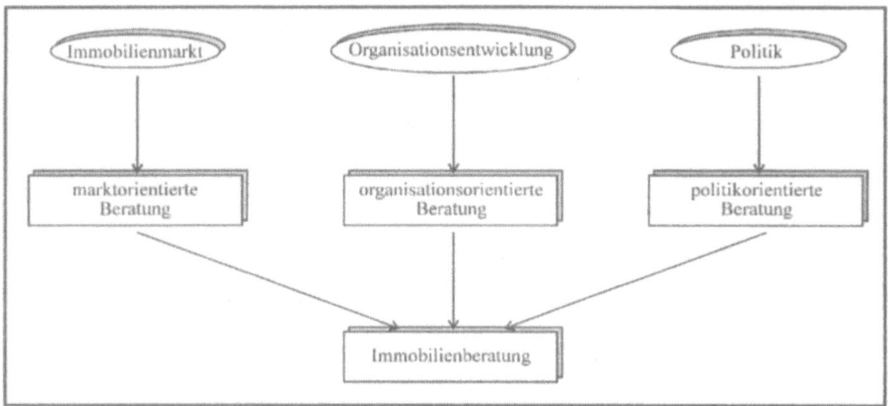

Abb. 31: Berater und ihre Schwerpunkte

Unter marktorientierten Beratern sollen vor allem zu Maklerfirmen gehörende Beratungsgesellschaften verstanden werden. Auf den möglichen Leistungsumfang wurde bereits im Kapitel 2.7.1 näher eingegangen. Die organisatorische Ausgliederung erfolgt einerseits, weil der Kunde kaum bereit ist, Zusatzleistungen des Maklers extra zu honorieren, andererseits sind Unternehmen, die für den eigenen Unternehmensbedarf bauen, für Makler als Beratungskunden nur schwer zu akquirieren. Die Beratung konzentriert sich vor allem auf institutionelle Anleger. Problematisch ist die nicht zwangsläufig gegebene, aber für eine optimale Beratung notwendige, Unabhängigkeit von anderweitigen Interessen.

Im folgenden wird die organisations- und die politikorientierte Beratung näher betrachtet. Die organisationsorientierte Beratung konzentriert sich auf Unternehmen, die für den eigenen Unternehmensbedarf bauen. Ausgangspunkt der organisationsorientierten Beratung ist die konsequente Ankopplung der Neubauplanung an die langfristige Unternehmensstrategie.[81] Dabei kann zwischen einer Beratung erheblich vor der Grundlagenermittlung der HOAI, einer Basisplanung, und einer die Leistungsphasen begleitenden, unterschieden werden. Es handelt sich dabei weitestgehend um eine Beratung bezüglich nicht delegierbarer Bauherrnaufgaben.

81 BMN Planconsult, (Strategische), S.7.

Abbildung 32 stellt die wesentlichen Rahmenbedingungen und Endscheidungstatbestände der Basisplanung dar.

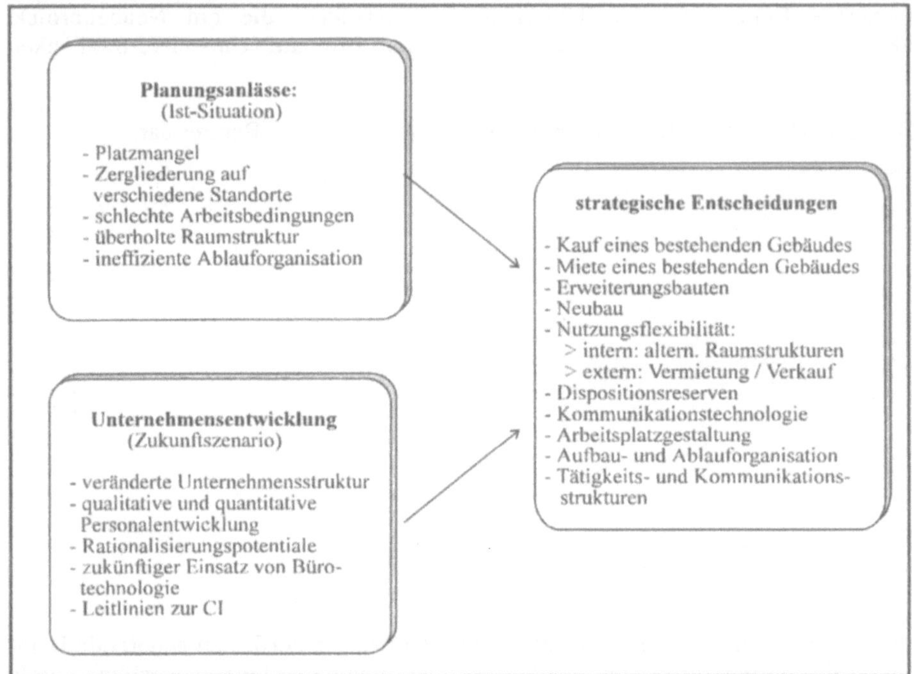

Abb. 32: Rahmenbedingungen und Entscheidungstatbestände der Basisplanung
Quelle: Jäger, D., (gründliche),S. 1ff.

Zur Beratung bei der Basisplanung bedarf es absoluter Unabhängigkeit. Die ist aber weder seitens des Architekten noch auf der Seite des Maklers gegeben, da die Verdienstmöglichkeiten bei beiden weitestgehend entscheidungsabhängig sind und somit eine Befangenheit unterstellt werden muß. So wird kein Architekt anstelle eines Neubaus den Hinzukauf eines bestehenden Gebäudes empfehlen.

Auch inhaltlich sind die hier zu klärenden Fragestellungen eher der klassischen Unternehmensberatung zuzuordnen. Im wesentlichen handelt es sich, auf der Basis einer Stärken-/Schwächen-Analyse und einer Chancen-/Gefahren-Analyse, um eine Reorganisation. In der ersten Phase besteht die Aufgabe des Beraters vor allem in einer Analyse der bestehenden Organisationsstruktur, der Erarbeitung von Entwicklungsszenarien und der Darstellung möglicher Lösungs- bzw. Optimierungskonzepte. Dabei aber sollte der externe Berater vor allem Koordinations- und Analyseaufgaben wahrnehmen. Konkurrenz zu den Leistungsphasen der HOAI besteht bei diesen Tätigkeiten nicht. Nur bezüglich der Betriebsplanung als Besondere Leistung der Grundlagenermittlung ist eine gewisse Konkurrenz feststellbar.

Die Konkurrenz zu den Leistungsphasen der HOAI beginnt erst bei den auf der Basisplanung aufbauenden Planungen.[82] Hierbei handelt es sich vor allem um die Aufstellung eines Nutzungs- und Raumkonzeptes, die Arbeitsplatzgestaltung, die Inneneinrichtung und die Umzugslogistik. Meines Erachtens sollte der organisationsorientierte Berater lediglich die Grundlagen und Eckpfeiler der Grundlagenermittlung und der Raum- und Funktionsplanung liefern und parallel als Berater des Architekten und des Bauherrn agieren. Kompetenzkonflikte müssen im vorhinein verhindert werden.

Für den Bauherrn ist die Zusammenarbeit mit einem organisationsorientierten Berater sicherlich einfacher als mit einem Architekten, da Denkweise und auch Sprache auf der gleichen "Wellenlänge" sind. Für viele Bauherren, für die Funktionalität, Kosten und Termine die wichtigsten Kriterien eines Bauvorhabens sind, ist der organisationsorientierte Berater sicherlich der bessere Treuhänder seiner Interessen. So sollte es auch Aufgabe des Beraters sein, den Bauherrn auf die Zusammenarbeit mit Architekten im Speziellen und der Auseinandersetzung mit Architektur im Allgemeinen vorzubereiten.

Unter politikorientierter Beratung, es wird auch von political consult gesprochen, soll die Beratung von Investoren hinsichtlich der politischen Rahmenbedingungen von Bauprojekten verstanden werden. Dabei umfaßt die Beratungstätigkeit folgende Aufgabenbereiche:

1. Klärung baurechtlicher Fragestellungen,
2. Klärung städtebaulicher Vorstellungen,
3. Klärung politischer Vorstellungen und "Gegegebenheiten",
4. Analyse möglicher Problemfelder, wie z.B. Bürgerproteste und
5. Klärung von Subventionsmöglichkeiten.

Vor allem für auswärtige Investoren ist es wichtig, im vorhinein das politische Umfeld analysieren zu lassen.[83] Für den Investor geht es um die Begrenzung von Risiken durch externe Einflüsse.

Der zweite Schritt, Investitionskonzepte politisch durchsetzbar zu machen, d.h. auf politische Vorstellungen hin abzustimmen und entsprechend darzustellen, ist ebenfalls legitim. Im Rahmen von einleitenden Worten bei den Projektvorstellungen wird die besondere Bedeutung des Projektes für einen Standort hervorgehoben. Hierbei handelt es sich noch um Maßnahmen im Rahmen des Baustellen-Marketings.

Der dritte Schritt ist die Förderung der politischen Durchsetzung. Häufig handelt es sich bei politischen Beratern um ehemalige Berufspolitiker, z.B. Senatoren, die aber nach wie vor entweder politisch aktiv sind oder aber über die entsprechenden Kontakte verfügen. Ihr wesentliches Berufskapital ist somit nicht zwangsläufig ihre Kompetenz, sondern politische Macht und/oder das "social network". Für den Investor fungieren sie als "Türöffner". Besonders kritisch wird ihre Funktion, wenn sie aufgrund ihres Einflusses, bzw. ihrer Macht, in der Lage sind, eine Lobby aufzu-

82 Vgl. beispielsweise Quickborner Team, Imagebroschüre, o.A.d.S.
83 Vgl. Teil A, Kap. 1.3.5. und Kap. 3.4.

bauen oder Verwaltungsentscheide[84] zu beeinflussen. Gerade in Stadtstaaten sind auch die höheren Verwaltungsposten politisch besetzt, so daß die Gefahr besteht, daß die Neutralität der Verwaltung nicht mehr gewährleistet ist. Dies wird natürlich vehement bestritten. Eine Trennung zwischen politischen und beruflichem Engagement scheint für manch einen schwierig zu sein.

Für den Investor dürfte eine Zusammenarbeit meistens sehr lohnend sein. Erstens reduziert sich das Planungsrisiko erheblich und zweitens besteht die Möglichkeit, daß Verwaltungsabläufe[85] zügiger und mit geringeren Widerständen vonstatten gehen.

2.8 Externe Projektsteuerer und Projektleiter

2.8.1 Definition und Abgrenzung

Unter Projektsteuerung wird die "neutrale und unabhängige Wahrnehmung delegierbarer Auftraggeberfunktionen in technischer, wirtschaftlicher und rechtlicher Hinsicht im Sinne von §31 HOAI" verstanden. Projektleitung "umfaßt in aller Regel den nicht delegierbaren Teil der Auftraggeberfunktion".[86]

Die HOAI spricht von Projektsteuerung, wenn Funktionen des Auftraggebers übernommen werden. Explizit werden folgende Tätigkeiten aufgeführt:[87]

1. Klärung der Aufgabenstellung, Erstellung und Koordination des Programms,
2. Klärung der Voraussetzung für den Einsatz der Projektbeteiligten,
3. Aufstellung und Überwachung von Organisations-, Termin- und Zahlungsplänen,
4. Koordination und Kontrolle der Projektbeteiligten, mit Ausnahme der ausführenden Firmen,
5. Fortschreibung der Planungsziele und Klärung von Zielkonflikten,
6. laufende Information des Auftraggebers und Herbeiführen von Entscheidungen des Auftraggebers,
7. Koordination und Kontrolle der Bearbeitung von Finanzierungs-, Förderungs- und Genehmigungsverfahren.

---

84 Die Beeinflussung erfolgt mittelbar, d.h. die Regierungsparteien, die entscheiden, werden beeinflußt.

85 Hierbei geht es nicht primär um die unmittelbaren Verwaltungsabläufe, sondern um die mittelbaren, d.h. es geht um die Arbeit der politischen Ausschüsse.

86 §1 Abs. 1 und 2 der Berufsordnung für Projektsteuerer des Deutschen Verbandes der Projektsteuerer e.V., in: DVP, (Informationen), o.A.d.S.

87 §31 HOAI, gekürzt.

Im Sinne der HOAI kann es sich bei der Projektsteuerung lediglich um eine Stabsstellenfunktion handeln, da es sich ausschließlich um die Klärung von Fragestellungen und die Herbeiführung von Entscheidungen des Auftraggebers handelt. Die knappen Ausführungen in der HOAI fördern allerdings die Unsicherheit bei den Begriffsabgrenzungen.[88] Bei der Projektleitung handelt es sich eindeutig um eine Linienfunktion, da Weisungs- und Entscheidungsbefugnisse delegiert werden. Im Gegensatz zur Baubetreuung, bei der nahezu alle Entscheidungen delegiert werden, handelt es sich bei der Projektleitung um begrenztes Delegieren. Vor allem ist der Baubetreuer für die gesamte Planung eigenverantwortlich, und es handelt sich eher um eine gewerbliche, als um eine beratende Tätigkeit.

Abbildung 33 stellt die Abgrenzungsstufen dar:

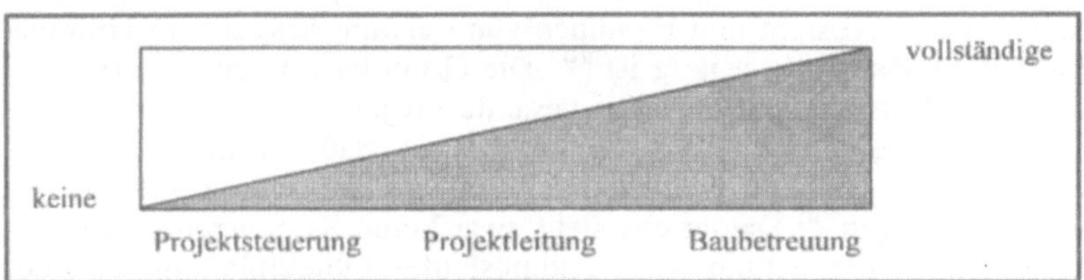

Abb. 33: Weisungs- und Entscheidungsbefugnis von Entscheidungsträgern

Bevor konkret auf den Leistungsumfang von Projektsteuerern und Projektleitern eingegangen werden kann, müssen in einem ersten Schritt die originären Bauherrenaufgaben herausgearbeitet werden.

2.8.2 Bauherrenaufgaben

Entgegen der Annahme vieler Bauherren sind mit der kompletten Vergabe der Leistungsphasen 1 bis 9 des Leistungsbildes Objektplanung keine Bauherrenaufgaben delegiert. Komplexe und größere Bauvorhaben erfordern Managementleistungen, die weit über das in den Grundleistungen und teilweise in den Besonderen Leistungen integrierte, hinausgehen. Die Zunahme von Bauherrenleistungen, sowohl qualitativ als auch quantitativ, entsprechen allerdings nicht dem Bedürfnis vieler Bauherren, ihre Bauherrenfunktionen und vor allem das technische, wirtschaftliche und rechtliche Risiko zu delegieren.

88 Die Abgrenzungsproblematik bezieht sich einerseits auf die Besonderen Leistungen des Leistungsbildes Objektplanung, §15 HOAI, und andererseits auf weitergehende Tätigkeiten. So unterteilt Aßmann in Baubetreuung, Projektmanagement/Projektleitung, Controlling und Projektsteuerung, vgl. Aßmann, M., (Projektleitung), S.16ff. Rösel verwendet den am den amerikanischen Construction Manager angelehnten Begriff des Baumanagers, der zumindest teilweise dem Projektleiter entspricht; vgl. Rösel, W., (Baumanagement), S.51ff.

Das Mißverständnis vieler Bauherren über ihre Aufgabenbereiche liegt allerdings teilweise auch an den Formulierungen bzw. an scheinbaren Redundanzen der HOAI. So heißt es bezüglich der Koordinationsaufgaben in:

1. §15 Abs.2 Grundleistungen der Vorplanung: "Intergrieren der Leistungen anderer an der Planung fachlich Beteiligter",
2. §15 Abs.2 Besondere Leistungen der Vorplanung: "Aufstellen eines Zeit- und Organisationsplanes",
3. §31 Abs.1 "Aufstellung und Überwachung von Organisations-, Termin-, und Zahlungsplänen, bezogen auf Projekt und Projektbeteiligte".

Dabei ist allerdings zu berücksichtigen, daß der Architekt objektorientiert arbeitet, d.h. betreffs der materiellen Gestalt des Bauwerkes, der Projektsteuerer aber projektorientiert, d.h. betreffs Absicht und Bemühen von Leistungsträgern, in Hinblick auf die Erstellung eines Bauwerkes, tätig ist.[89] Die Grundleistungen betreffen die jeweilige Phase des Objektes, nicht aber das gesamte Projekt. Andere Autoren argumentieren nicht bzgl. der Orientierung, sondern damit, daß die Leistungen des Projektsteuerers materiell erheblich weitgehender sind, als die des Architekten im Rahmen der Grundleistungen.[90] Diederichs sieht zwar keine Konkurrenz zwischen der oben dargestellten Grundleistung des Leistungsbildes Objektplanung und der entsprechenden Projektsteuerungsaufgabe, wohl aber eine Redundanz zwischen Besonderen Leistungen und Projektsteuerung und plädiert für eine Streichung der Besonderen Leistung.[91] Klarere begriffliche Abgrenzungen, vor allem bezüglich der Projekt- bzw. Objektorientierung der Tätigkeiten, sind notwendig. Abbildung 34 stellt funktionsorientiert die wesentlichen Bauherrenaufgaben dar.

89 Vgl. Will, L., (Rolle), S.221ff.
90 Vgl. Aßmann, M., (Projektleitung), S.27.
91 Vgl. Diederichs, C.J., (Aufbau), S.35ff.

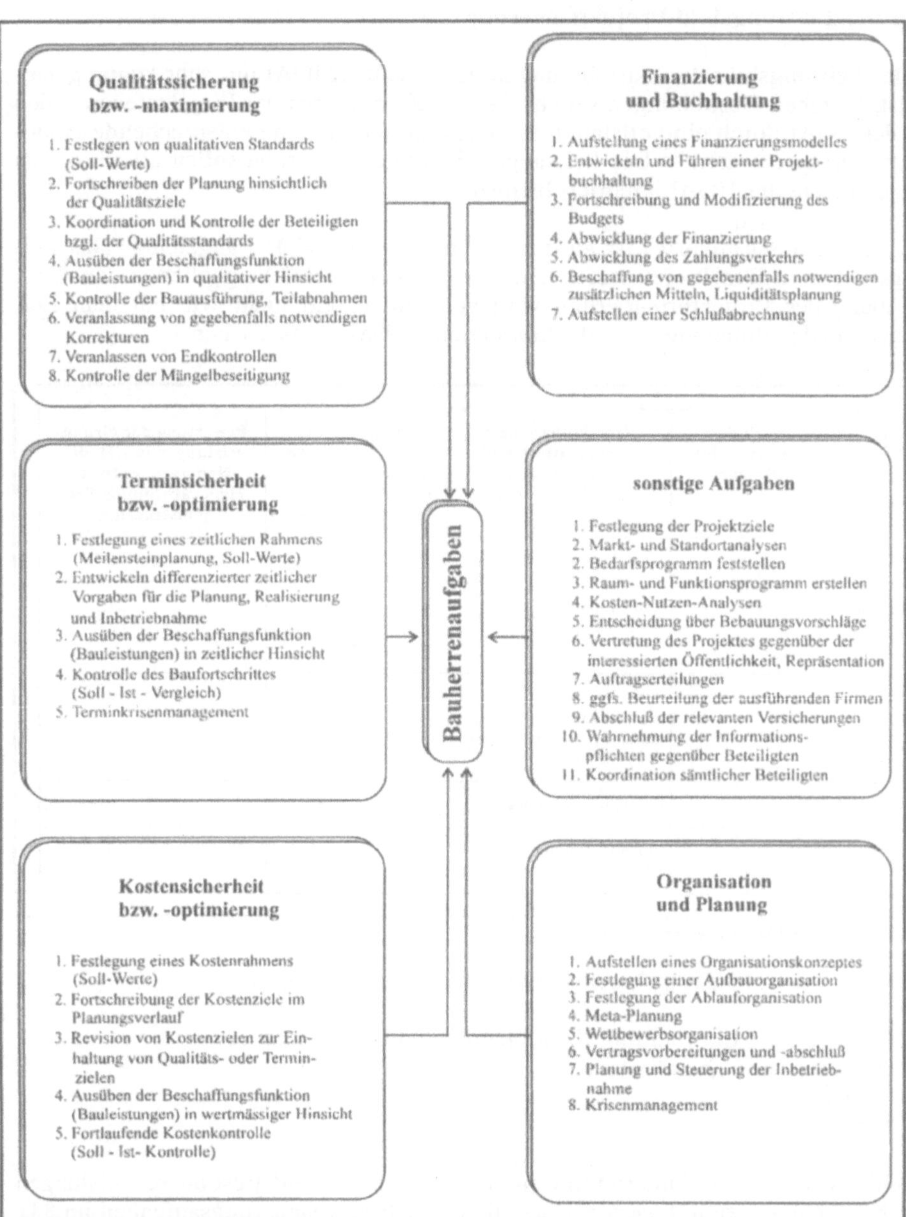

Abb. 34: Bauherrenaufgaben

Quelle: in Anlehnung an Will, L., (Rolle), S.130 und Aßmann, M., (Projektleitung), S.11ff

2.8.3 Das Leistungsbild Projektsteuerung

Da das Leistungsbild Projektsteuerung in der aktuellen HOAI nur sehr knapp gehalten ist, bestehen Bestrebungen seitens des Berufsverbandes der Projektsteuerer, den §31 der HOAI durch ein vollständiges Leistungsbild und eine entsprechende Honorarordnung zu ersetzen.[92] Die Leistungen für Projektsteuerung sollen allerdings als eigener Teil in der HOAI integriert bleiben.

Der Aufbau des Entwurfes ist an den zweiten Teil der HOAI angelehnt. Das Leistungsbild ist in fünf Projektstufen und vier Handlungsbereiche gegliedert. Zur Hervorhebung der Projektorientierung wird von Stufen und nicht wie bei dem Leistungsbild Objektplanung, von objektorientierten Phasen gesprochen.

Projektstufe nach dem Entwurf des Leistungsbildes Projektsteuerung	Projektphase nach dem Leistungsbild Objektplanung, §15 Abs.2 HOAI	Bewertung der Grundleistungen in v.H. des Honorars für Gebäude, §15 Abs.1 HOAI	Bewertung der Grundleistungen in v.H. des Honorars, Entwurf Honorarordnung Projektsteuerung
1. Projektvorbereitung	Grundlagenermittlung	3	26
2. Planung	Vor-, Entwurfs-, und Genehmigungsplanung	24 (7,11,6)	21
3. Ausführungsvorbereitung	Ausführungsplanung, Vorbereitung der Vergabe, Mitwirken bei der Vergabe	39 (25,10,4)	19
4. Ausführung	Objektüberwachung	31	26
5. Projektabschluß	Objektbetreuung und Dokumentation	3	8

Tab. 9: Leistungsbild Projektsteuerung

Hinsichtlich der Handlungsbereiche wird unterschieden zwischen:

1. Organisation, Information, Koordination und Dokumentation,
2. Qualitäten und Quantitäten,
3. Kosten und
4. Terminen.

Gleichfalls findet eine Unterteilung in Grundleistungen und Besondere Leistungen statt. Nach einer extrem knappen Darstellung der Projektsteuerungsaufgaben im §31 der HOAI folgt im Entwurf ein Detaillierungsgrad, der bei weitem den des §15 Abs.2 übersteigt. Sämtliche in Abb. 36 dargestellten Bauherrenfunktionen werden

92 Nachfolgende Ausführungen beziehen sich auf den DVP-Entwurf Leistungs- und Honorarordnung Projektsteuerung vom 21.Jan.1994, in: DVP, (Informationen 94), o.A.d.S.

abgedeckt, wobei der Bauherr unterstützt und entlastet werden soll, nicht aber seiner Verantwortung zur Entscheidung enthoben wird.

Durch die geplante Kopplung des Honorars an Honorarzonen und anrechenbare Kosten entsteht gegenüber der jetzt geltenden freien Vereinbarung des Honorars wiederum das Problem, daß ebenfalls der Projektsteuerer an hohen Baukosten partizipiert und somit Zielkonflikte systemimmanent sind. Die Vertragsmuster sehen allerdings vor, und dies ist ein Schritt in die richtige Richtung, daß nach der Überprüfung der Kostenschätzung durch den Projektsteuerer, dessen Honorar pauschalisiert werden kann.

Analog zu der Situation bei den Makler, ist auch bei den Projektsteueren festzustellen, daß es sich hierbei um einen Berufsfeld handelt, für welches es in Großbritannien bereits seit langem mit dem quanitity surveyor ein etabliertes Berufsbild gibt.[93]

2.8.4 Projektsteuerung und -leitung aus der Sicht der Beteiligten

Im folgenden soll eine Beurteilung aus der Sicht der wesentlich von Projektsteuerung und Projektleitung Betroffenen vorgenommen werden:

1. Bauherren,
2. Architekten,
3. organisationsorientierten Beratern und
4. Generalunternehmern

Für den *Bauherrn* stellt der externe Projektsteuerer oder Projektleiter eine erhebliche Unterstützung dar. Durch die Betonung der Faktoren Kosten, Termine und Qualitätssicherung deckt er die Zielfunktionen des Bauherrn weitestgehend ab. Im Gegensatz zu den Architekten steht die Gestaltung bei den Projektsteuerern nicht im Vordergrund. Somit eignet sich der Projektsteuerer oder Projektleiter ausgezeichnet als Treuhänder der wesentlichen Interessen des Bauherrn. Die Entscheidung, ob ein Projektsteuerer oder ein Projektleiter engagiert werden soll, hängt maßgeblich von der Frage ab, inwieweit der Bauherr sich von seinen Bauherrnaufgaben befreien möchte. Durch Hinzuziehung eines kompetenten und die eigenen Interessen berücksichtigenden Treuhänders kann der Bauherr seine Position gegenüber Planern und Bauausführenden stärken. Der Projektsteuerer oder Projektleiter schließt die im Leistungsbild Objektplanung bestehenden Lücken bzw. ergänzt das Leistungsbild in der dem Projekt vorangehenden Phase und kann eine wirtschaftliche Optimierung des Projektes erreichen. Auch wenn externe Projektsteuerer den Bauherrn in erheblichem Maße von seinen Bauherrnaufgaben befreien, existieren weiterhin Bauherrnaufgaben, wie beispielsweise die Festsetzung von Projektzielen und Vertragsabschlüssen mit Dritten, die per definitionem nicht delegierbar sind.

Obwohl es sich bei den Projektsteuerungsleistungen weitestgehend um originäre Bauherrnaufgaben handelt und somit keine unmittelbare Konkurrenz zwischen

93 In Anhang 4 findet sich eine detaillierte Leistungsbeschreibung der Chartered Quantity Surveyors.

Projektsteuerer und *Architekten* besteht, ist das Verhältnis nicht unproblematisch. Zwar sind Projektsteuerer weitestgehend ebenfalls Ingenieure, im Gegensatz zu Konkurrenten aus der Maklerbranche, aber der Projektsteuerer macht dem Architekten seine Rolle als Treuhänder des Bauherrn streitig. Der Architekt wird zum Gestaltungsexperten degradiert. Außerdem dürfte es sicherlich einfacher sein, einen Bauherrn mit dem Argument der fachlichen Kompetenz zu beeinflussen, als einen Projektsteuerer. Die Funktion des Projektsteuerers oder Projektleiters ist ein weiterer Schritt in Richtung Auflösung des Berufsbildes vom Architekten als "Dirigent des Baugeschehens".

Im Gegensatz zu Architekten stehen *organisationsorientierte Berater* sehr viel stärker in Konkurrenz zu Projektsteuerern und Projektleitern. Durch die Bestrebungen, die Projektsteuerungsaufgaben ausführlich und umfassend in der HOAI zu implementieren, findet der Versuch einer Ausgrenzung statt. Das Leistungsbild Projektsteuerung umfaßt in starkem Maße auch betriebswirtschaftliche Aufgaben. Vor allem bei den Besonderen Leistungen, aber auch hinsichtlich der Grundleistungen, finden sich diverse Tätigkeiten, z.B. die Mitwirkung[94] bei der betriebswirtschaftlich-organisatorischen Beratung,[95] die weder den ingenieurs-, noch den architekturwissenschaftlichen Schwerpunkten zuzuordnen sind. Vielmehr geht es darum, verlorenes Terrain zurückzugewinnen, bzw. branchenfremde Konkurrenz abzuwehren und durch eine Honorarordnung und ein entsprechendes Standesrecht abzusichern. So wird es einem Unternehmensberater kaum möglich sein und noch viel weniger einem Makler, Teilleistungen der HOAI, unabhängig von seiner Leistungsfähigkeit, auf dem Markt verkaufen zu können.

Es stellt sich bei mehreren Elementen des Leistungsbildes die Frage, ob Architekten oder Ingenieure von ihrer Ausbildung her über die nötige Kompetenz verfügen und, ob nicht eine besondere Berufsausbildung zum Projektsteuerer, als Kombination aus betriebswirtschaftlichem und ingenieurwissenschaftlichem Studium, sinnvoll wäre.

Für die *Generalunternehmer* stellen die Projektsteuerer und Projektleiter eine ernsthafte Konkurrenz dar. Argumentieren Generalunternehmer doch, daß der Architekt nicht in der Lage oder nicht willens sei, sich um Kosten und Termine zu kümmern, hat der Bauherr nun einen Partner zur Seite, der gerade in diesen Bereichen seine Schwerpunkte setzt. Im Gegensatz zum Generalunternehmervertrag kommt der Bauherr bei einem Projektsteuerer oder Projektleiter nicht in ein solches Abhängigkeitsverhältnis. Bei Änderungen während der Bauausführung können weiterhin unterschiedliche Angebote eingeholt werden, und das Problem überzogener Nachträge besteht nicht mehr. Einziger Vorteil des Generalunternehmers bleibt, daß nur er Kosten und Termine garantieren und die Gesamtgewährleistung übernehmen kann.

94 Mitwirkung wird hier so definiert, daß der Projektsteuerer die genannten Teilleistungen allein oder in Zusammenarbeit mit anderen Projektbeteiligten inhaltlich abschließend erstellt und dem Auftraggeber zur Entscheidung vorlegt, DVP-Entwurf Leistungs- und Honorarordnung Projektsteuerung vom 9.3.1990/25.10.1991, Fußnote 1, Seite 5, in: DVP, (Informationen), o.A.d.S.

95 Besondere Leistung der Projektvorbereitung, DVP-Entwurf Leistungs- und Honorarordnung Projektsteuerung vom 9.3.1990/25.10.1991, S.6, in: DVP, (Informationen), o.A.d.S.

3 Rahmenbedingungen eines Bauprojektes

3.1 Baurecht

Eine ausführliche Darstellung der rechtlichen Grundlagen würde den Rahmen dieser Arbeit sprengen. Im nachfolgenden sollen nur die wesentlichen Grundlagen skizziert werden, ohne allerdings auf Ausnahmen oder Sonderregelungen einzugehen. Schwerpunktmäßig beziehen sich nachfolgende Ausführungen auf Stadtstaaten wie Hamburg und Berlin.

Generell kann zwischen privatem und öffentlichem Baurecht unterschieden werden. Das private Baurecht, es umfaßt u.a. das Rechtsverhältnis zwischen Architekt und Bauherr, soll im weiteren nicht näher betrachtet werden. Das öffentliche Baurecht, im wesentlichen handelt es sich um Hoheitsrecht, kann in die beiden Säulen Bauordnungs- und Bauplanungsrecht unterteilt werden. Das Bauordnungsrecht, früher als Baupolizeirecht bezeichnet, wird in den Landesbauordnungen[1] geregelt. Das Bauplanungsrecht ist im Baugesetzbuch geregelt. Dieses gliedert sich in die vier Abschnitte Allgemeines Städtebaurecht (§§1 - 135), Besonderes Städtebaurecht (§§192 - 232), Sonstige Vorschriften (§§233 - 247) und Überleitungs- und Schlußvorschriften (§§233 - 247). Als grobe Faustregel zur Unterteilung kann gelten, daß das Bauplanungsrecht sich mit dem Einfügen eines Bauvorhabens in seine Umgebung, das Bauordnungsrecht demgegenüber sich mit der Ausführung auf dem Grundstück beschäftigt.[2]

Das Bauordnungsrecht und das Bauplanungsrecht beeinflussen durch Festlegung von Art und Umfang der Nutzung in entscheidendem Maße den Wert eines Grundstückes, aber auch einer bestehenden Immobilie.

Neben den Investoren, die in der zunehmenden Verrechtlichung des Bauprozesses eine Einschränkung der Nutzungsmöglichkeiten sowie eine unnötige Verzögerung des Planungsprozesses sehen, üben auch die Architekten scharfe Kritik: "Baugesetze, Verordnungen, Richtlinien, Normen, Genehmigungsverfahren und Bauämter wurden einst erfunden, um das Leben vor dem Bauen zu schützen. Heute dagegen verhindern sie oft, was sie schützen sollten: das Leben. Sie schreiben Gestalt vor, verbieten neue Lösungen, entmutigen den Fortschritt, begünstigen Trivialität, befehlen Verschwendung. Nicht von der Fürsorge des Staates reden die vielen Vorschriften, sondern von der Angst der Verordnungsgeber vor jeder Wagnis."[3]

---

1 Obwohl die Landesbauordnungen sich an einer Musterlandesbauordnung orientieren, kann es zu erheblichen Unterschieden je nach Bundesland kommen.

2 Vgl. Gelzer, K. / Birk, H.-J., (Bauplanungsrecht), S.3.

3 Walter M. Bunsmann, "Bauen zwischen Paragraphen", in: Deutsches Architektenblatt, 1978, zitiert in: Gerkan, M.v., (Verantwortung), S.79.

3.2 Ebenen der räumlichen Planung

Im Rahmen der Raumplanung haben sich vier Planungsstufen herausgebildet:[4]

1. Bundesebene: Bundesraumordnung,
2. Landesebene: Landesplanung,
3. Regionsebene: Regionalplanung,
4. Gemeindeebene: Bauleitplanung.

Abbildung 35 stellt am Beispiel Berlins die wesentlichen Planungsebenen dar:

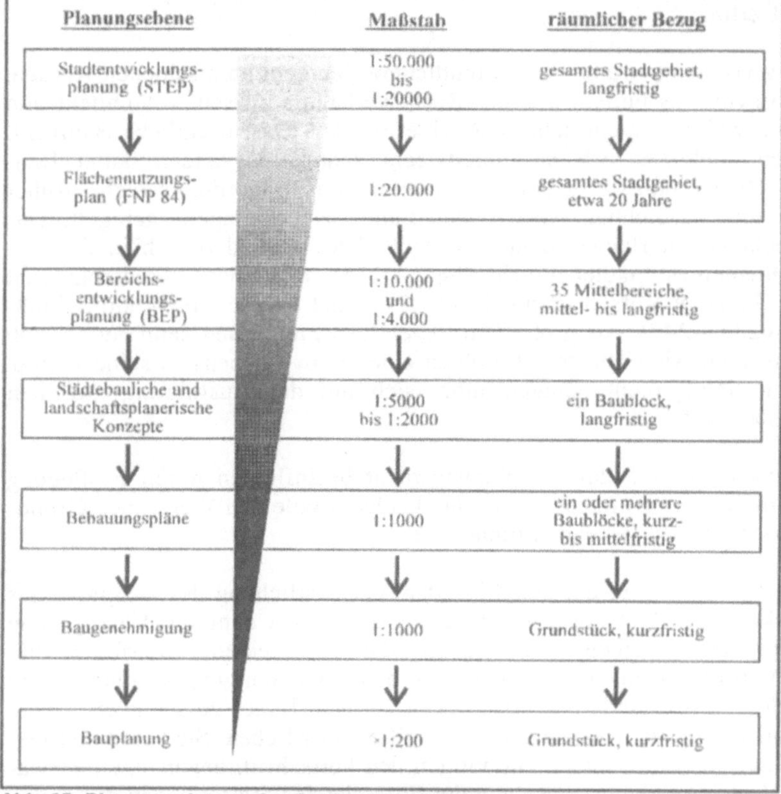

Abb. 35: Planungsebenen des Stadtstaates Berlin;
Quelle: in Anlehnung an Senatsverwaltung für Stadtentwicklung und Umweltschutz, (Flächennutzungsplan), S.30f.

4 In Anlehnung an Falk, B., (Immobilien-Handbuch), S.744f; bei Stadtstaaten steht die Regionalplanung an zweiter und die Landesplanung an dritter Stelle. Bei bundesländerübergreifender Regionalplanung steht diese an zweiter Stelle.

Diese Planungsebenen müssen sich in die übergeordnete Bundesraumordnung[5] integrieren. Aufgrund der weitgehenden kommunalen Kompetenzen sind nachfolgende Ausführungen über ausgewählte Planungsebenen nur bedingt auf andere Bundesländer, vor allem Flächenstaaten, übertragbar. In den hier betrachteten Stadtstaaten ist z.B. die Flächennutzungsplanung auf ministerieller, die Bebauungsplanung auf kommunaler Ebene angesiedelt.

3.2.1 Stadtentwicklungsplanung

"Als Stadtentwicklungsplanung bezeichnet man zusammenfassend alle diejenigen Überlegungen, welche Zielsetzungen für die wirtschaftlichen, kulturellen und sozialen Einrichtungen und die Stadtgestaltung und Landschaftspflege auf längere Sicht für die Stadt und ihr Umland angestrebt werden sollen."[6] In Flächenstaaten muß sich die Stadtentwicklungsplanung in die Landesplanung integrieren bzw. auf sie abgestimmt sein. Die Berliner Stadtentwicklungsplanung[7] hat demgegenüber die räumliche Entwicklung der Gesamtstadt zum Gegenstand. Sie soll gemäß §3 Abs. 1 AGBauBG für Nutzungen wie Wohnen, Gewerbe, Gemeinbedarf, Verkehr oder Freiflächen, aber auch für besondere Aspekte wie Gestaltung und Umweltschutz erarbeitet werden. Stadtentwicklungspläne werden von der Senatsverwaltung für Stadtentwicklung und Umweltschutz unter Beteiligung der Träger öffentlicher Belange erarbeitet und haben Empfehlungscharakter für die Verwaltung und die politischen Entscheidungsträger.

Somit haben Stadtentwicklungspläne, synonym wird auch von Masterplänen gesprochen, die Funktion, über einen langen und unbefristeten Zeitraum hinweg, Visionen bzw. den roten Faden für die angestrebte Stadtentwicklung darzustellen. Stadtentwicklungspläne sind an keine Form gebunden, und es steht den Gemeinden frei, ob welche erstellt werden sollen. Der Stadtentwicklungsplan stellt eine Richtlinie für Behörden und Planer dar, aber es besteht keine Rechtsbindung.

Es stellt sich die berechtigte Frage, inwieweit solche langfristigen Planungen sinnvoll durchgeführt werden können. Erstens besteht die Gefahr, daß solche Planungen laufend von der Realität überholt werden, somit immer obsolet sind und reine Theorie darstellen. Zweitens ist zu bezweifeln, ob sie politisch gewollt sind, da sie den Einfluß der Politiker einschränken und somit die Durchsetzbarkeit nicht garantiert werden kann. Bei Stadtstaaten ist darüberhinaus zu berücksichtigen, daß Stadtentwicklungspläne nur dann sinnvoll erarbeitet werden können, wenn die Umlandgemeinden in die Planung integriert werden.

---

5 Die Aufgaben und Leitvorstellungen der Raumordnung sind im §1 ROG festgelegt. Im ROG hat der Gesetzgeber die allgemeinen Grundsätze über die zukünftige räumliche Entwicklung im Bundesgebiet in den Grundlinien festgelegt. So legt §1 Abs.2 fest, daß der räumliche Zusammenhang der bis zur Herstellung der Einheit Deutschlands getrennten Gebiete zu beachten und zu verbessern ist.

6 Müller, W., (Städtebau), S.11.

7 Vgl. Senatsverwaltung für Stadtentwicklung und Umweltschutz, (Flächennutzungsplan), S.29f.

3.2.2 Bauleitplanung

Die Funktionen der Bauleitplanung, es wird zwischen vorbereitender Bauleitplanung, dem Flächennutzungsplan und verbindlicher Bauleitplanung, dem Bebauungsplan, unterschieden, sind:[8]

1. Entwicklungs- und Ordnungsfunktion i.S.d. Vorbereitung und Leistung einer geordneten städtebaulichen Entwicklung,
2. Koordinierungs- und Integrationsfunktion durch Berücksichtigung sämtlicher für die städtebauliche Entwicklung bedeutsamen Gesichtspunkte,
3. Inhalts- und Schrankenbestimmung des Grundeigentums und
4. Planmäßigkeitsprinzip i.S. einer vorrangigen Lenkung der städtebaulichen Entwicklung durch Bauleitpläne.

Auch wenn nicht jede Fläche beplant ist, gibt es über Generalklauseln Planungsrecht. Im folgenden werden Aufgaben und Inhalte von Flächennutzungs- und Bebauungsplänen näher konkretisiert.

Unter einem *Flächennutzungsplan* wird die vorbereitende Bauleitplanung verstanden. Der Flächennutzungsplan legt die sich aus der beabsichtigten städtebaulichen Entwicklung ergebende Art der Bodennutzung nach den voraussehbaren Bedürfnissen in den Grundzügen fest.[9] Der Flächennutzungsplan legt somit vornehmlich fest, welche Flächen wie genutzt werden sollen und stellt somit einen groben Handlungsrahmen dar, wobei allerdings auch Aussagen über die Nutzungsart und in geringem Maße auch über das Nutzungsmaß getroffen werden können. Das Aufstellen von Bauleitplänen erfolgt in eigener Verantwortung durch die Gemeinde und ist Ausdruck der örtlichen Planungshoheit, diese wiederum des kommunalen Selbstverwaltungsrechtes. Die Beteiligung der Bürger ist im §3 BauGB festgelegt.

Die zeitliche Reichweite des Flächennutzungsplans ist die absehbare Zukunft und beträgt somit maximal 20 Jahre, wobei eher 10 Jahre den Richtwert darstellen sollten.[10] Dabei sollte der Flächennutzungsplan elastisch genug sein, um künftigen Entwicklungen nicht unnötige Hindernisse in den Weg zu legen, da bei einer Änderung der komplette Verfahrensweg, d.h. identisch mit einer Neuaufstellung, durchlaufen werden muß.[11] Dies gilt allerdings nur eingeschränkt, da auch Parallelverfahren mit einem neuen B-Plan möglich sind.

Einscheidend ist, daß aus dem Flächennutzungsplan für den Bürger keine unmittelbaren Rechte oder Pflichten resultieren und er lediglich für die Verwaltung verbindlich ist.

Der *Bebauungsplan*, die verbindliche Bauleitplanung, enthält die rechtsverbindlichen Festsetzungen für die städtebauliche Ordnung.[12] Er legt vor allem die Art

8 Erbguth, W., (Bauplanungsrecht), S45.
9 §5 Abs. 1 BauGB.
10 Vgl. Heuer, B. (Erfolgreiches), Teil 10, Kap. 3.2., S.1 oder Müller, W., (Städtebau), S.5.
11 Müller, W., (Städtebau), S.254f.
12 §8 Abs. 1 BauGB.

und das Maß der baulichen Nutzung, die Bauweise, die überbaubaren und nicht überbaubaren Grundstücksflächen sowie die Stellung der baulichen Anlagen fest.[13] Durch diese Festlegung beeinflußt der Bebauungsplan weitestgehend den Wert eines Grundstücks.

In der Regel ist der Bebauungsplan, mit einer detaillierteren Darstellung und einem anderen Rechtscharakter aus dem Flächennutzungsplan zu entwickeln bzw. sie sind aufeinander abzustimmen. Der Bebauungsplan bezieht sich normalerweise allerdings nur auf einen Ausschnitt des Flächennutzungsplanes.

Die gemeindliche Planungshoheit wird wesentlich durch das Abwägungsgebot[14] eingeschränkt. Diese Regelung verpflichtet die Planaufsteller, sämtliche relevante, öffentliche und private Belange festzustellen, und gegen- und untereinander gerecht abzuwägen.

Für die Bauherren ist entscheidend, daß sie von den Festsetzungen des Bebauungsplanes im Einzelfall befreit werden können, "wenn

1. Gründe des Wohls der Allgemeinheit die Befreiung erfordern oder
2. die Abweichung städtebaulich vertretbar ist und die Grundzüge der Planung nicht berührt werden oder
3. die Durchführung des Bebauungsplans zu einer offenbar nicht beabsichtigten Härte führen würde

und wenn die Abweichung auch unter Würdigung nachbarlicher Interessen mit den öffentlichen Belangen vereinbar ist."[15] Zumindest in exponierten Lagen gibt es nahezu kein Projekt, daß ohne Befreiungen realisiert werden kann. Somit erlangt die öffentliche Verwaltung eine erhebliche Machtposition.

Derzeit werden in der Freien und Hansestadt Hamburg für die Erstellung eines Bebauungsplanes durchschnittlich 36 Monate eingeplant. Diese verhältnismäßig lange Dauer des Bebauungsplanverfahrens ist sicherlich auch das Resultat einer sehr weitgehenden Bürgerbeteiligung.[16]

---

13 §9 Abs. 1 BauGB.
14 §1 Abs. 5 und 6 BauGB.
15 §31 Abs.2 BauGB.
16 Zur Bürgerbeteiligung, vgl. §3 BauGB.

3.3 "Verwaltungsdschungel"

Im nachfolgenden soll der Versuch unternommen werden, "Licht" in den für Außenstehende undurchsichtigen Dschungel der bei Bauprojekten involvierten Behörden[17] zu bringen. Zur Veranschaulichung wurde die Freie und Hansestadt Hamburg als Beispiel gewählt. Je nach Projekt sind allerdings nicht alle theoretisch möglichen Instanzen zu berücksichtigen.

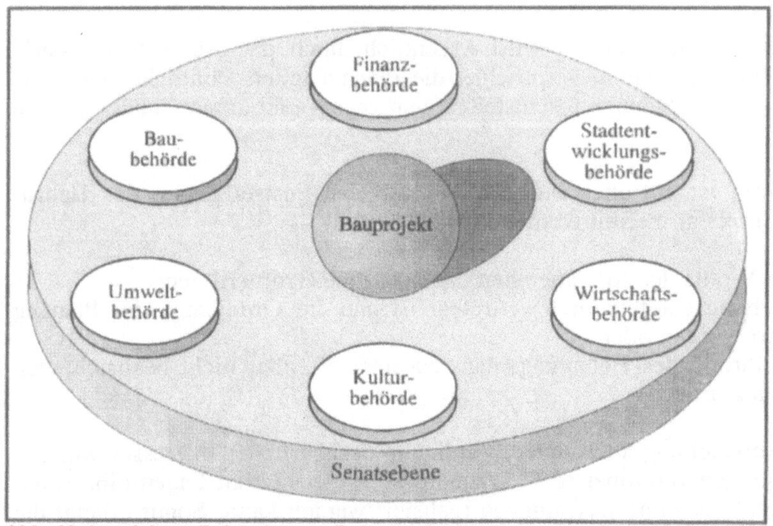

Abb. 36: Involvierte Behörden am Beispiel der Freien und Hansestadt Hamburg

Neben der Vielzahl von beteiligten Behörden sind zumindest größere Bauvorhaben dadurch charakterisiert, daß sie häufig zur "Chef-Sache" gemacht werden und somit die Instanzenwege bzw. Zuständigkeiten de facto ausgehebelt werden. Nachfolgend werden die involvierten Behörden näher dargestellt und anschließend der "Verwaltungsdschungel" kritisch betrachtet.

Das Liegenschaftsamt der *Finanzbehörde* ist bei Bauprojekten beteiligt, wenn Baugrundstücke aus dem Besitz der Stadt erworben werden sollen. Dabei ist zu berücksichtigen, daß in den Stadtstaaten Berlin und Hamburg städtische Grundstücke in den MK- und GI-Gebieten[18] dominieren, bzw. in innenstädtischen Lagen zumindest in Hamburg, kein Privatmarkt existiert.[19]

Die *Wirtschaftsbehörde* ist vor allem mittelbar über die Wirtschaftsförderungsgesellschaft beteiligt. Bei der Wirtschaftsförderungsgesellschaft handelt es sich um

17 Behörden entsprechen den Ministerien in Flächenstaaten; Auf die weitere Unterteilung der Zuständigkeiten zwischen den Behörden und den Dezernaten auf Bezirksamtsebene soll im folgenden verzichtet werden.

18 MK = Kerngebiet nach §7 BauNVO, GI = Industriegebiete nach §9 BauNVO.

19 Auf die Vergabepraktiken für städtische Grundstücke wird im Teil B, Kap. 1.2.1 detailliert eingegangen.

ein Gemeinschaftsunternehmen der Wirtschaftsbehörde (31%), der Kammern (29%) und diverser Banken (40%). Wesentliche Aufgabe der Wirtschaftsförderungsgesellschaft ist es, auswärtige Unternehmen für den Standort Hamburg zu akquirieren,[20] aber auch ansäßigen Unternehmen hinsichtlich der Realisierung von Erweiterungen beratend zur Seite zu stehen.

Über ein entsprechendes Computersystem ist die Wirtschaftsförderungsgesellschaft in der Lage, sämtliche freien Grundstücke, sowohl die städtischen als auch die auf dem freien Markt verfügbaren, auszuweisen. Darüberhinaus berät sie hinsichtlich Planungs- und Baurecht und vermittelt die notwendigen Kontakte zu den entsprechenden Fachbehörden. Sie ist somit die zentrale Anlaufstelle potentieller Investoren. Mit ihrem Tätigkeitsfeld steht sie teilweise in Konkurrenz zu den politikorientierten Beratern, wobei die Beratung durch die Wirtschaftsförderungsgesellschaft kostenlos ist.

Die konkrete Aufgabenteilung zwischen der *Bau-* und der *Stadtentwicklungsbehörde* ist keine ausschließlich sachliche, sondern auch eine politische bzw. das Resultat politischer Grabenkämpfe. Grundgedanke der Aufteilung war, daß es einerseits eine Planungsbehörde, die Stadtentwicklungsbehörde, und andererseits eine Durchführungsbehörde, die Baubehörde geben sollte.

Zu den Zuständigkeiten der Stadtentwicklungsbehörde und der nachgelagerten Ämtern gehören u.a.:

1. Regionalplanung,
2. Stadtgestaltung,
3. Landschaftsplanung,
4. Flächennutzungspläne,
5. Bebauungspläne und
6. Sanierungsaufgaben.

Demgegenüber ist die Baubehörde u.a. für folgende Aufgabenbereiche zuständig:

1. Baurecht,
2. Bauordnung,
3. Vermessung,
4. Verkehrsplanung,
5. Tiefbauamt und
6. Prüfung der Förderungsfähigkeit von Bauvorhaben.

Somit handelt es sich theoretisch bei der Stadtentwicklungsbehörde um eine Lenkungs-, bei der Baubehörde um eine Kontrollinstanz. Der Stadtentwicklungsbehörde zugeordnet ist die Stelle des Oberbaudirektors. Seine Aufgabe ist es als Sachwalter der Stadt in Bauangelegenheiten zwischen Vision und Machbarkeit zu vermitteln und möglichst viele Interessen zu integrieren.

---

20 Bürgerschaft der Freien und Hansestadt Hamburg, Mitteilung des Senats an die Bürgerschaft, "Wirtschaftsförderung in Hamburg", Drucksache 11/2885, 28. April 1984.

In zunehmendem Maße ist auch die *Umweltbehörde* involviert. Zu ihren Aufgabenbereichen gehören die Grünordnungspläne, Mitwirken bei Stadtentwicklungskonzepten (Grünachsenmodell), vorbereitende Bodenuntersuchungen, Verfahrensbetreuung z.B. bei Kontaminierungen und Umweltverträglichkeitsprüfungen.

Die *Kulturbehörde* ist mittelbar durch das ihr unterstellte Amt für Denkmalschutz beteiligt. Stadtbildpflege, Stellungnahmen zu Erhaltenssatzungen für ganze Straßenzüge, Unterschutzstellung einzelner Gebäude oder Gebäudekomplexe und Bauen im denkmalgeschützten Bereich gehören zu ihren Aufgabengebieten.

Weniger die Anzahl der beteiligten Behörden ist ein Problem, sondern die mangelnde Kooperation und Koordination zwischen den Behörden. Generell kann zwischen wirtschaftsorientierten Behörden, die tendenziell als investorenfreundlicher eingestuft werden können und ein primäres Interesse an Arbeitsplätzen und Steueraufkommen haben, und den gesellschaftsorientierten, die m.E. eher eine Verhinderungstaktik verfolgen bzw. den Schutz der betroffenen Bürger fordern, unterschieden werden. Da es weitestgehend keine übergeordnete Planung gibt, versucht jeder Bereich seine Interessen möglichst optimal durchzusetzten.

Abstimmungsprobleme und Kompetenzrangeleien führen aus der Sicht des Investors zu unerwünschten Zeitverzögerungen. Auf der anderen Seite wird argumentiert, daß es nicht das öffentliche Interesse sein kann, möglichst schnell zu bauen, sondern möglichst gut. Vor allem auf kurzfristige Spekulation ausgerichtete Investoren sollen durch diese Taktik abgeschreckt werden. Auch wenn dieses Anliegen aus der Sicht der Stadt berechtigt sein mag, entspricht es nicht der Zielvorstellung einer effizienten öffentlichen Verwaltung, da es sich m.E. nicht um Zeitverzögerungen aufgrund gründlicher Planungen, sondern auch von Konzeptionslosigkeit und Kompetenzstreitigkeiten handelt. Auch wenn zu Recht auf die Risiken abgekürzter und ausgrenzender Planungsverfahren verwiesen wird, sogar argumentiert wird, daß sie unterschätzt werden,[21] richtet sich hier die Kritik nicht auf das Ausmaß der Planungen, sondern auf deren Effizienz. Bei zunehmender Komplexität von Bauvorhaben erscheint es durchaus sinnvoll, daß die einzelnen Fachinteressen, vertreten durch die entsprechenden Behörden, ausreichend gewürdigt und im Sinne einer demokratischen Planung integriert werden. Integrieren bedeutet aber nicht, daß lediglich eine zusätzliche Verwaltungsschleife angehängt wird. Fehlende Koordination und Kooperation zwischen den Beteiligten führt ausschließlich zu unnötigen Zeitverzögerungen, nicht aber zu einer Qualitätssteigerung. Zur Verteidigung der Behörden ist allerdings anzuführen, daß ein erheblicher Teil der Verzögerungen auch durch die politischen Instanzen verursacht wird, z.B. durch gezieltes Absetzen von der Tagesordnung, und daß die Verwaltung lediglich das Ausführungsorgan des politischen Willens ist, wobei es für den Investor unerheblich ist, ob es die Stadtplanungsabteilung oder der Stadtplanungsausschuß ist, der für Verzögerungen im Bebauungsplanverfahren verantwortlich ist.

21 Vgl. Küpper, U., (Wandel), S.133, in: Sieverts, Th., (Zukunftsaufgaben).

Ein Lösungsansatz könnte die teilweise Ausgliederung von Verwaltungsaufgaben an Landesbetriebe oder aber die Schaffung von Arbeitskreisen sein. Bei einem Arbeitskreis sollten die Vertreter der einzelnen Fachinteressen, vergleichbar mit dem Vorstand eines Unternehmens, mit der notwendigen Entscheidungsbefugnis ausgestattet sein. Bei größeren Projekten bietet sich eine fest institutionalisierte Senatorenrunde an. Dabei ist entscheidend, daß die öffentliche Verwaltung, vertreten durch einen Landesbetrieb oder ein Gremium, dem Bauherrn geschlossen gegenübertritt. Dies entspräche auch dem Interesse der Stadt, da es dann nicht mehr möglich wäre, die Behörden gegeneinander auszuspielen. Dadurch könnten die Aufgaben stärker gebündelt werden, die Zeit nicht für Abstimmungsprobleme, sondern für eine sinnvolle und gründliche Planung genutzt werden. Somit soll die Verwaltung nicht primär wirtschaftlicher im Sinne von Erträgen, sondern produktiver werden. Zentrales Problem bei einer organisatorischen Ausgliederung ist m.E. die Kontrolle.[22] Bei der aktuellen Behördenvielfalt ist es für einen Investor schwieriger seinen Interessen gleichmäßig entsprechendes "Gewicht" zu verleihen.

3.4 Externe Einflüsse

Neben dem System Bauplanung, daß sich aus den unmittelbar Beteiligten zusammensetzt, haben auch externe Gruppen erheblichen Einfluß auf den Planungsprozeß. Das Suprasystem Bauplanungen (Abbildung 37) setzt sich aus verschiedenen, äußerst heterogenen Gruppen zusammen.

Auf eine weiterergehende Analyse der Umwelten soll hier nicht eingegangen werden, da es sich um Entscheidungskriterien der Nachfrageträger bzw. um Rahmenbedingungen der Angebotsträger handelt, die bereits ausführlich behandelt wurden. Die Standesorganisationen der Architektenschaft sollen hier ebenfalls nicht betrachtet werden, da ihre Funktionen bereits im Rahmen der Betrachtung der freischaffenden Architekten beschrieben wurden. Der Einfluß der *Massenmedien* im Planungsprozeß ist verhältnismäßig gering. Aufmerksamkeit[23] erlangen Projekte erst dann, und zwar zunehmend, wenn die Entscheidungen definitiv getroffen sind, so z.B. wenn Ergebnisse von Wettbewerben veröffentlicht werden, oder aber wenn es zu Skandalen gekommen ist, wie beispielsweise spektakuläre Baukostenüberschreitungen bei öffentlichen Bauten oder aber funktionale Mängel, wie sie bei der nicht funktionierenden Lautsprecheranlage des deutschen Bundestages aufgetreten sind.

22 Einschränkend muß allerdings bemerkt werden, daß Versuche mit der auswärtigen Vergabe von B-Plan-Erstellungsverfahren in Hamburg nicht zu einer Zeitersparnis führten, sondern daß das Verfahren erheblich länger dauerte.

23 So erschienen beispielsweise im SPIEGEL 1992 lediglich acht Artikel, die sich schwerpunktmäßig mit Architektur im weitesten Sinne beschäftigten.

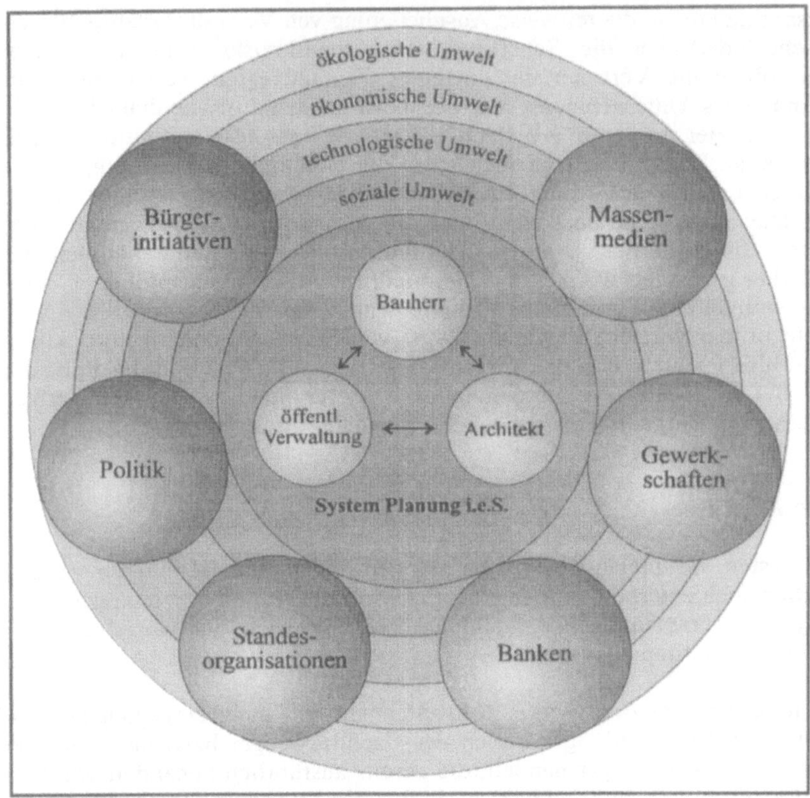

Abb. 37: Suprasystem Planung i.w.S.

Während der Planungsphase versuchen die Beteiligten, das Projekt weitestgehend aus der Presse herauszuhalten. Verständlicherweise fürchten vor allem die Bauherren, daß Protest bzw. Widerstand aufkommt. Bauprojekte sind immer ein Kompromiß zwischen Vision und Machbarkeit und bieten somit zwangsläufig Angriffsflächen für die unterschiedlichen Interessengruppen. Während der Initialphase eines Projektes, d.h. bevor definitives Baurecht besteht, aber bereits weitgehende Planungen gemacht wurden, bietet die gesetzlich verankerte weitgehende Bürgerbeteiligung[24] große Möglichkeiten, Projekte zu behindern und somit kostenaufwendige Verzögerungen zu verursachen. Somit besteht seitens der unmittelbar Beteiligten kein Interesse an einer öffentlichen Planungskultur.

Auch wenn Kritiker die Auffassung vertreten, daß Bauherren kein Interesse an der öffentlichen Meinung haben, sondern sich vornehmlich um ihre Reputation unter Ihresgleichen kümmern, bietet die Entstehungs- und Inbetriebnahmephase für den Bauherrn hervorragende Public Relations Möglichkeiten. Hier können positive Werbeeffekte realisiert werden, ohne daß Störungen im Planungsablauf zu befürchten sind. Bestes Beispiel hierfür sind die Aktivitäten von Daimler-Benz am Pots-

24 Vgl. §3 BauGB.

damer Platz mit Ausstellungen im Bauhaus-Archiv, Broschüren und Fernsehbeiträgen.

Charakteristisch für eine interdisziplinäre Problemstellung ist, daß Bauplanungsprozesse in den Printmedien je nach Gewichtung des Artikels entweder im Wirtschaftsteil, Feuilleton oder Lokalteil erscheinen. Generell findet mehr Berücksichtigung, wer, wo, wieviel investiert, nicht aber wie gebaut wird und wer die Entscheidungen trifft. Bei vielen Artikeln wird z.B. überhaupt nicht erwähnt, wer der verantwortliche Architekt ist. Dies dokumentiert, daß Architektur, mit wenigen Ausnahmen wie z.B. Museumsbauten, in den Medien nicht als angewandte Kunst verstanden wird, sondern vor allem als Bestandteil eines wirtschaftlichen Prozesses.

So ist die fast schon pessimistische Einschätzung des Architekturkritikers Hackelsberger nicht verwundernd: "Vergleicht man den Aufwand an Geist und Zeit für kritische Betrachtungen musikalischer oder theatralischer und televisionärer Produktion, so bleibt beinahe nur festzustellen, daß es Architekturkritik, kritische Auseinandersetzung mit einem der wichtigsten, prägendsten Fakten menschlicher Sphäre eigentlich nicht gibt."[25]

Obwohl die innere und äußere Gestaltung eines Gebäudes einen maßgeblichen Einfluß auf die Arbeitsbedingungen innerhalb einer Organisation hat, halten sich die *Gewerkschaften* weitestgehend aus dem Planungsprozeß heraus.

Für sie stellt sich das Problem, je stärker sie in die Planungen involviert werden, desto mehr müssen sie anschließend das Gesamtergebnis auch mitverantworten. Somit konzentrieren sich die Gewerkschaften bzw. der Betriebsrat vornehmlich auf die Detailplanung der Arbeitsplätze während der Bauausführung. Bei dieser Art der Beteiligung können sie allerdings nur noch marginalen Einfluß nehmen, da die wesentlichen Faktoren der Arbeitsplatzbedingungen während der Vorplanungsphase determiniert werden.

Die Involvierung vor allem der *Großbanken* geht weit über die klassische Finanzierungsfunktion hinaus. Ihr weitergehendes Engagement erfolgt über Tochtergesellschaften, Beteiligungen oder Joint Ventures (Abbildung 38).

Zumindest im Bereich der Fremdbedarfsimmobilien ist die Machtposition der Banken dominierend. Entweder sind sie unmittelbar an der Projektentwicklung beteiligt oder aber mittelbar über die Finanzierung. In beiden Fällen üben sie maßgeblichen Einfluß auf das Bauprojekt aus. Die Diversifikation der Banken basiert auf zwei strategische Überlegungen: erstens, daß dem Kunden Allfinanzkonzepte angeboten werden müssen und zweitens, wohl der entscheidene Aspekt, daß die Banken sehen, daß größere Gewinnmargen in den der Kreditvergabe vorgelagerten Phasen liegen.

---

25 Hackelsberger, C., (Architektur), S. 11.

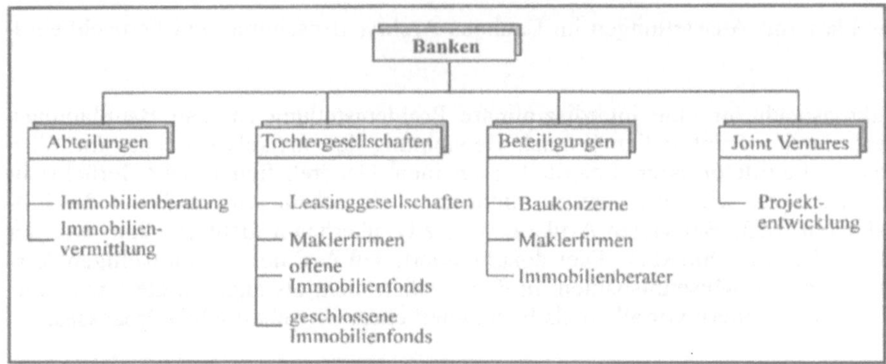

Abb. 38: Beteiligung der Banken an Bauvorhaben

Bei der Betrachtung des Einflusses der *Politik*[26] auf Bauprojekte muß zwischen formellen und informellen Dimensionen unterschieden werden. Die formelle Dimension ist die Zuständigkeit der verantwortlichen Gremien per Gesetz. Es gehört zu den hoheitlichen Aufgaben der Kommunen, Flächennutzungs- und Baupläne aufzustellen und zu bestimmen. Die öffentliche Verwaltung als Ausführungsorgan des politischen Willens setzt diese politischen Ziele lediglich um bzw. bereitet sie vor. Der Einfluß nimmt überproportional zu, wenn vom bestehenden Planungsrecht freigestellt oder abgewichen werden soll. Die häufig anzutreffende limitierte fachliche Kompetenz dieser Gremien muß als Preis für demokratische Entscheidungsstrukturen "abgebucht" werden.

Die informelle Dimension betrifft die Protektion von Projekten. Vor allem bei Wettbewerben versuchen Investoren, den Einfluß der Politiker zu steuern, indem je nach Projektgröße entweder Senatoren oder aber Mitglieder der Fachausschüsse als Sachpreisrichter in die Jury aufgenommen werden. Damit soll ein Projekt politisch abgesichert werden. Es dürfte Politikern auch schwerfallen, Projekte für die sie in der Wettbewerbsjury gestimmt haben, später auf der politischen Bühne zu kippen. Des weiteren versuchen Investoren auch hochrangige Politiker für ihr Projekt einzuspannen und ihm dadurch den Charakter einer "Chef-Sache" zu geben. Karriereorientierte Politiker werden sich in diesen Fällen durchaus überlegen, ob es nicht strategisch sinnvoll ist, das Projekt ebenfalls zu unterstützen. Darüber hinaus gehört zumindest die Stadtentwicklungspolitik zu den Bereichen, zu der jeder Politiker, unabhängig der fachlichen Fundierung, mitreden möchte.

Bei *Bürgerinitativen* handelt es sich um Zusammenschlüsse von unmittelbar betroffenen Bürgern, oder solchen, die meinen, generell betroffen zu sein. Ihre Aktivitäten können einen Standort im allgemeinen betreffen oder aber speziell auf ein Projekt ausgerichtet sein. Ziel ihrer Aktivitäten ist entweder das Verhindern von Projekten, eine andere Nutzungsart durchzusetzen, ein geringeres Bauvolumen zu erreichen oder aber zumindest zu erreichen, daß der Investor das Quartier in irgendeiner Form

26 Der Bereich Politik wird hier nur sehr knapp behandelt, da die Umsetzung des politischen Willens über die öffentliche Verwaltung bereits ausführlich diskutiert wurde.

entschädigt, zum Beispiel durch den zusätzlichen Bau kultureller Einrichtungen[27] oder Wohnungen. Von ihrem Selbstverständnis her vertreten sie die Interessen, die Politiker zu vertreten hätten, es aber nicht zwangsläufig tun. Häufig handelt es sich aber um ausgesprochene Eigeninteressen für einen Standort. Dabei sind sie mit dem "Mäntelchen des Guten" behaftet. Beispielsweise führte die Neuansiedlung des Medienkonzerns Gruner+Jahr am Hamburger Hafenrand zwangsläufig zu einem von den Bürgerinitiativen befürchteten erheblichen Mietenanstieg in den umliegenden Wohnquartieren. Die Verhinderungsstrategie der Bürgerinitativen erfolgt auf drei Ebenen. Auf der einen Seite über die gesetzlich festgeschriebene Bürgerbeteiligung bei der Bauleitplanung des Baugesetzbuches. Bürgerinitiativen versuchen den rechtlichen Rahmen auszureizen, indem sie einerseits Planungsverfahren mit Anregungen und Bedenken torpedieren, und anderseits über Normenkontrollverfahren die Planungen juristisch anfechten. Die Angst vor Bürgerinitativen ist somit auch der entscheidende Grund für die Strategie der unmittelbar Beteiligten, möglichst während der Planungsphase keine weitergehenden Informationen zu veröffentlichen. Durch den Einbezug alternativer politischer Gruppen wird es allerdings zunehmend schwieriger, Bauvorhaben unter Ausschluß der Öffentlichkeit zu planen.

Die zweite Strategie ist die der Beeinflussung von Politikern. Es wird von der Basis versucht, massiv Druck auf Politiker auszuüben. Immer weniger Politiker trauen sich eine direkte Konfrontation mit Bürgerinitiativen zu, vor allem wenn diese es schaffen, lokale Persönlichkeiten, wie z.B. Pfarrer, für ihre Aktionen zu gewinnen. Je näher der nächste Wahltermin, desto aussichtsreicher ist diese Strategie.

Als dritte Variante bietet sich die öffentliche Konfrontation mit den Investoren an. Auch ortsansässige Unternehmen scheuen den Konflikt mit Bürgerinitiativen und lenken ein, d.h. sie suchen sich einen anderen Standort. Bestes Beispiel ist die Wanderung des Spiegel-Verlages durch verschiedene Quartiere Hamburgs. Vor allem aber Developer scheuen die Konfrontation mit Bürgerinitiativen, da sie im Gegensatz zu ortsansässigen Unternehmen i.d.R. nicht über eine positive Lobby verfügen. Bürgerinitiativen sehen es als eine ihre Aufgaben an, aufzudecken, wer sich hinter den Objektgesellschaften verbirgt und berichten ausführlich über deren Geschäftspraktiken.[28] Bürgerinitiativen stellen mit ihrer zunehmenden Bedeutung für jedes Projekt eine wesentliche Imponderiable dar. Je nach Quartier ist ihre Schlagkraft aber ausgesprochen unterschiedlich und die politische Rückendeckung kaum vorherdsagbar.

Im Rahmen eines integrierten Baustellen-Marketing sollte der Bauherr sämtliche mögliche Störungen durch externe Gruppen analysieren und geeignete Strategien entwickeln. Entscheidend ist, daß die "Störquellen" möglichst frühzeitig erkannt werden, damit angemessen reagiert werden kann. Frühzeitiges agieren auf potentielle Störgrößen ist meistens auch sehr viel günstiger als "panikartiges" reagieren auf bereits bestehende Widerstände.

27 So wird z.B. von den Investoren am Potsdamer Platz gefordert, ein sozio-kulturelles Zentrum zu finanzieren.

28 Vgl. beispielsweise: "Wem gehört die Stadt? Die Wahrheit über Büll&Liedke und das Hertie-Quarree", AnwohnerInnen-Initiative gegen das Hertie-Quarree, o.A.d.J.

Teil B:

Vergabeformen architektonischer Planungsleistungen

1 Grundlagen der Vergabe architektonischer Planungsleistungen

Drei, z.T. voneinander abhängige, Ebenen müssen betrachtet werden:

1. die Vergabe städtischer Grundstücke,
2. die Kombination der Angebotsträger und
3. das Vergabeverfahren im engeren Sinne.[1]

Die Vergabe städtischer Grundstücke wird am Beispiel der Stadtstaaten Hamburg und Berlin sowie dem "Berliner Modell" der Treuhandanstalt dargestellt. Anschliessend werden die Grundzüge von Investorenwettbewerben skizziert.

Bevor auf die Modelle idealtypischer Kombinationen der Angebotsträger eingegangen werden kann (welche Angebotsträger sollen für welche Leistungen beauftragt werden), sollen die Machtverhältnisse zwischen den unmittelbar am Bauprozeß Beteiligten sowie die allgemeinen Problemfelder der Vergabe architektonischer Planungsleistungen untersucht werden.

Unter Vergabe im engeren Sinne werden die Methoden zur Auswahl der Architekten verstanden. In den Kapiteln 2 und 3 dieses Teils werden die klassischen Methoden detailliert dargestellt, im anschließenden vierten Kapitel Modifizierungen dieser und alternative Ansätze.

1.1 Vergabe von Grundstücken

1.1.1 Der Markt für Baugrundstücke

Bei der Betrachtung der Vergabe von Baugrundstücken muß zwischen innerstädtischen und Randlagen unterschieden werden. Wie bereits erwähnt existiert, zumindest in den Stadtstaaten Hamburg und Berlin für innerstädtische Lagen kein Privatmarkt, so daß Investoren auf die Vergabe städtischer Grundstücke angewiesen sind. Es handelt sich hierbei weitestgehend um einen Verkäufermarkt. Bei größeren Grundstücken geht es meist entweder um neu geschaffene Flächen, wie z.B. die Auszonung der Kehrwiderspitze aus dem Hamburger Hafengebiet, um ehemals für städtische Projekte reservierte Flächen oder aber um aufzulösende Grünflächen.

In Randlagen, hier existiert ein Käufermarkt, ist die Beschaffung von Bauland demgegenüber eine reine Beschaffungsfunktion. Im Gegensatz zu den durch Knappheit charakterisierten innerstädtischen Lagen ist die Position des Verkäufers sehr viel schwächer. Hier ist es verhältnismäßig irrelevant, ob der Staat oder Private als Verkäufer auftreten.

---

1 Die Begriffe Vergabeverfahren und -form werden im folgenden synonym verwendet.

Der Preis für Bauland richtet sich im wesentlichen nach dem Standort, der möglichen Nutzung sowie dem Maß der Bebaubarkeit (GFZ). Bei städtischen Grundstücken besitzt der Staat mit der Festlegung von Nutzungsart und -ausmaß folglich die Möglichkeit, den Wert seiner Grundstücke weitestgehend selbst zu bestimmen.

Aber auch bei nicht-städtischen Grundstücken lenkt der Staat mittelbar den Baulandpreis. Hierbei ist einerseits die Ausweisungsmenge von Bauland im Sinne einer Verknappung bzw. Vermehrung des Angebotes entscheidend und andererseits, die Vorgaben des Planungsrechtes. Des weiteren kann die Verwaltung als Ausführungsorgan des Staates durch eine bewußte Verzögerungstaktik bei den Verwaltungsakten den Baulandpreis beeinflussen.

Charakteristisch für den Baulandmarkt ist des weiteren, daß Projekte häufig nicht auf einer, sondern auf mehreren Parzellen realisiert werden sollen und somit mit mehreren Eigentümern verhandelt werden muß. Vor allem kleinere Parzellen, in der Branche "Quälzipfel" genannt, können Projekte verhindern oder aber zumindest erheblich verteuern. Dies gilt sowohl für staatliche, als auch für private Projekte. Der Staat hat zwar die Möglichkeit der Enteignung, nur ist dieses mit erheblichen Kosten und Zeitverzögerungen verbunden.[2] Die nicht ausreichende Abklärung der Verkäuflichkeit von Flächen zeigt sich eindrucksvoll am Neubau von Gruner+Jahr in Hamburg. Geplant wurde auf dem gesamten von der Stadt ehemals für den Elbtunnel reservierten Grundstück. Erst später stellte sich heraus, daß der sich auf dem Grundstück befindliche Schiffsausrüster absolut nicht willig war und weiterhin ist, seine "schäbige Baracke" zu verkaufen. Für den Elbtunnel, nicht aber für Gruner+Jahr, hätte er enteignet werden können, so daß der Haupteingang nun nur über eine Brücke erreichbar ist.

In Berlin sollen Investoren quasi präventiv "Quälzipfel", bzw. Optionen auf solche, gekauft haben. Aufgrund der gesetzlichen Grundlagen, die den Eigentümern ein Investitionsvorrangsrecht einräumen, kann somit sichergestellt werden, daß die entsprechenden Investoren bei einer etwaigen Bebauung berücksichtigt werden müssen, daß heißt konkret, daß am jeweiligen Investor, unabhängig von der Größe seines Grundstückanteils, "kein Weg vorbei geht".

1.1.2 Kriterien und Verfahren bei der Vergabe städtischer Grundstücke am Beispiel der Stadtstaaten Hamburg und Berlin

Im nachfolgenden werden die Kriterien und Verfahren der Grundstücksvergabe anhand des Beispiels der Stadtstaaten Hamburg und Berlin näher betrachtet werden. Bei der Vergabe städtischer Grundstücke stehen in Hamburg folgende Aspekte im Vordergrund:[3]

1. Stärkung des Arbeitsplatzangebotes,

---

2 Grundsätzlich kann auch der Staat nur dann enteignen, wenn das geplante Projekt dem Wohle der Allgemeinheit dient.

3 Freie und Hansestadt Hamburg, Tagesordnung für die Sitzung der Deputation vom 28. Juni 1979, Anlage 2, S.1ff.

2. Absatz- und Bezugsverflechtungen im Sinne der Bedeutung des Betriebes im Rahmen der Hamburger Wirtschaft,
3. betriebliche Daten im Sinne der Zukunftsaussichten,
4. Raumbedarf, im Sinne der Grundstückssituation eines Betriebes,
5. Einflüsse auf die Umwelt hinsichtlich Emissionen und Immissionen, aber auch bezüglich der geplanten Gestaltung sowie
6. fiskalische Gesichtspunkte.

Auf Basis dieser Kriterien werden die Antragsteller in fünf Gruppen, von "sehr förderungswürdige" bis "nicht in Frage kommende" Betriebe unterteilt. Förderungswürdig versteht sich in diesem Sinne aber nicht hinsichtlich einer Subventionierung, sondern nur bezüglich der Berücksichtigung bei der Vergabe städtischer Grundstücke. Die Stadt subventioniert keine Unternehmen durch die Bereitstellung von Grundstücken, sondern sie ist sogar gesetzlich verpflichtet, zum Verkehrswert zu veräußern. Dabei orientiert sie sich tendenziell am unteren Rand des Verkehrswertes. Somit wird den Effekten eines Projektes Priorität gegenüber dem erzielbaren Verkaufserlös eingeräumt.

Der organisatorische Ablauf der Vergabe städtischer Grundstücke erfolgt in der Regel in zwei Schritten. Auf der Basis eines Exposés bezüglich der Förderungswürdigkeit eines Antragstellers tagt der Dispositionsausschuß. Dieses Gremium setzt sich aus Vertretern sämtlicher tangierter Behörden und Bezirksämter zusammen. Hier wird eine Verwaltungsvorentscheidung getroffen, die als Sicherheit für den Investor zur Prüfung der Bebaubarkeit ausreicht. Abschließend entscheidet die Kommission für Bodenordnung,[4] das parlamentarische Entscheidungsgremium, so daß es sich immer um politische Entscheidungen handelt.

Für die Vergabe von Grundstücken steht also nicht der erzielbare Verkaufserlös, sondern das konkrete Projekt im Vordergrund. Zur Absicherung werden in dem Kaufvertrag[5] Nutzungszweck, Mindestnutzungsdauer für den vereinbarten Nutzungszweck, Baubeginn, Weiterveräußerungsklauseln, Vorkaufsrechte der Stadt und Konventionalstrafen vereinbart. Durch diese sehr restriktiven Vertragsbedingungen versucht die Stadt, Spekulationsgewinne auf städtischen Grundstücken zu verhindern.

Es muß allerdings berücksichtigt werden, daß die Stadt von den vorausschauenden Bodenkäufen Anfang des Jahrhundert profitiert hat und zur Zeit mehr ver- als neu hinzukauft und somit der Spielraum kontinuierlich kleiner wird. Eine aktive Bodenvorratspolitik findet nur in sehr begrenztem Rahmen statt.

Ähnlich ist die Vergabe städtischer Grundstücke in Berlin geregelt. Im Koordinationsausschuß für innerstädische Investitionen (KOAI)[6] sind die ressortübergreifenden fachlichen Kompetenzen gebündelt. Er setzt sich aus den beteiligten Be-

4 Zusammensetzung, Tätigkeit und Aufgaben sind im Gesetz über die Kommission für Bodenordnung vom 22. Dez. 1960, zuletzt geändert am 22. Sept. 1987, geregelt.

5 Freie und Hansestadt Hamburg, FB-4-78 Vertragsmuster "Wifoe - Vertragsdurchführung Stadt", Stand 3/92.

6 Vgl. Senatsverwaltung für Bau- und Wohnungswesen, (Informationen), S. 19f.

hörden, jeweils auf Staatssekretärebene, der Kammer für Wirtschaft, der Wirtschaftsförderung Berlin GmbH, der Deutschen Reichsbahn sowie der Treuhandanstalt zusammen. Federführend ist der Senator für Wirtschaft und Technologie, geschäftsführend ist die Senatsverwaltung für Bau- und Wohnungswesen. Das Tätigkeitsspektrum des KAOI beschränkt sich allerdings nicht nur auf die Vergabe städtischer Grundstücke, sondern wird auch tätig, wenn städtebauliche Belange im Vordergrund stehen oder erhebliche wirtschaftliche Auswirkungen von der Investition zu erwarten sind.

Grundsätzlich existieren in Berlin drei Wege, um städtische Grundstücke zu erwerben. Erstens die freihändige Vergabe, d.h., auf Antrag eines Investors wird das Grundstück direkt verkauft. Dieses Verfahren wird nur bei kleineren und unbedeutenden Grundstücken gewählt. Zweitens der beschränkte Investorenwettbewerb. Hierbei wird einer begrenzten Anzahl von Investoren das Grundstück angeboten. Und drittens der offene Investorenwettbewerb, bei dem jeder Investitionswillige ein Angebot abgeben kann.

Seitens der Investoren wird teilweise beklagt, daß der Wettbewerbsgedanke in Berlin zu exzessiv, v.a. auf zu vielen Stufen, gehandhabt wird. Bei größeren Projekten müssen häufig drei Wettbewerbsstufen (Investoren-, Städtebau- und Realisierungswettbewerb) durchlaufen werden.

1.1.3 "Berliner Modell" der Treuhandanstalt

Die 1991 gegründete Liegenschaftsgesellschaft der Treuhandanstalt mbH, kurz TLG, hat im wesentlichen den Auftrag, die nicht betriebsnotwendigen Grundstücke der THA-Unternehmen sowie den umfangreichen Immobilienbestand aus besonderen Vermögensarten (MfS-Vermögen, NVA-Vermögen, Parteienvermögen u.ä.) zu veräußern. Seit ihrer Gründung hat die TLG bis Ende Juli 1994 insgesamt 34'496 ehemals volkseigene Immobilien privatisiert. Davon sind allerdings über 14'000 Wohnobjekte. Nicht alle Privatisierungen sind Verkäufe, sondern ein Teil sind Kommunalisierungen (2'456) oder Restitutionen (3'308). Die erzielten Verkaufserlöse betrugen insgesamt rund 15 Mrd. DM.[7] Die TLG übernimmt allerdings nur eine Vermittlerfunktion, d.h. das jeweilige Unternehmen bleibt Vertragspartner für den Käufer. Ausgehend von der zentralen Bedeutung von Grundstücken für den Aufschwung in Ostdeutschland wurde in Kooperation mit führenden Maklerfirmen ein effizientes und transparentes Verfahren der Grundstücksvergabe, das Berliner bzw. TLG- Modell, entwickelt. Außerdem sollte durch die Ausgliederung nicht betriebsnotwendiger Grundstücke verhindert werden, daß aus Unternehmenskäufen von der Treuhandanstalt ein Immobiliengeschäft wird.[8] Das Berliner Modell wird mittlerweile in allen Neuen Bundesländern angewandt.

Wesentlicher Unterschied zu einem klassischen Grundstücksverkauf ist, daß über die verfügbaren Grundstücke in einer sogenannten Steuerungsgruppe vorab beraten

7 Vgl. TLG-konkret, monatliche Informationen der Liegenschaftsgesellschaft der Treuhandanstalt mbH, Heft 8/94, S.4.

8 Vgl. Buchwald, H., "Unendliche Flächen", in: WirtschaftsWoche, 29.11.1991, S. 48.

wird.[9] Diese setzt sich beispielsweise für Projekte in Berlin aus den Senatsverwaltungen für Wirtschaft und Technologie, Finanzen, Bauen und Wohnen sowie Stadtentwicklung und Umweltschutz und dem zuständigen Bezirk zusammen. In der Steuerungsgruppe werden die wesentlichen Vorstellungen hinsichtlich Städtebau, Nutzung und Umweltschutz bereits fixiert. Ergebnis der Steuerungsgruppe ist ein vorbescheidfähiges Protokoll. Dadurch wird Planungssicherheit auf den Gebieten geschaffen, für die keine Flächennutzungs- und Bebauungspläne existieren. Durch die Involvierung der zuständigen Behörden ist ein Konsens über das Projekt eines Investors weitestgehend sichergestellt. Anschließend wird ein Maklerunternehmen beauftragt, das Objekt überregional auszuschreiben. Beschränkte Ausschreibungen kommen nur bei einzelnen Großprojekten oder extremen Lagen, direkte Vergaben nur in absoluten Ausnahmefällen in Frage. Somit muß hervorgehoben werden, daß das Berliner Modell nicht für die Vergabe der absoluten Top-Lagen in der Berliner Innenstadt konzipiert ist und sich gleichermaßen an Eigen- wie auch an Fremdbedarfsbauherren wendet. Die Erwerbsantragsfrist beträgt vier bis sechs Wochen. In dieser Zeit müssen potentielle Käufer ein ausgearbeitetes Nutzungskonzept sowie ein Kaufpreisangebot abgeben. Die eingegangenen Angebote werden von einem Auswahlgremium, bestehend aus den Senatsverwaltungen, der IHK und der Handwerkskammer, der Eigentümergesellschaft und Vertretern ihres Betriebsrates analysiert. Auf der Basis ihrer Empfehlung entscheidet die Treuhandanstalt. Die Stimme des Auswahlgremiums hat eine starke Bedeutung, weil von den hier beteiligten Behörden die spätere Baugenehmigung abhängt.[10] Falls ein Investor innerhalb von zwei Jahren die versprochenen Investitionen aus seinem Verschulden heraus nicht tätig, fällt das Grundstück an die Treuhand zurück (Investitionsklausel), werden die zugesicherten Arbeitsplätze nicht gestellt, dann wird ein Strafobulus fällig (Arbeitsplatzklausel).[11]

Bei der Auswahl des Investors ist nicht ausschließlich der Preis entscheidend, sondern auch das Nutzungskonzept, die zugesicherten Investitionen und die neuzuschaffenden Arbeitsplätze sind zu berücksichtigen. Teilweise werden besonders attraktive Grundstücke auch nicht einzeln, sondern nur im Rahmen des Linkage-Modells als Bündel mit weniger attraktiven Grundstücken vergeben.[12]

Die wesentlichen Vorteile des Berliner Modells sind:

1. Die weitgehende Einbindung der relevanten Behörden und Interessengruppen bereits in der Initiierungsphase,
2. das Verfahren ist ausgesprochen schnell, da von der Meldung eines Geländes bis zur Verkaufsfähigkeit maximal drei Monate vergehen sollten,[13]

---

9 Bei dem hier dargestellten Verfahren handelt es sich um eine vereinfachte Darstellung für größere Grundstücke. Bei kleineren oder speziellen Objekten werden einfachere oder andere Verfahren angewandt.

10 Vgl. Gop, R., "Treuhand: überforderte Makler", in: Immobilien Manager, Okt. 1991, S. 50.

11 Vgl. Gop, R., "Treuhand: überforderte Makler", in: Immobilien Manager, Okt. 1991, S. 49.

12 Vgl. "Ein transparentes Angebot für Investoren in ostdeutschen Grund und Boden", Blick durch die Wirtschaft, 15.7.1992, o.A.d.S.

13 "Ein transparentes Angebot für Investoren in ostdeutschen Grund und Boden", Blick durch die Wirtschaft, 15.7.1992, o.A.d.S.

3. das Verfahren ist transparent und bietet auch ausländischen Investoren gute Möglichkeiten,
4. der Wettbewerb zwischen den Investoren beschränkt sich nicht nur auf den Kaufpreis, sondern auch auf weitere Kriterien,
5. das Verfahren schafft für alle Beteiligten weitgehende Sicherheit,
6. Verhinderung von Bodenspekulation und
7. Trennung von Verwertungs- und Vergabeentscheid (personell und organisatorisch).

Einziger Nachteil dürfte sein, daß potente Investoren nicht zwangsläufig bereit sind, an einem Bieterverfahren teilzunehmen und somit die Marktmacht des Anbieters, oder ein Verkäufermarkt notwendig ist. Außerdem wird das Verfahren von kleineren Maklern kritisiert; zum einen, weil sie nicht in der Lage sind, überregionale Anzeigen zu lancieren, zum anderen, weil sie durch die von der Treuhand geforderte Übernahme ganzer Tranchen überfordert sind. Die TLG legt gesteigerten Wert auf Kontakte zu potentiellen ausländischen Investoren und somit können nur die großen, i.d.R. national oder international agierenden Maklerfirmen partizipieren.

1.1.4 Investorenwettbewerbe

Unter Investorenwettbewerben werden Vergabeverfahren für städtische Grundstücke verstanden, bei denen potentielle Investoren aufgefordert werden, sich um ein definiertes Grundstück mit einem Nutzungskonzept, gestalterischen Vorstellungen und einem angebotenen Kaufpreis zu bewerben. Somit ist der Investorenwettbewerb in seinen Grundzügen dem Berliner Modell sehr ähnlich.

Im Gegensatz zu dem Berliner Modell richtet sich der Investorenwettbewerb nahezu ausschließlich an institutionelle Investoren und somit nicht an Unternehmen, die für den eigenen Unternehmensbedarf bauen wollen, und umfaßt Gebiete, für die planungsrechtliche Vorgaben existieren. Wesentliche Zielsetzung eines Investorenwettbewerbes ist es somit, einerseits ein weitestgehend transparentes Vergabeverfahren zu schaffen und andererseits, durch ein konkurrierendes Verfahren bei relativ fixen Vorgaben, alternative Konzeptvorschläge zu erhalten. Investorenwettbewerbe setzen allerdings voraus, daß ein Verkäufermarkt besteht, d.h. daß die Nachfrage größer als das Angebot ist und somit ein Auswahlverfahren notwendig ist. Diese Voraussetzung ist nur für exponierte Stadtlagen gegeben.

Am Beispiel des Investorenwettbewerbes für die Neubebauung der St.Pauli Landungsbrücken westlich des Elbtunnels[14] soll das Verfahren detaillierter dargestellt werden. Der Auslobungstext umfaßt auf lediglich vier Seiten, plus entsprechender Anhänge, die drei Bereiche Grundstücksdaten, Angebotsumfang sowie Vertragskonditionen.

Es handelt sich um eines der attraktivsten, z.Z. weitestgehend fehlgenutzten, noch zur Verfügung stehenden Grundstücke in Hamburg. Grundlage für die Neugestal-

14 In Anlehnung an: Finanzbehörde der Freien und Hansestadt Hamburg, "Neubebauung der St. Pauli Landungsbrücken westlich des Elbtunnels", internes Papier, 1992/93.

tung soll das Ergebnis des bereits durchgeführten städtebaulichen Ideenwettbewerbes darstellen. Somit sind im Gegensatz zum Berliner Modell die städtebaulichen Rahmenbedingungen, wie z.B. die Gebäudeanordnung, die maximale Geschoßzahl und die ungefähre Bruttogeschoßfläche (BGF) in einem sehr viel stärkeren und vor allem fundierteren Maße bereits fixiert. Für die endgültige städtebaulich-hochbauliche Gestaltung der Gebäude und Anlagen muß der Investor ein konkurrierendes Architektengutachten[15] ausloben.

Der Angebotsumfang erfordert detaillierte Darstellungen im Nutzungskonzept einerseits bezüglich der Nutzungsart, andererseits hinsichtlich vorgesehener Nutzer bzw. Betreiber. Es wird somit von den potentiellen Investoren erwartet, daß sie bereits über Kontakte zu den entsprechenden Nutzern verfügen. Dadurch soll verhindert werden, daß realitätsferne Planungen, die anschließend aus Sachzwängen heraus wieder geändert werden müssen, eingereicht werden. Desweiteren werden von den potentiellen Investoren Angaben hinsichtlich der geschätzten Baukosten sowie deren Finanzierung erwartet.[16] Bezüglich des Baulandpreises heißt es lapidar, daß das Preisangebot dem Verkehrswert für diese hochwertige Lage entsprechen sollte.

Bei den Vertragskonditionen handelt es sich um die für die Freie und Hansestadt Hamburg üblichen "Knebelverträge". Sie beinhalten Nutzungsbindung, Wiederkaufsrecht der Stadt bzw. Konventionalstrafen sowie die Verpflichtung, innerhalb angemessener Zeit die Projekte zu realisieren. Dies setzt voraus, daß es sich um ausgesprochen attraktive Standorte mit der entsprechenden Knappheit bzw. Einmaligkeit handelt. Vor allem gegenüber ausländischen Investoren dürfte es schwerfallen, diese Vertragskonditionen zu "verkaufen".

Handelt es sich beim Auslobungstext noch um eine sehr nüchterne Ausschreibung, so sind die eingereichten Arbeiten der potentiellen Investoren zumindest von der Aufmachung her sehr aufwendig. Architekten werden beauftragt, vorentwurfsähnliche Planungen auszuführen und teilweise bedient man sich politischer Berater, die in der Einleitung die besondere Bedeutung dieses Projektes für die Stadt hervorheben bzw. das geplante Projekt politisch "schleifen".

Auch wenn es sich beim Investorenwettbewerb um ein Verfahren handelt, daß sicherstellt, daß in exponierten Lagen die Stadt nicht ausschließlich nach dem Höchstpreisverfahren Grundstücke verkauft, sondern ebenfalls die Eignung und Qualität des Konzeptes für die Stadt berücksichtigt und auf der Investorenseite kurzfristige Spekulationsgewinne verhindert, müssen einige Punkte kritisch betrachtet sowie die Grenzen des Verfahrens aufgezeigt werden.

Auf die erste Einschränkung, als daß ein Verkäufermarkt existieren muß, wurde bereits hingewiesen. Da exponierte Lagen aber weitestgehend konjunkturresistent sind, ist eine ausreichende Nachfrage auch in wirtschaftlich angespannten Zeiten

15 Bewußt wird das Wort Wettbewerb vermieden, da hiermit nicht zwangsläufig ein GRW-konformes Verfahren vorgeschrieben wird; vgl. Teil B, Kap. 2.

16 In der Forderung, einerseits potentielle Nutzer zu nennen und andererseits die Finanzierung offenzulegen, liegt der Grund, daß weder Vertreter der Stadt noch Investoren bereit sind, die Konzepte zu einer wissenschaftlichen Auswertung zur Verfügung zu stellen.

gegeben. Schwerwiegender ist aber die Frage, ob seitens des Verkäufers auch tatsächlich immer der Wille besteht, sich nicht nach dem Höchstpreisgebot zu entscheiden. In solchen Fällen wird das geforderte Nutzungskonzept zur Makulatur. Bei der Finanzkrise der öffentlichen Haushalte gewinnt diese Befürchtung an Bedeutung, wobei Grundstücksverkäufe dann vornehmlich Finanzlöchern stopfen.

Der zweite Kritikpunkt betrifft das Verfahren. Analog zum geregelten Verfahren für Architektenwettbewerbe sollte auch die Vergabe von staatlichen Grundstücken nach einem transparenten und einheitlichen Verfahren durchgeführt werden. Dies betrifft sowohl die Auswahlkriterien der Teilnehmer, als auch die Zusammensetzung der Entscheidungsgremien.

1.2 Abhängigkeiten zwischen den Beteiligten

Ausgangspunkt ist dabei vor allem das Spannungsfeld zwischen öffentlicher Verwaltung, Bauherren und Architekten.[17]

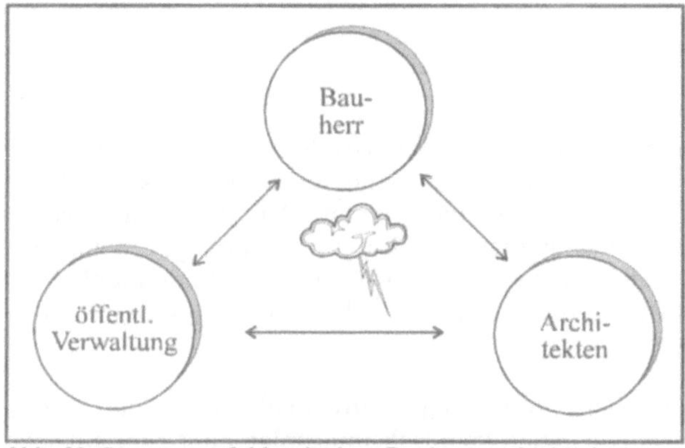

Abb. 39: Spannungsfeld zwischen Bauherren, Architekten und öffentlicher Verwaltung

Im folgenden soll der Versuch unternommen werden, darzustellen, unter welchen Bedingungen wer welche und wieviel Macht besitzt. Selbstverständlich kann es sich nur um eine institutionelle Machtbetrachtung handeln, unabhängig von einzelnen Personen.

Zentrales *Machtmittel der Bauherren* ist die Drohung, vom Projekt Abstand zu nehmen. Vor allem institutionelle Bauherren sind in ihrer Standortwahl weitgehend unabhängig und drohen, an einem anderen Standort zu bauen. Je nach Konjunkturlage ist dieses Drohmittel unterschiedlich bedeutend. Bei zunehmender Konjunkturschwäche nimmt die Machtposition der Bauherren überproportional zu, d.h., sie verläuft antizyklisch zur Baukonjunktur.

17 Die ebenfalls unmittelbar am Bauprozeß beteiligte Bauausführung wird im Rahmen dieser Betrachtung nicht berücksichtigt.

Bei Eigenbedarfsbauten nehmen Traditionsunternehmen und solche mit einem positiven Image eine Sonderstellung ein. Beispielsweise hätte der angedrohte Standortwechsel des SPIEGEL-Verlages nach Berlin negative Auswirkungen auf den Medien-Standort Hamburg.

Die Taktik der Bauherren ist es, Standorte gegeneinander auszuspielen. Zumindest in den exponierten Innenstadtlagen handelt es sich aufgrund der zunehmend knapperen Reserven bei städtischen Grundstücken weitestgehend um einen Verkäufermarkt. Von ihrem Selbstverständnis her erwarten trotzdem viele Bauherren, daß ihnen ein "roter Teppich" ausgelegt wird. Zur Stärkung ihrer Machtposition versuchen Bauherren ihre Bauvorhaben politisch zur "Chef-Sache" zu machen. Durch die politische Absicherung soll die Position der Verwaltung - als Ausführungsorgan des politischen Willens - geschwächt, bzw. möglichen Widerständen zuvorgekommen werden.

Die *Machtposition der öffentlichen Verwaltung*[18] hängt im wesentlichen von drei Faktoren ab:

1. Konjunkturlage,
2. Planungsrecht und
3. städtische Grundstücke.

Die Machtposition der öffentlichen Verwaltung ist zyklisch zur Baukonjunktur. Je größer die Baunachfrage, desto größer ist auch die Machtposition. In konjunkturschwachen Zeiten besteht einerseits eine größere Gefahr, daß von Bauvorhaben Abstand genommen wird oder aber andererseits, daß die Standorte gegeneinander ausgespielt werden. Konjunkturschwankungen kommen aber fast ausschließlich in Randlagen zum tragen. Die innerstädtischen Lagen zeichnen sich durch eine weitgehende Konjunkturresistenz aus.

Die Machtposition der öffentlichen Verwaltung wird maßgeblich durch das Planungsrecht geschaffen. Entweder existiert kein Bebauungsplan oder aber ein sehr alter. Erfahrungsgemäß pasen größere Projekte nicht in B-Pläne. Somit ist der Bauherr in nahezu allen exponierten Lagen gezwungen, Ausnahmen und Befreiungen zu beantragen. Die öffentliche Verwaltung ist nun in der Lage, dem Bauherrn quasi im Tausch gegen Planungsrecht, Konzessionen abzuringen bzw. Auflagen zu machen. Typisches Beispiel dafür ist die in Berlin existierende Verpflichtung, in Gewerbebauten Wohnflächen zu integrieren. Für die öffentliche Verwaltung besteht somit ein gewisses Interesse, Bebauungspläne so zu gestalten, daß Aus-nahmen oder Befreiungen absolut notwendig sind.[19]

Der dritte Faktor für die Machtposition der öffentlichen Verwaltung sind städtische Grundstücke, da im innerstädtischen Bereich kein freier Markt existiert. Die Ver-

18 Öffentliche Verwaltung wird hier im weiteren Sinne verstanden, d.h. inklusive der politischen Gremien, da die öffentliche Verwaltung im engeren Sinne lediglich Ausführungsorgan des politisch Gewollten ist.

19 Hierbei muß allerdings berücksichtigt werden, daß Politiker über den Inhalt eines B-Planes entscheiden und daß die öffentliche Verwaltung in einem weiteren Sinne verstanden werden muß.

gabe städtischer Grundstücke[20] wird an eine Liste von Auflagen gebunden. Die öffentliche Verwaltung tritt in einer bedenklichen Doppelfunktion auf. Auf der einen Seite als Grundstücksverkäufer und auf der anderen Seite als Legislative. Da die Verwaltung die beiden entscheidenden Variablen, Bodenpreis und Planungsrecht, in der Hand hält, kann sie weitestgehend bestimmen, was, wo und für wen errichtet wird.

Die Machtposition der öffentlichen Verwaltung wird vor allem von ihr selbst eingeschränkt. Aufgrund des "Behördendschungels" ist sie häufig nicht in der Lage, ihre Interessen[21] entsprechend zu vermarkten. Kompetenzstreitigkeiten und Behördenstrukturen vermindern ihre Schlagkraft. Schwächend wirkt auch, daß permanent die Gefahr besteht, daß ein Projekt zur "Chef-Sache" gemacht wird bzw. Politiker unabgesprochene Zusagen machen.[22]

Die schwächste *Machtposition* weisen *Architekten* auf. Sie stehen weitestgehend zwischen den Fronten und dürfen sich weder "hüben noch drüben" Feinde machen. Sie sind auf den Good-will beider Seiten angewiesen. Gegenüber dem Bauherrn haben sie die Machtposition, daß sie in der Regel vor Ort über die entsprechenden Kontakte verfügen und daß zumindest in den Planungsabteilungen der öffentlichen Verwaltung Gleichgesinnte, häufig Befreundete, sitzen. Die interpersonelle Koalition zwischen Architekten und öffentlicher Verwaltung wird durch die zum Teil gemeinsame Sprache und das bei beiden anzutreffende Mißtrauen gegenüber Investoren gesteigert.

Die Machtposition der Architekten steigt erheblich, sowohl gegenüber der öffentlichen Verwaltung als auch gegenüber dem Investor, wenn ihr Engagement aus einem gewonnen Wettbewerb resultiert. Hier können sie sich hervorragend auf das prämierte Wettbewerbsergebnis berufen.

Generell entsteht aber der Eindruck, daß sich viele Architekten, "malträtiert vom Geiz und Unverständnis der Bauherren und dem Paragraphenberg der öffentlichen Verwaltung", sich vorzugsweise in ihr "Künstler-Schneckenhaus" verkriechen und lieber im Stillen wirken.

Die jeweiligen Machtkonstellationen sind ausgesprochen relevant für die Analyse der Vergabeverfahren. Es ist offensichtlich, daß die Machtverhältnisse in den einzelen Bundesländern und sogar in den einzelnen Kommunen divergieren. So hatten Investoren direkt nach der Wende in den Neuen Bundesländern einen Gestaltungsspielraum, den sie in den Alten Bundesländern nicht mehr haben. Die Resultate dieser starken Machtposition der Investoren sind teilweise erschreckend. Projekte wie der Saalepark bei Leipzig, mit fast 100'000 m^2 Verkaufsfläche das größte Ein-

---

20 Vgl. Teil B, Kap. 1.2.2. Neben städtischen Grundstücken sind auch die Flächen staatseigener Unternehmen (Telekom, Bahn AG etc.) in innerstädtischen Lagen von großer Bedeutung.

21 Es stellt sich allerdings die berechtigte Frage, ob es überhaupt ein gemeinsames Interesse gibt und geben kann.

22 Bauvorhaben und Stadtplanung gehören, wie bereits erwähnt, zu den Lieblingsthemen von Politikern, unabhängig von den jeweiligen Qualifikationen.

kaufszentrum Deutschlands, entziehen den Innenstädten die Kaufkraft und führen zu einer disproportionalen Entwicklung des Einzelhandels.

1.3 Probleme bei der Vergabe architektonischer Planungsleistungen

Das Kräfteverhältnis im Dreieck (BauherrArchitektöffentliche Verwaltung) hat sich in den letzten Jahren zunehmend aufgelöst bzw. verschoben daraus resultiert ein Vakuum.

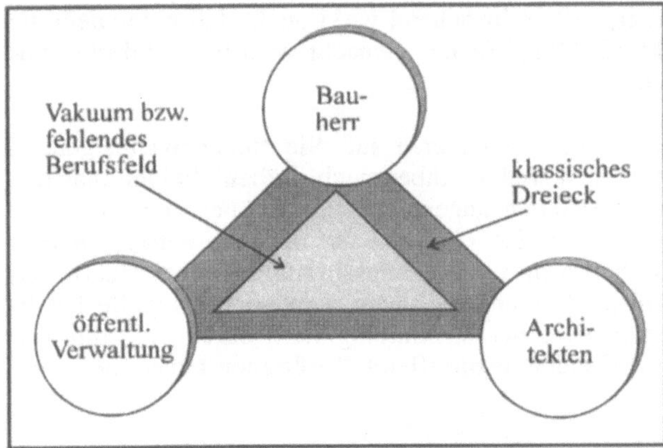

Abb. 40: Fehlendes Berufsbild "Baumanagement"

Stark vereinfacht können folgende Thesen aufgestellt werden:

1. Viele Bauherren sind in zunehmendem Masse nicht mehr gewillt, die Bauherrenfunktionen wahrzunehmen und versuchen, sämtliche Risiken zu delegieren.
2. Die Architekten verlieren demgegenüber weitestgehend die von ihm zwar beanspruchte Rolle des Dirigenten und wandelt sich zunehmend zu einem Dienstleister unter anderen.
3. Die öffentliche Verwaltung zeichnet sich durch eine weitgehende Aufgabenzersplitterung aus und steht sich häufig selbst im Wege.

Lösungsansätze für das zunehmende Auseinanderdividieren der beteiligten Gruppen ist m. E. entweder die Schaffung eines neuen interdiziplinären Berufsfeldes, welches die Interessenlagen in stärkerem Masse integriert, oder aber eine verstärkte Spezialisierung der klassischen Ausbildungen. Es scheint dringend geboten, neben den üblichen betriebswirtschaftlichen Spezialisierungen, wie z.B. Handelsbetriebslehre, Versicherungswirtschaft oder Bankbetriebslehre, auch solche für Baumanagement einzurichten. Private Universitäten wie die ebs in Östrich-Winkeln und Berlin leisten hier bereits Pionierarbeit.

Aber auch in der Architektenausbildung sollte eine verstärkte Spezialisierung angestrebt werden. Die Branche ist nach wie vor dadurch gekennzeichnet, daß - mit wenigen Ausnahmen - die Architekturbüros nicht über eine eindeutige Spezialisierung, z.B. auf Verwaltungsgebäude, verfügen. Damit verlorenes Terrain zurückgewonnen werden kann, scheint neben der funktionalen auch eine objektorientierte Spezialisierung notwendig.

Bei der öffentlichen Verwaltung ist demgegenüber eine Koordination hin zu einem Stadt-Marketing notwendig. Im Rahmen eines solchen Stadt-Marketings,[23] das zwangsläufig von der öffentlichen Verwaltung initiiert werden muss, werden die unterschiedlichen Interessenlagen nicht wie bisher der Reihe nach, sondern vernetzt integriert.

Ausserdem ist die Vergabe architektonischer Planungsleistungen durch *Kommunikationsbarrieren* und *Verständnisprobleme* charakterisiert. Nicht das gemeinsame Ziel steht im Vordergrund, sondern das Maximieren der jeweiligen Interessenlagen. Somit ist das Zusammenspiel eher durch Dissens als durch Konsens und durch ein tiefsitzendes Mißtrauen, bis hin zu Verachtung gegenüber den anderen beteiligten Gruppen, geprägt. Im folgenden werden einige der gängigen Stereotypen beispielhaft dargestellt sowie deren Berechtigung analysiert.

Bauherren unterstellen Architekten häufig, daß sie kein virtuelles Interesse an der Umsetzung ihrer vor allem kostenorienten Bedürfnisse haben. Das Mißtrauen der Bauherren gegenüber den Architekten wird durch die baukostenabhängige Honorarordnung gefördert. Desweiteren werfen sie den Architekten eine einseitige Betonung der Gestaltung unter Mißachtung funktionaler Aspekte vor. Dagegen werfen Architekten den Bauherren vor, daß sie die funktionalen und kostenorientierten Aspekte überbetonen und Gestaltung als "Luxus" empfinden.

Architekten führen die Auseinandersetzung auf drei Ebenen. Gegenüber seinem Berufsstand zählt fast ausschließlich die Gestaltung. Eine starke Berücksichtigung der Kosteninteressen des Bauherrn wird als Durchsetzungsschwäche gedeutet (Gefälligkeitsarchitektur). So spielen Kosten und funktionale Aspekte in der Fachdiskussion eine völlig untergeordnete Rolle. Auf der anderen Seite ist der Architekt aber auch an der Akquisition neuer Aufträge interessiert. Massive Kostenüberschreitungen oder eine sehr problematische Zusammenarbeit mit dem Bauherrn wirken sich auf dem relativ überschaubaren Markt negativ aus. Dieses Kriterium gilt allerdings auch nur kurzfristig, da die Bauherren nach verhältnismäßig kurzer Zeit ebenfalls nur noch die Gestaltung bewerten und die problembehaftete Zusammenarbeit verdrängen und somit langfristig wiederum vornehmlich der gestalterische Erfolg zählt. Grundlage dieses Verständigungsproblems ist die tief verwurzelte Annahme, daß Gestaltung und Kosten zwangsläufig korrelieren. Deswegen können nur Aufklärungsarbeit und vor allem standardisierte Kostenrichtwerte dieses Problem lösen.

Erhebliche Verständnisprobleme existieren über die Rollen der Beteiligten. Bereits mehrfach wurde erwähnt, daß viele Architekten sich der "Gesellschaft", was immer das auch sein mag, mehr verpflichtet fühlen als dem Bauherrn. Bauherren erwarten

---

23 Unter Stadt-Marketing soll die Zusammenarbeit der öffentlichen Verwaltung mit privaten Investoren sowie die Einbeziehung von Bürgerinteressen verstanden werden; vgl. auch Brinkmann, K., "Hand in Hand", in: Immobilien Manager, April 1992, S.15.

demgegenüber, daß der Architekt sich vornehmlich ihren Interessen verpflichtet fühlt. Meines Erachtens muß das Selbstverständnis der Architektenschaft weniger eigen- und mehr dienstleistungsorientiert sein. Es ist nicht Aufgabe des Bauherrn, dem Architekten die Möglichkeit zu geben, sich ein Denkmal zu setzen, sondern dieser erwartet vom Architekten eine Dienstleistung mit künstlerischem Anteil. Es ist im Interesse und somit Aufgabe der öffentlichen Verwaltungen (und nicht der Architekten), die Rahmenbedingungen vorzugeben, die zu einer ansprechenden Gestaltung führen. Die Architektenschaft tut sich keinen Dienst, wenn sie eine Zwitterrolle als Anwalt der Gesellschaft und des Bauherrn einnimmt bzw. einfordert, da sie folglich automatisch in unüberbrückbare Interessenkonflikte gerät. Aber auch der Bauherr muß akzeptieren, daß er nicht die vorgegebenen Rahmenbedingungen außer Kraft setzen kann. Die öffentliche Verwaltung muß demgegenüber akzeptieren, daß sie weitestgehend die Verantwortung für die gebaute Umwelt trägt. Sie muß sich als Lenkungsinstanz und nicht ausschließlich als Kontrollinstanz verstehen.

1.4 Kombinationen der Angebotsträger

Zunächst muß festgelegt werden, welche Leistungen an welche Angebotsträger vergeben werden sollen. Der Bauherr benötigt bei zunehmender Komplexität zur optimalen Projektabwicklung nicht nur den Architekten, sondern weitere Dienstleister benötigt. Anhand von zwei Fallbeispielen wird dargestellt, welche Kombination von Angebotsträgern je nach Projekt empfehlenswert erscheint. Die Leistungsphasen des Leistungsbildes Objektplanung werden um eine vorgelagerte Basisplanung sowie eine nachgelagerte Nachbetreuung ergänzt. Das Leistungsbild Objektplanung wird in die Leistungsphasen 1 - 5, die gestalterische Planung, und die Phasen 6 - 9, die Planungsumsetzung, aufgeteilt. Im Modell können spezielle projekt- und unternehmensbezogene Entscheidungsdeterminanten nicht berücksichtigt werden. Somit handelt es sich nur um einen Orientierungsrahmen, der je nach Projekt variiert werden muß.

Beim ersten Fall[24] handelt es sich um ein Unternehmen, daß für den eigenen Unternehmensbedarf bauen will:

Bauherr	Computerbranche keine eigene Bauabteilung keine Bauherrenerfahrung Einmaligkeit des Projektes
Nutzungszweck	Hauptverwaltung reine Büroraumnutzung
Standtort	1a-Lage im Innenstadtbereich bisheriger Standtort in unmittelbarer Nähe
Investitionssumme	100 Mio.
Projektziele	Behebung des Platzmangels Visualisierung der CI Nutzungsflexibilität

Tab. 10: Fall 1: Bauen für den eigenen Unternehmensbedarf

Es handelt sich um den klassischen Fall eines Bauherrn, der auf der einen Seite sehr hohe Ansprüche an das Gebäude stellt, aber auf der anderen Seite weder über eine geeignete Bauabteilung, noch über entsprechende Erfahrung verfügt. In Abbildung 41 wird eine idealtypische Kombination der Angebotsträger für den skizzierten Fall dargestellt.

Bei der Basisplanung, die der eigentlichen Bauplanung vorgelagert ist, werden die wesentlichen Vorarbeiten geleistet. Bevor das Unternehmen Entscheidungen fällt, müssen die Rahmenbedingungen geklärt werden. Hierbei geht es im wesentlichen um die zukünftige Unternehmensentwicklung: quantitativ, d.h. hinsichtlich der zu erwartenden Personal und Standortentwicklungen und qualitativ, im Sinne der Veränderungen der Arbeitsumwelt. Der Bauherr muß klare Projektziele formulieren, damit in dieser Phase das Fundament für das Projekt geschaffen wird. Häufig sind spätere Baukostenüberschreitungen darauf zurückzuführen, daß in dieser Phase die Bedürfnisse des Bauherrn nicht ausreichend formuliert und somit während der Bauplanung oder ausführung kostspielige Änderungen vorgenommen werden. Außerdem werden in dieser Phase auf der Basis der Corporate Identity die Leitlinien für die Corporate Architecture festgelegt. Für diese Phase ist der *organisationsorientierte Berater* der einzig geeignete Partner, da nur er über das notwendige betriebswirtschaftliche Verständnis verfügt und weitestgehend unabhängig von den weiteren Planungen ist. Dabei sollte seine Funktion auf eine Anleitung zur Erarbeitung der Grundlagen beschränkt bleiben. Er zeigt die Problem und Entscheidungsfelder auf und schlägt Verfahrensformen vor. Während der Leistungsphasen des

24 Sämtliche Angaben beruhen nicht auf einem konkreten Projekt, sondern sind zur Veranschaulichung frei gewählt.

Leistungsbildes Objektplanung übernimmt er beratende Funktionen und nimmt an den Projektbesprechungen teil. Während der Planungszeit organisiert er Informationsveranstaltungen für die Mitarbeiter und schafft somit Akzeptanz für das neue Gebäude. Parallel zur Fertigstellung des Gebäudes plant er den Umzug.

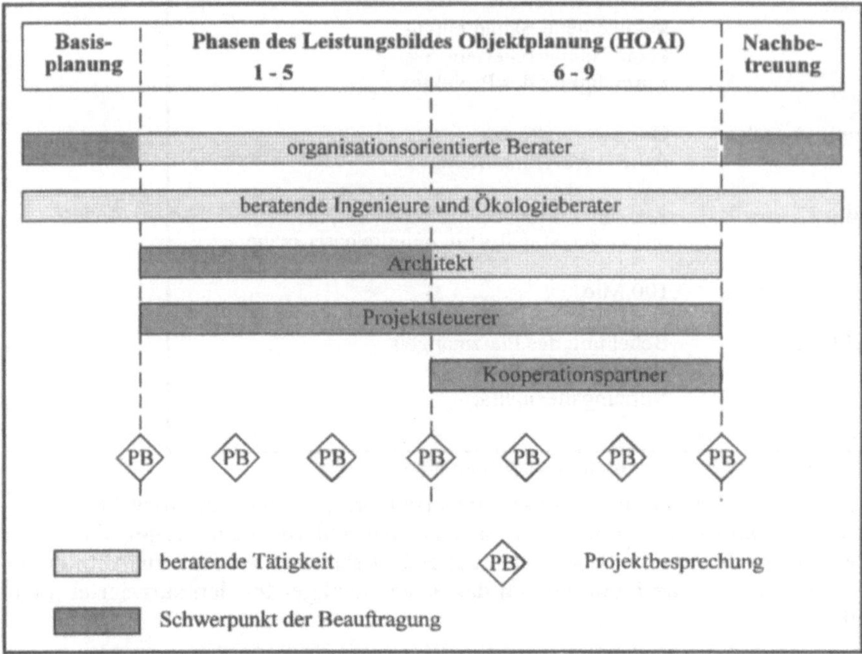

Abb. 41: Idealtypische Kombination der Angebotsträger bei Eigenbedarfsbauten

Das gesamte Projekt wird von einem *Ökologieberater* begleitet. Dieser beschäftigt sich vor allem mit der Sicherstellung einer ausreichenden Berücksichtigung ökologischer Aspekte. Die konsequente Umsetzung von ökologischen Konzepten ist nur möglich, wenn sie bereits in den ersten Planungsphasen implementiert werden. Seine Funktion beschränkt sich somit nicht nur auf die Beratung bei der Auswahl von Baumaterialien, sondern durchdringt den gesamten Planungsablauf im Sinne einer Querschnittsfunktion. Er ist dabei nicht nur Berater des Bauherrn, sondern für alle am Planungsprozeß Beteiligten.

Der *freischaffende Architekt* wird mit den Leistungsphasen 1 - 5 und ab Leistungsphase 6 mit einem Beratungsmandat beauftragt. Die Grundlage für die Arbeit des Architekten sind dabei die vom organisationsorientierten Berater initiierten Basisplanungen, so daß dem Architekten wesentliche Eckpfeiler verbindlich vorgegeben sind. Über eine künstlerische Oberleitung, die im Rahmen eines Beratungsmandats vergeben wird, ist sichergestellt, daß der Architekt bei notwendigen Änderungen während der Bauausführung beteiligt ist und nicht den Kontakt zur Basis verliert. Während der Leistungsphasen 1 - 5 ist der Architekt mitverantwortlich für die Auswahl und Integration der einzelnen Fachplaner. Die Phasen 6 - 9 werden von dem

Projektsteuerer und dem Kooperationspartner übernommen. Während des gesamten Planungsprozesses ist der Architekt an den Projektbesprechungen beteiligt.

Da es sich bei dem skizzierten Beispiel um einen weitgehend unerfahrenen Bauherrn handelt, bietet es sich an, einen *Projektsteuerers* hinzuzuziehen. Der Projektsteuerer unterstützt den Bauherren bei seinen nicht delegierbarer Aufgaben. Wesentlicher Bestandteil seiner Beratertätigkeit ist die Kosten- und Terminsteuerung. Somit ist es möglich, auf einen Generalunternehmer zu verzichten.

Eine entscheidende Veränderung bei der Auswahl der Angebotsträger ist die *Kooperation mit der Bauabteilung eines Großkonzerns.*[25] Vor allem kleinere Unternehmen sollten versuchen, ein solches Unternehmen als Kooperationspartner zu gewinnen. Aufgrund ihrer Erfahrungen und Marktpositionen ist es möglich, fehlende Marktmacht auszugleichen. Vor allem bei der Vergabe von Bauleistungen sowie der Beurteilung von Angeboten sind sie der optimale Kooperationspartner, da große Bauabteilungen i.d.R. über sehr aussagekräftige interne Kostenrichtwerte verfügen. Für die Bauabteilungen der Konzerne stellt die Kooperation mit externen Partnern eine interessante Marktnische dar. Bauausführende Unternehmen werden es vermeiden, diesen Bauabteilungen unseriöse Angebote zu machen.

Professionelles Projektmanagement durch einen Projektsteuerer und die Erfahrung und Marktmacht der Bauabteilungen von Konzernen machen in ihrer Kombination den Generalunternehmer hinfällig. Vor allem kann somit die bei Eigenbedarfsbauten sehr viel stärkere Gefahr von Planungsänderungen während der Bauausführung, bzw. die daraus resultierenden Nachträge bei Generalunternehmerverträgen gemindert werden. Bei dieser Variante muß der Bauherr nicht wie bei einem Generalunternehmervertrag ein Vertragswerk, sondern ein Bauprojekt "managen" und verliert somit nicht die Entscheidungsmöglichkeiten.

Projektbegleitend finden in vordefinierten Zeitabschnitten Projektbesprechungen statt. Im Rahmen der Projektbesprechungen finden interdisziplinäre Diskussionen über das Projekt statt. Sämtliche am Projekt Beteiligte sind zur Teilnahme verpflichtet, unabhängig davon, ob ihre Tätigkeit schon begonnen hat oder zu dem Zeitpunkt nur beratender Art ist. Neben den unmittelbar Projektbeteiligten sollten in diesem Forum ein Vertreter der Geschäftsleitung, der vom Unternehmen abgestellte Projektleiter sowie ein Repräsentant des Betriebsrates anwesend sein. Die Projektbesprechungen sollten an einem neutralen Ort stattfinden und Form einer Klausurtagung organisiert sein. In der ersten Sitzung können, falls ein beschränkter Wettbewerb als Architektenauswahlverfahren vorgesehen ist, sämtliche Teilnehmer des Wettbewerbes eingeladen werden.

---

25 Der Kooperationspartner sollte aber kein Baukonzern sein, sondern ein Unternehmen wie beispielsweise Siemens oder Philips.

Bei dem zweiten Fall handelt es sich um ein Bauvorhaben eines institutionellen Anlegers:

Bauherr	offener Immodilienfonds eigene Bauabteilung Bauherrenerfahrung regelmäßiger Bauherr
Nutzungszweck	Fremdbedarf Büroraumnutzung
Standort	1a-Lage (Innenstadt) Standort nicht am selben Ort wie der Hauptsitz der Gesellschaft
Investitionssumme	100 Mio.
Projektziele	ertragswertorientierte Ziele Nutzungs- und Nutzerflexibilität fixe Kosten und Termine technologische Flexibilität und ansprechende Architektur (als Vermarktungsinstrument)

Tab. 11: Fall 2: institutioneller Anleger

Es handelt sich somit um einen klassischen, ertragswertorientierten Fremdbedarfsbau. Ausgehend von einem Anlagebedarf des offenen Immobilienfonds soll für einen in der Planungsphase noch unbestimmten Nutzer ein Bürogebäude erstellt werden. Zielsetzungen und Eigenschaften des Bauherrn führen dazu, daß in diesem Fall eine andere Kombination der Angebotsträger sinnvoll erscheint (Abbildung 42).

Die Kombination der Angebotsträger ist durch eine einfachere Struktur gekennzeichnet. Dies liegt daran, daß der erfahrene Bauherr wesentliche Teilaufgaben, vor allem die professionelle Projektsteuerung, selbst erbringen kann und will. Auch handelt es sich bei dem Bauprojekt nicht um ein individuelles, den Nutzerbedürfnissen angepaßtes, sondern um ein weitgehend standardisiertes Serienprodukt, bei dem auf Erfahrungen ähnlich gelagerter Projekte zurückgegriffen werden kann.

Im Gegensatz zu einem ortsansässigen Traditionsunternehmen verfügt ein offener Immobilienfonds nicht über eine ausreichende politische Lobby. Dieses Manko kann durch den Einsatz eines *political consultant* ausgeglichen werden, der während der Basisplanung das politische Umfeld analysiert und das Projekt politisch absichert. Die Bedeutung des political consultant nimmt stark zu, wenn ein städtisches Grundstück erworben werden soll. Parallel zu den Leistungsphasen 1 - 5 des Leistungsbildes Objektplanung sorgt der political consultant für ein möglichst "reibungsloses" Baugenehmigungsverfahren.

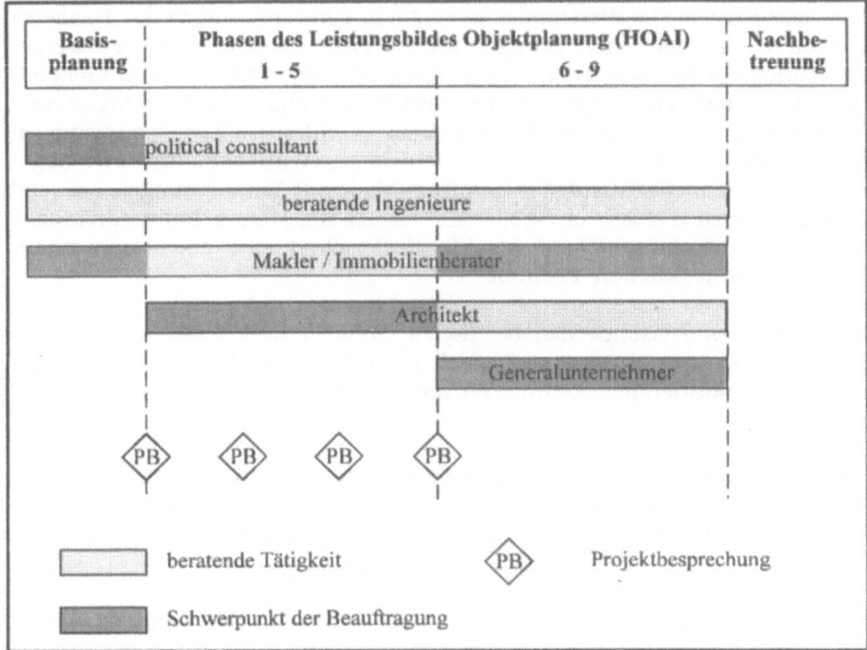

Abb. 42: Idealtypische Kombination der Angebotsträger bei Fremdbedarfsbauten

Die Kooperation mit dem *Makler*[26] *bzw. Immobilienberater* geht über die übliche Zusammenarbeit hinaus. Seine Aufgabe ist es, während der Basisplanung die Grundlagen für ein zukunftsorientiertes Nutzungs- und Raumkonzept zu schaffen. Nur der Makler verfügt über die entsprechenden Kontakte zu potentiellen Nutzern und kennt deren langfristigen Bedürfnisse. Für diese Tätigkeit wird er mit einem Beratungsmandat ausgestattet. Seine Arbeit dient als Grundlage für die weiteren Planungen des Architekten. Während der Leistungsphasen 1 - 5 des Leistungsbildes Objektplanung ist der Architekt zu einer Kooperation mit dem Makler verpflichtet. Je nach Marktlage beginnt der Architekt ab Leistungsphase 5 mit der Suche nach potentiellen Nutzern.

Auf der Grundlage der Vorarbeiten des political consultant und des Maklers bzw. Immobilienberaters wird ein *freischaffender Architekt* mit den Leistungsphasen 1-5 des Leistungsbildes Objektplanung beauftragt. Da das Projekt in Innenstadtlage angesiedelt ist, wird der Bauherr auf einen Architektenwettbewerb nicht verzichten können. Ab der sechsten Leistungsphase erhält der Architekt ein Beratungsmandat. Der Architekt ist für eine marktorientierte und somit vermarktungsfähige Gestaltung zuständig.

26 Es sei hier nochmals deutlich darauf hingewiesen, daß in diesem Zusammenhang nicht der typische Immobilienmakler gemeint ist, sondern die kleine Minderheit hochqualifizierter, meist überregional tätiger Makler, die in der Lage sind, Immobilienberatung anzubieten.

Da Termin- und Kostensicherheit zu den wesentlichen Anforderungen des Bauherrn gehören, sollte ab der fünften Leistungsphase ein *Generalunternehmervertrag* geschlossen werden. In der fünften Leistungsphase arbeiten Architekt und Generalunternehmer kooperativ zusammen. Da der Bauherr über eigene und erfahrene Spezialisten verfügt, sollte es kein Problem darstellen, nachtragssichere Vorleistungen zu erbringen. Der Einsatz eines Generalunternehmers wird auch dadurch abgesichert, daß bei Fremdbedarfsbauten in geringem Maße mit Veränderungen während der Bauausführung zu rechnen ist. Außerdem besitzt ein offener Immobilienfonds gegenüber dem Generalunternehmer als Mehrfachbauherr eine gute und verhältnismäßig übervorteilungssichere Position.

Projektbesprechungen zwischen den beteiligten Gruppen finden nur während der ersten Projektphasen statt. Insgesamt handelt es sich um ein Modell, das sicherstellen soll, daß marktorientiert, konfliktfrei sowie kosten- und termingerecht gebaut wird.

Die dargestellten Fälle zeigen, eine geeignete Kombination der Dienstleister maßgeblich vom Nutzungszweck, von den möglichen Eigenleistungen des Bauherrn und den Umfeldabhängigkeiten bestimmt ist. Der Bauherr kann quasi im Baukastensystem entscheiden, welche zusätzlichen Dienstleistungen er benötigt.

Mit der Wahl seiner Dienstleister entscheidet der Bauherr bereits weitgehend über den Erfolg seines Bauprojektes. Es sei hier nochmals darauf hingewiesen, daß der Bauherr sich nicht an traditionelle bzw. beanspruchte Rollenverteilungen halten muß. Je nach Projekt bietet sich eine andere Kombination an. Es ist m.E. wesentliche Bauherrenaufgabe zu entscheiden, wer welche Funktionen übertragen bekommen soll. Mit dieser Aufgabe wird der Bauherr in Deutschland allerdings relativ "alleingelassen", da es das Berufsfeld eines neutralen Bauherrenberaters kaum gibt.

Die Aufteilung der gesamten Aufgaben ist die Basis für die anschließende Fragestellung, nach welchen Kriterien die Dienstleister ausgesucht werden sollten. Im folgenden werden für Architekten die gängigen Vergabearten, deren Vor- und Nachteile, sowie alternative Ansätze dargestellt. Die Auswahl der anderen Dienstleister sollte analog der Kapitel 4.3.1 beschrieben Methode erfolgen.

2 GRW-konforme Wettbewerbe

2.1 Grundzüge des Verfahrens und dessen Praxisrelevanz

Für die Vergabe von Planungsleistungen wurden Grundsätze und Richtlinien für Wettbewerbe auf den Gebieten der Raumplanung, des Städtebaues und des Bauwesens (GRW)[1] geschaffen. Seitens der Architektenschaft werden die GRW, obwohl es sich strenggenommen um eine nur die öffentliche Hand bindende Verordnung handelt, als allgemeines Architektenrecht dargestellt. Die klassischen Vergabeformen architektonischer Planungsleistungen werden daher in zwei Blöcke unterteilt: jene - der beschränkte und offene Architektenwettbewerb - die mit der GRW konform sind und die nicht mit den GRW konformen Verfahren, die freihändige Vergabe und das Gutacherverfahren. Somit ist nicht die Frage der Anzahl unterschiedlicher Lösungsansätze als Abgrenzungskriterium entscheidend, sondern vielmehr, ob ein Bauherr bereit oder gezwungen ist, sich festgelegten Auswahlstrukturen zu unterwerfen. Es handelt sich somit primär um eine entscheidungstheoretische Abgrenzung. Abbildung 43 stellt die klassischen Vergabeformen architektonischer Planungsleistungen dar.

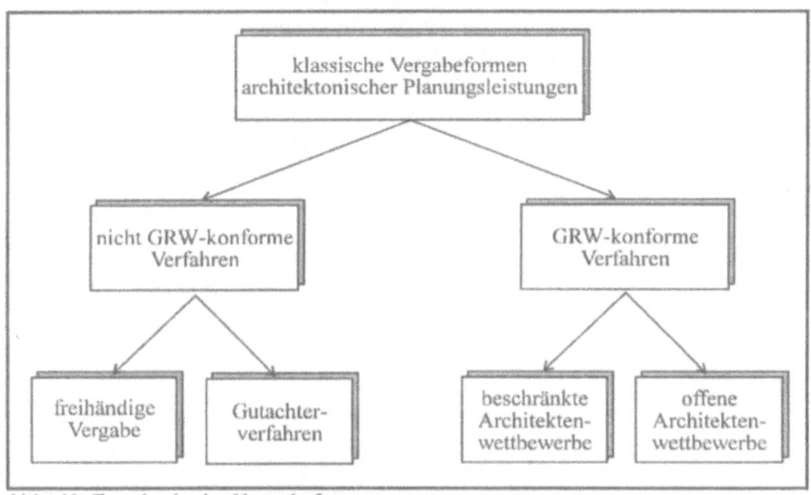

Abb. 43: Typologie der Vergabeformen

Im Folgenden sollen der Vergleichbarkeit wegen nur Neuprojekte mit einem Bauvolumen von mehr als 10 Mio. DM betrachtet werden. Desweiteren bezieht sich die Betrachtung der Vergabeformen nur auf die Vergabe an Architekten und nicht an andere Angebotsträger architektonischer Planungsleistungen. Im Sinne der in Kapitel 1 dieses Teiles dargestellten Varianten sollen Planungsleistungen für die

1 Grundsätze und Richtlinien für Wettbewerbe auf den Gebieten der Raumplanung, des Städtebaues und des Bauwesens (GRW) vom 20. April 1977, in: Landesinstitut für Bauwesen und angewandte Bauschadensforschung, (Wettbewerbe), S. 13ff.

Leistungsphasen 1 - 5 sowie ein künstlerischer Beratungsauftrag für die Leistungsphasen 6 - 9 vergeben werden. In Kapitel 4 werden die Vor- und Nachteile der klassischen Modelle zusammengefaßt sowie alternative Ansätze vorgestellt.

2.1.1 Grundlagen und Ziele von Wettbewerben

Unter einem Wettbewerb[2] sollen konkurrierende Verfahren verstanden werden, bei denen die Grundsätze und Richtlinien für Wettbewerbe auf dem Gebiet der Raumplanung, des Städtebaues und des Bauwesens[3] Anwendung finden. Sie "dienen dazu, durch alternative Vorschläge gute Lösungen und geeignete Architekten, Landschaftsarchitekten, Innenarchitekten, Stadt- und Raumplaner und Ingenieure als Partner für die gestellte Aufgabe zu finden."[4]

Die Realität ist jedoch anders. Treffend charakterisiert M. Sack das Wettbewerbswesen: "Da ist, sagen wir, jemand in München, der ein Fest geben und mit seinem kalten Büfett für seine Gäste kein Risiko eingehen will. Er schreibt einen Wettbewerb aus, an dem sich gegen eine Teilnahmegebühr von 250 Mark zehn bis 20 Feinkostlieferanten von Unbekannt bis zum Vier-Sterne-Hotel beteiligen. Alle fahren zum Abgabetermin ihr Gemüse auf, eine Feinschmecker-Jury von fünf Köchen und Konditoren (den Fachpreisrichtern) sowie vier Gourmets (den Sachpreisrichtern) probiert das alles und entscheidet, daß enttäuschenderweise nur zwei dritte Preise vergeben werden, daß die beiden Gewinner mit verbesserten Entwürfen neuerlich gegeneinander antreten sollen und daß man das Büfett schließlich doch zunächst ausfallen lassen wolle, sich aber vorbehalte, von den eingegangenen Rezeptideen die eine oder andere später durch jemand anderen aufgreifen und realisieren zu lassen."[5] Wird nun anstelle der Feinkostlieferanten der Architekt eingesetzt, erhält man, wenn auch polemisch, eine wirklichkeitsnahe Beschreibung des Wettbewerbswesens.

Wie kommt es dazu, daß das Wettbewerbswesen bei vielen Beteiligten sehr große Wertschätzung genießt, obwohl es sich um einen volkswirtschaftlichen "Nonsens"[6] handelt?

---

2 Synonym wird von Architekten- und Architekturwettbewerben gesprochen.

3 Grundsätze und Richtlinien auf den Gebieten der Raumplanung, des Städtebaues und des Bauwesens (GRW 1977), Beilage zum Bundesanzeiger Nr. 76 vom 24. Mai 1977; im folgenden kurz GRW 77.

4 § 0 (Vorbemerkung), Abs. 1 GRW 77.

5 Sack, M., "Architektur: Planen für den Papierkorb", in: art, 10/1980, S. 22.

6 "Hier findet geistige Ausplünderung statt", in: Der Spiegel, 3.12.1984, S.200.

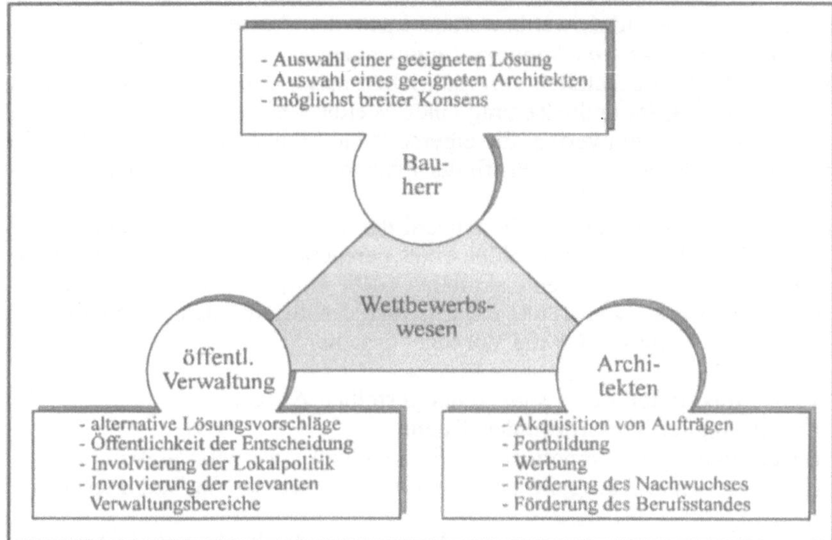

Abb. 44: Ziele des Wettbewerbswesens aus der Sicht der Beteiligten

Im Kapitel 2.4 wird untersucht, inwieweit das GRW-konforme Wettbewerbswesen in der Lage ist, die in der Abbildung dargestellten Zieldimensionen zu entsprechen.

2.1.2 Geschichtlicher Abriß des Wettbewerbswesens

Bis 1868 gab es kein geregeltes Vorgehen für die Durchführung von konkurrierenden Verfahren.[7] Dabei handelte es sich fast ausschließlich um beschränkte Wettbewerbe. Eine begrenzte Anzahl von Künstlern, i.d.R. Maler und Steinbildhauer, wurde aufgefordert, alternative Entwürfe einzureichen. Der erste dokumentierte Wettbewerb fand 448 v.C. in Athen statt. Der Rat der Stadt Athen wollte ein Kriegerdenkmal errichten lassen und beauftragte verschiedene Künstler, Entwürfe einzureichen. Diese wurden ausgestellt und die Bürger von Athen stimmten anschließend über den zu realisierenden Entwurf ab.

Auch die Baugeschichte von Santa Maria del Fiore in Florenz ist durch eine Vielzahl von Wettbewerben gekennzeichnet.[8] Bei einer Auslobung zur Gestaltung der Domfassade im Jahre 1491 nahm sogar der Auslober, Lorenzo de Medici, selbst teil. Der Wettbewerb um die Vierungskuppel, von Brunelleschi gewonnen, kann als Vorläufer eines Ideenwettbewerbes angesehen werden, da die Aufgabe quasi als unlösbar galt und nur durch die innovative Doppelhüllenkonstruktion von Brunelleschi lösbar wurde.

7 Einen guten Überblick über die Geschichte des Wettbewerbswesens geben; Becker, H., (Städtebauwettbewerbe), Weinbrenner, E., "Geschichte der Architektenwettbewerbe", vier Folgen, in: DAB, 10-12/85 und 1/86 sowie Haagsma, I. / Haan, H. de, (Architekten-Wettbewerbe) oder Strong, J., (Participating), auf denen auch die nachfolgenden Ausführungen basieren. Hinsichtlich der geregelten Verfahren wird nur auf die Situation in Deutschland eingegangen.

8 Vgl. Becker, H., (Städtebauwettbewerbe), S. 19f.

Als echter Vorläufer des Ideenwettbewerbes kann die Auslobung der amerikanischen Zeitschrift *Plumber and Sanitary Engineer* angesehen werden.[9] Nachdem der Staat New York 1879 gesetzlich vorgeschrieben hatte, daß jedes Schlafzimmer ein Fenster haben müsse, lobte die Zeitung einen Wettbewerb aus, eine Musterwohnung (model tenement) zu entwerfen, die einerseits die Sicherheit und Bequemlichkeit der Mieter und andererseits, den Profit der Investoren maximieren sollte.

Nachdem Mitte des 19. Jahrhunderts die Anzahl der Wettbewerbe stetig zunahm,[10] wuchs die Unzufriedenheit über das Fehlen eines geregelten und allgemein verbindlichen Verfahrens. Vorläufer der heute aktuellen GRW sind die "Grundsätze für das Verfahren bei Konkurrenz von 1868. Im Entwurf des öffentlichen "Concurrenz-Verfahrens" von 1867 heißt es, daß die Vorzüge bestehen:

"a) in der Vielseitigkeit der Auffassungen der gestellten Aufgabe;
b) in der Ermittlung der hervorragenden Talente;
c) in der Beschränkung des Nepotismus und Ausschluß jeder Monopolisierung;
d) in der stets erneuerten Anregung des öffentlichen Interesses für Bauunternehmungen;
e) in der durch den Wetteifer gesteigerten Anspannung der baukünstlerischen Kräfte."[11]

Anschließend werden auf zehn Paragraphen die wesentlichen Anforderungen an ein öffentliches Konkurrenzverfahren aufgelistet. Faszinierend ist dabei, daß die Kernelemente von 1868 nahezu identisch mit den heutigen sind. Nahezu im Zehnjahresrhythmus wurden die Wettbewerbsordnungen bis zur aktuell gültigen Version von 1977 modifiziert.[12]

1897 wurde erstmals der Appell aufgenommen, daß Juroren und Architekten nur an Wettbewerben teilnehmen sollten, die der Wettbewerbsordnung entsprächen. Explizit wurde bei dieser Novelle zwischen offenen und beschränkten Wettbewerben unterschieden und somit eine Unterteilung in zwei Klassen vorgenommen. Im Rahmen der Änderungen von 1927 wurde die Vorprüfung fest institutionalisiert. Bei der Wettbewerbsnovelle von 1934, also kurz nach der Machtergreifung der Nationalsozialisten, wurde nicht verhandelt und abgestimmt, sondern die Richtlinien wurden angeordnet, erhielten somit Gesetzeskraft, und Hitler spielte fortan den obersten Kunstrichter.

Nach dem Ende des zweiten Weltkrieges wurde wieder auf die Grundsätze von 1927 zurückgegriffen. 1952 wurden auf Vereinbarung der Präsidien des Deutschen Städtetages und des Bundes Deutscher Architekten (BDA) die Grundsätze und

9 Vgl. Haagsma, I. / Haan, H. de, (Architekten-Wettbewerbe), S. 10.

10 Eine sehr detaillierte Darstellung sämtlicher Wettbewerbe, gegliedert nach Objektarten, von 1840 - 1990 findet sich bei Becker; Becker, H., (Städtebauwettbewerbe), S. 34ff.

11 Entwurf vom 18. Mai 1867 zu den Grundsätzen des Berliner Architekten-Vereins, Bestandteil der Akten "Dom-Kirche zu Berlin" im Geheimen Staatsarchiv Merseburg, zitiert in: Becker, H., (Städtebauwettbewerbe), S. 42.

12 Eine sehr übersichtliche Darstellung der Geschichte der Wettbewerbsordnung findet sich bei Becker, Becker, H., (Städtebauwettbewerbe), S. 222; Im Folgenden wird nur auf einzelne, besonders wichtige Veränderungen eingegangen.

Richtlinien für Wettbewerbe auf dem Gebiet des Bauwesens und Städtebaues (GRW 1952) erlassen. Dabei wurde der Hinweis aufgenommen, daß diese für die dem Deutschen Städtetag angeschlossenen Kommunen verbindlich gelten sollen. Aufgrund der aus der GRW 1952 resultierenden Rechtsunsicherheit, die kartellrechtlicher Natur war, der Schaffung von Länderarchitektenkammern sowie auch anderen Gründen, wurde die GRW 77 novelliert ist in dieser Fassung auch heute noch gültig. Eine Überarbeitung und Anpassung an europäisches Recht wird für die zweite Hälfte der '90er Jahre erwartet.

Die zunehmende Anzahl von grenzüberschreitenden Wettbewerben machte die Schaffung von internationalen Wettbewerbsregeln notwendig. 1955 wurden die Regeln für Internationale Wettbewerbe von der Generalversammlung der Union Internationale des Architectes (UIA) genehmigt und im folgenden Jahr von der UNESCO anerkannt. In der heute gültigen Version von 1978 können die Regeln für Internationale Wettbewerbe, vor allem hinsichtlich der weiteren Beauftragung der Wettbewerbsgewinner, als extrem architektenfreundlich bezeichnet werden.

Folgende Auflistung von bedeutenden Bauwerken sind das Resultat von Wettbewerbsverfahren und wären ohne diese wohl auch nie entstanden:

1. BMW-Vierzylinder, München, von Schwanzer,
2. Berliner Philarmonie, Berlin, von H. Scharoun,
3. Centre Pompidou, Paris, von R. Piano / R. Rogers,
4. Sydney Opera House, Sydney, von Jørn Utzon,
5. Olympiastadion-Dachkonstruktion, München, von G. Behnisch.

So sehr das Wettbewerbswesen und die Geschichte der Wettbewerbsordnungen durch Streit, Intrigen, undurchdachten Programmen, korrupten Jurys oder durch Mißachtung von Ergebnissen geprägt ist, muß anerkannt werden, daß die überwiegende Zahl sogenannter "milestones" der Architektur das Ergebnis von Wettbewerben[13] sind. "Gemessen an der Durchschnittsarchitektur, zeichnet sich die Auslese über Wettbewerbe durch hohe Qualität aus."[14] Es muß also strikt zwischen den Ergebnissen und der Handhabung des Verfahrens unterschieden werden.

2.1.3 Grundsätze und Richtlinien für Wettbewerbe auf dem Gebiet der Raumplanung, des Städtebaus und des Bauwesens von 1977

Die Betrachtung der *Rechtsnatur der GRW 77* erfolgt auf zwei Ebenen, einerseits die rechtliche Bindung des Auslobers an die GRW 77 und andererseits, die standesrechtliche Verpflichtung der Architekten, nur an GRW-konformen Verfahren zu partizipieren.

Bei der GRW 77 handelt es sich nicht ansatzweise um ein Gesetz, sondern um eine einseitige Bindung der Bauverwaltung des Bundes. Dies wird von Teilen der Architektenschaft anders gesehen. Im Erlaß des Bundesministers für Raumordnung,

13 Diese Beurteilung schließt allerdings die Ergebnisse von Gutachterverfahren mit ein.
14 Gerkan, M.v., (Verantwortung), S. 166.

Bauwesen und Städtebau heißt es explizit: "Die Bundesbauverwaltung wird die GRW 1977 für ihren Bereich einführen. Den anderen öffentlichen Auslobern wird empfohlen, sie ebenfalls anzuwenden. Es steht zu erwarten, daß auch im privaten Bereich die GRW 1977 bei Auslobungen die Grundlage bilden."[15] Die Bundesländer haben, teilweise mit kleinen Änderungen, die GRW 77 für ihren Zuständigkeitsbereich übernommen.[16]

Zwischen Auslober und Wettbewerbsteilnehmer besteht generell kein Vertrag, sondern es handelt sich um ein Preisausschreiben im Sinne von § 661 BGB.[17] Die GRW 77 können somit nicht als Allgemeine Geschäftsbedingungen angesehen, sondern müssen im Auslobungstext explizit zur Grundlage gemacht werden.[18]

Sich dieser geringen rechtlichen Verbindlichkeit der GRW 77 bewußt, haben die Architektenkammern ihren Zwangsmitgliedern vorgeschrieben, daß sie nur an Wettbewerben teilnehmen dürfen, die mit der gültigen Wettbewerbsordnung übereinstimmen.[19] Dies gilt sowohl für die Teilnahme, als auch für die Übernahme von Preisrichter- oder Vorprüferämtern.

Somit handelt es sich bei den GRW 77 ausschließlich um eingeführte und etablierte Verfahrensrichtlinien, die seitens der öffentlichen Verwaltung einseitig verbindlich erklärt wurden.[20]

Im Rahmen eines morphologischen Kastens sollen die **Wettbewerbsformen** aufgezeigt werden (Abbildung 45). Zur Verdeutlichung werden allerdings nur die wesentlichen und für die im Rahmen dieser Arbeit betrachteten Bauvorhaben relevanten Möglichkeiten berücksichtigt. Nicht alle Varianten sind explizit in der GRW 77 aufgeführt. Dies gilt im besonderen Maße für die möglichen Kombinationen verschiedener Varianten.

Der morphologische Kasten zeigt, daß die GRW 77 dem Auslober eine Vielzahl von unterschiedlichen Verfahrensformen und -varianten erlauben und daß sich der Bauherr eine auf seine Aufgabe maßgeschneiderte Kombination zusammenstellen muß.[21] Im folgenden sollen die Möglichkeiten sowie deren Praxisrelevanz erläutert werden.

Ohne jede weitere Erläuterung zählt die GRW 77 in Abschnitt 2.1. die im morphologischen Kasten dargestellen *Wettbewerbsgegenstände* auf. In der Praxis sind

---

15 Ohne Angabe der Quelle zitiert in: Landesinstitut für Bauwesen und angewandte Bauschadensforschung, (Wettbewerbe), S. 10.

16 Weinbrenner, E. / Jochem, R., (Architektenwettbewerb), S. 37.

17 BGB = Bürgerliches Gesetzbuch.

18 Vgl. Weinbrenner, E. / Jochem, R., (Architektenwettbewerb), S. 37.

19 Vgl. beispielsweise §9 der Berufsordnung der Hamburgischen Architektenkammer vom 30. November 1972.

20 Gerade aufgrund der lediglich freiwilligen Verbindlichkeit der GRW 77 für private Bauherren ist kaum nachvollziehbar, warum ein Teil der Länderarchitektenkammern nicht in der Lagesind, dem potentiellen Auslober Informationsmaterial über das Wettbewerbswesen zur Verfügung zu stellen.

21 Ein gutes Frage-und-Antwort-Spiel zur Bestimmung der geeigneten Kombinationen, vgl. BfRBS, (Empfehlungen), S. 15ff.

allerdings lediglich städtebauliche Planungen sowie Bauwerksplanungen von größerer Relevanz. Grundsätzlich besteht auch die Möglichkeit, mehrere Gegenstände zu kombinieren. Nach den Empfehlungen des *Landesinstituts für Bauwesen und angewandte Bauschadensforschung* sollte sich ein Wettbewerb allerdings lediglich auf einen Planungsbereich beziehen, da sonst keine optimale Lösung erwartet werden kann.[22] Beim florentinischen Dom Santa Maria del Fiore wurden sogar für die Bronzetüren und die Laternen gesonderte Wettbewerbe ausgelobt. Bei kleineren Projekten kann es aber durchaus sinnvoll sein, bei einer Bauwerksplanung als städtebauliche Komponente die Einordnung des geplanten Gebäudes in die Umgebung mitzufordern.

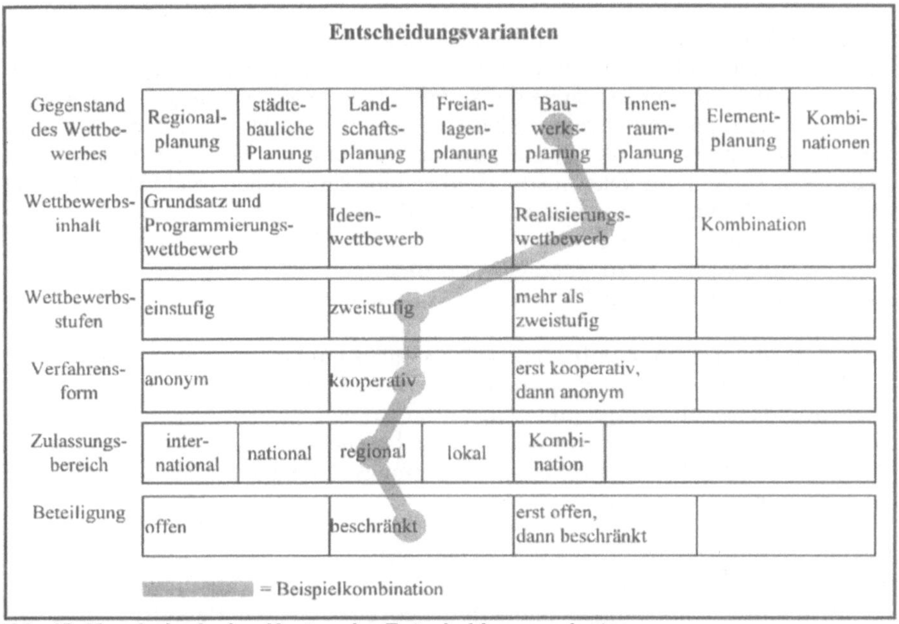

Entscheidungsvarianten

Gegenstand des Wettbewerbes	Regionalplanung	städtebauliche Planung	Landschaftsplanung	Freianlagenplanung	Bauwerksplanung	Innenraumplanung	Elementplanung	Kombinationen
Wettbewerbsinhalt	Grundsatz und Programmierungswettbewerb		Ideenwettbewerb		Realisierungswettbewerb		Kombination	
Wettbewerbsstufen	einstufig		zweistufig		mehr als zweistufig			
Verfahrensform	anonym		kooperativ		erst kooperativ, dann anonym			
Zulassungsbereich	international	national	regional	lokal	Kombination			
Beteiligung	offen		beschränkt		erst offen, dann beschränkt			

= Beispielkombination

Abb. 45: Morphologischer Kasten der Entscheidungsvarianten;
Quelle: in Anlehnung an BfRBS, (Empfehlungen), S.12f und Landesinstitut für Bauwesen und angewandte Bauschadensforschung, (Wettbewerbe), S.17.

Städtebauliche Wettbewerbe, in der Regel handelt es sich um Ideenwettbewerbe, werden nahezu ausschließlich von der öffentlichen Verwaltung ausgelobt. Die Teilnehmer werden aufgefordert, grundsätzliche Lösungsansätze für die Bebauung eines größeren Gebietes zu entwickeln. Sie stellen häufig anschließend die Grundlage für die Erstellung eines Bebauungsplanes, bzw. werden ausgelobt, um einen solchen aufstellen zu können. Somit werden lediglich die Eckwerte für eine spätere Bebauung festgelegt. Vor allem im Rahmen der Berliner Hauptstadtplanung, wo völlig neue Stadtteile entstehen sollen, sind in den letzten Jahren diverse große städtebauliche Ideenwettbewerbe ausgelobt worden. Auch wenn aus einem gewonnen städtebaulichen Ideenwettbewerb kein Rechtsanspruch für weitere Planungen

22 Landesinstitut für Bauwesen und angewandte Bauschadensforschung, (Wettbewerbe), S. 17.

abgeleitet werden kann, ist es üblich, daß die Preisträger bei den anschließenden, häufig beschränkten, Realisierungswettbewerben eingeladen werden.

Somit entwickeln städtebauliche Wettbewerbe Lösungsansätze für ein größeres Gebiet und sind für eine gelenkte und zielorientierte Stadtentwicklung von zentraler Bedeutung. Beispiele wie die Hamburger City-Nord, wo ein neuer Stadtteil auf der grünen Wiese entstanden ist, zeigen deutlich, daß hervorragende Architektur der Einzelgebäude völlig unabhängig von der Wirkung des Ganzen ist. Es entstand ein willkürlich zusammengewürfelter Haufen von Solitärbauten ohne jeden Zusammenhalt. Aufgabe eines städtebaulichen Wettbewerbs wäre hier gewesen, Rahmenbedingungen und eine gesamthafte Ordnung für die weiteren Planungen zu schaffen.

Unter **Bauwerksplanungen** werden demgegenüber Wettbewerbe für ein konkretes Projekt verstanden. Unter fest vorgegebenen Rahmenbedingungen, z.B. die Ergebnisse eines städtebaulichen Ideenwettbewerbes sowie eines Nutzungs- und Raumkonzeptes, werden alternative realisierbare Lösungen gesucht. Neuerdings ist auch die reine Fassadenplanung, als eine abgewandelte Form der Bauwerksplanung, zu einer gewissen Bedeutung gekommen. Hierbei lobt der Bauherr nicht die Planung des gesamten Gebäudes, sondern lediglich die der Fassaden aus. Somit wird lediglich die Hülle eines Gebäudes einem konkurrierenden Verfahren unterstellt. Diese Form des Wettbewerbes wird vorzugsweise dann gewählt, wenn der Bauherr ein ganz bestimmtes und erprobtes Nutzungs- und Raumkonzept realisieren will.

Nach der Bestimmung des Wettbewerbsgegenstandes muß als zentrale Entscheidung der *Wettbewerbsinhalt* festgelegt werden. Die GRW 77 unterscheiden grundsätzlich zwischen Grundsatz- und Programmierungs-, Ideen- und Realisierungwettbewerben. Grundsatz- und Programmierungswettbewerbe beschäftigen sich mit der Klärung von Aufgaben bzw. der Ermittlung von Planungsgrundlagen und besitzen eine äußerst geringe Praxisrelevanz.[23]

Tendenziell "schwammig" definieren die GRW 77 *Ideenwettbewerbe* als "Wettbewerbe, die eine Vielfalt von Ideen für die Lösung der Aufgabe anstreben."[24] Bei der Auslobung wird explizit angeführt, daß eine weitere Beauftragung nicht beabsichtigt ist. Der von Weinbrenner[25] daraus abgeleiteten These, daß das Ergebnis eines Ideenwettbewerbes nicht zu einer Bauwerksrealisierung kommen kann, ist nicht zu folgen. Auch wenn bei einem Ideenwettbewerb keine Detailplanungen erwartet werden und nur Lösungsansätze skizziert werden sollen, ist nicht nachvollziehbar, warum die Ergebnisse nicht die Basis für eine weitere, z.B. freihändige, Beauftragung seien sollten. Aufgrund der nicht zugesicherten weiteren Beauftragung sind bei einem Ideenwettbewerb höhere Preisgelder auszusetzen.

Bei einem *Realisierungswettbewerb* steht die definitive Realisierung eines Projektes im Vordergrund. Somit muß bereits ein fest umrissenes Programm existieren. Die festgeschriebene Absicht des Auslobers, einen der Preisträger mit weiteren Leistun-

---

23 Vgl. BfRBS, (Empfehlungen), S. 51; In Teil B, Kap. 4 sollen Ansätze dargestellt werden, dieser Form von Wettbewerben Praxisrelevanz zu verschaffen.

24 GRW 77, Ziffer 2.2.1.2.

25 Vgl. Weinbrenner, E. / Jochem, R., (Architektenwettbewerb), S. 37.

gen zu beauftragen, wurde vom BGH sehr eng ausgelegt. Der Auslober gibt nicht nur eine unverbindliche Absichtserklärung ab, sondern eine rechtsgeschäftliche Verpflichtungserklärung und ist somit *grundsätzlich verpflichtet, einen Preisträger zu beauftragen.* Begründet wird diese enge Auslegung u.a. damit, daß ein eklatantes Mißverhältnis zwischen dem Aufwand des Architekten und den ausgeschrieben Preissummen besteht.[26]

Hinsichtlich der Anzahl von *Wettbewerbsstufen* läßt die GRW 77 freie Hand. Lediglich bei mehrstufigen Verfahren werden Forderungen aufgestellt. Bei weiteren Stufen dürfen beispielsweise keine neuen Teilnehmer hinzugezogen werden.

Grundgedanke eines mehrstufigen Verfahrens ist die Berücksichtigung von Teilergebnissen im Sinne eines iterativen Problemlösungsprozesses. Häufiger ist in der Praxis ein mehrstufiges Verfahren im Sinne eines vorgelagerten städtebaulichen Ideenwettbewerbes und eines anschließenden begrenzten Realisierungswettbewerb anzutreffen. Dabei handelt es sich allerdings strenggenommen nicht um ein zweistufiges Verfahren, da der Wettbewerbsgegenstand unterschiedlich ist.

Eng verknüpft mit der Frage nach der Anzahl der Wettbewerbstufen ist die Frage der *Verfahrensform*, d.h., ob das Wettbewerbsverfahren anonym oder kooperativ sein soll. Dabei befindet sich das Wettbewerbsverfahren in einem Dilemma. So sinnvoll ein kooperatives, mehrstufiges Verfahren in der Theorie auch ist, muß in Frage gestellt werden, ob die Teilnehmer bereit sind, Teilergebnisse zur Diskussion zu stellen und somit zu riskieren, daß andere von den Gedanken profitieren. Solange es für jeden Teilnehmer das primäre Ziel ist, den ersten Preis zu erringen, scheint es mir unmöglich, die Basis für einen sinnvollen Informationsaustausch zwischen Auslober, Preisgericht und Teilnehmern zu schaffen.

Die GRW 77 benennt das anonyme Verfahren ausdrücklich als Regelverfahren.[27] Kooperative Verfahren können nur bei begrenzter Anzahl von Teilnehmern durchgeführt werden und haben in der Praxis nur eine untergeordnete Bedeutung. Die GRW 77 benennt kooperative Verfahren explizit als Variante bei zweistufigen Verfahren, wobei die erste anonym, die zweite dann kooperativ sein sollte.

Grundsätzlich stellt sich die Frage, ob ein Wettbewerbsverfahren anonym sein sollte, da zumindest die erfahrenen Preisrichter mit sehr hoher Treffsicherheit die Entwürfe der einzelnen Büros erkennen.[28]

Der Auslober hat die freie Wahl, ob er einen Wettbewerb offen oder beschränkt ausloben möchte. Die Frage des Zulassungsbereiches ist im Prinzip nur bei offenen Wettbewerben relevant. Je nach Bedeutung der Bauaufgabe, wird der Auslober den *Zulassungsbereich* und/oder die *Beteiligung* begrenzen.

---

26 Eine ausführliche Schilderung des Sachverhaltes; vgl. Mitgliedern des Bundesgerichtshofes und der Bundesanwaltschaft, (Entscheidungen).

27 Vgl. GRW 77, Ziffer 2.2.3.

28 Ein Interviewpartner bezeichnete das Erraten der Teilnehmer als die spannendeste Aufgabe bei einem Preisgericht. Die hohe Trefferquote liegt an den unterschiedlichen Darstellungen, Schriftarten, etc.

Folgende Entscheidungskriterien sind bei der Frage des Zulassungsbereiches und der Beteiligung relevant:

1. Bedeutung der Ortsansässigkeit eines Büros,
2. Risikominimierung,
3. zeitlicher Aufwand und
4. Kosten.

Bei internationalen Wettbewerben "sollten die Regeln der Union Internationale des Architectes angewendet werden."[29]

Bei einem beschränkten Wettbewerb dürfen nur eingeladene Architekten teilnehmen, somit handelt es sich um einen Numerus Clausus. Die Teilnehmerzahl beträgt bei beschränkten Wettbewerben normalerweise zwischen sechs und acht Büros. Die eingeladenen Büros müssen im Auslobungstext namentlich benannt sein. Von den Grundgedanken und Entscheidungskriterien entspricht der beschränkte Wettbewerb vollständig dem Gutachterverfahren. Aus der Sicht des Auslobers unterscheiden sich beschränkter Wettbewerb und Gutachterverfahren vor allem dadurch, daß der Auslober sich an die Richtlinien der GRW 77 zu halten hat. Das beschränkte Verfahren ist konstitutiv für die zweite Stufe eines mehrstufigen sowie eines kooperativen Verfahrens.

Bei einem offenen Wettbewerb ist jeder, der den fachlichen und persönlichen Anforderungen[30] entspricht, aus dem gewählten Zulassungsgebiet[31] teilnahmeberechtigt. Für den Auslober ist ein offener Wettbewerb ein Vabanquespiel. Erstens ist völlig ungewiß, wer teilnimmt. Arrivierte Büros beteiligen sich ungern an offenen Wettbewerben. Zweitens garantiert ein offener Wettbewerb nicht, daß das siegreiche Büro in der Lage ist, das Projekt zu realisieren, bzw. die Details "durchzustehen". Der Auslober kann keine vorausgehende Auswahl hinsichtlich der Bürokapazitäten machen. Drittens kann ein offener Wettbewerb zu einer unvorstellbaren Materialschlacht führen, die weder für den Auslober, noch für das Preisgericht zu bewältigen ist. Folgende Auflistung stellt die Teilnehmerzahl von einigen ausgewählten offenen Wettbewerben dar:[32]

1. Knabenschule Schwerin (1910) 357 Einsendungen
2. Oberrealschule Fulda (1913) 397 Einsendungen
3. Parc de la Villette (1982) 471 Einsendungen
4. Abschluß der Achse Louvre-La Défense (1983) 424 Einsendungen
5. Oper am Place de la Bastille (1983) 765 Einsendungen
6. Spreebogen Berlin (1993) 835 Einsendungen

29 Randnotiz zu GRW 77, Ziffer 2.3.

30 In der Regel die Eintragung in die Architektenliste. Viel diskutiert ist in diesem Zusammenhang die Frage, ob beamtete Architekten teilnahmeberechtigt sein sollen.

31 Häufig sind offene Wettbewerbe nur regional, d.h. für ein oder mehrere Bundesländer offen.

32 Schwerin und Fulda; Becker, H., (Städtebauwettbewerbe), S. 203; Spreebogen, Schiller, A., "Gedränge bei Wettbewerben", in: Immobilien Manager, Dez. 1993, S. 92; die anderen Angaben, Haagsma, I. / Haan, H. de, (Architekten-Wettbewerbe), S. 18.

Dies bedeutete beispielsweise beim Wettbewerb für die Oper am Place de la Bastille, daß die Auslage der eingereichten Arbeiten eine Länge von drei bis vier Kilometern hatte.[33] Normalerweise ist bei regional offenen Wettbewerben mit 30-80 Teilnehmern zu rechnen.[34] Allerdings ist auch das Gegenteil möglich. Beim städtebaulichen Ideenwettbewerb Neubau ZOB Kiel haben drei Büros teilgenommen und laut Preisgerichtsprotokoll äußerst "dürftige" Arbeiten abgeliefert.[35] Grundsätzlich sollte bei offenen Wettbewerben im vorhinein geprüft werden, wie viele und welche Wettbewerbe parallel veranstaltet werden. Die These von Weinbrenner, daß der offene Wettbewerb die Regelauslobung darstellt,[36] ist nicht haltbar. Auch seitens der Architekten, nicht aber der Architektenkammern, werden beschränkte Wettbewerbe vorgezogen.

Eine Mischform stellt der *offene Wettbewerb mit Zuladung* dar. Neben den Teilnahmeberechtigten aus einem Zulassungsgebiet werden auswärtige Büros gesondert eingeladen. Das Risiko für den Bauherren kann somit sicherlich gesenkt werden. Dennoch muß berücksichtigt werden, daß die Zuladungen demotivierend auf das Teilnehmerfeld wirken können. Für diese kann der Eindruck entstehen, lediglich Staffage zu sein.[37]

Auch wenn der offene Wettbewerb dem Ideal des freien Marktes entspricht, bei dem jeder teilnehmen kann, muß berücksichtigt werden, daß kleine Büros finanziell nicht in der Lage sind, teilzunehmen und somit das Argument der Talentförderung nicht schlüssig ist. Folglich ist es eher ein offener Wettbewerb zwischen den mehr oder weniger etablierten Büros. Trotzdem erhöht sich mit der Anzahl der Teilnehmer sicherlich die Chance, einen "genialen" und vor allem unerwarteten Entwurf zu erhalten.

Die **Praxisrelevanz** von GRW-konformen Wettbewerben hängt maßgeblich von sechs, teilweise voneinander abhängigen Faktoren ab:

1. städtebauliche Strategie der öffentlichen Verwaltung,
2. Machtposition der öffentlichen Verwaltung,
3. Planungsrecht,
4. der Staat als Besitzer von Grundstücken,
5. konjunkturelle Lage und
6. Einfluß der Kammern.

Die Faktoren zeigen, daß die Bedeutung des Wettbewerbswesens maßgeblich durch die öffentliche Verwaltung beeinflußt wird. Prinzipiell geht es darum, inwieweit

33 Haagsma, I. / Haan, H. de, (Architekten-Wettbewerbe), S. 18.

34 Landesinstitut für Bauwesen und angewandte Bauschadensforschung, (Wettbewerbe), S. 23.

35 Landeshauptstadt Kiel, (ZOB); Die Ergebnisse waren dermaßen schwach, daß keine Preise vergeben wurden, Magistrat Baudezernat der Landeshauptstadt Kiel, (ZOB), S. 13.

36 Weinbrenner, E. / Jochem, R., (Architektenwettbewerb), S. 56.

37 Der Berliner Senator für Bau- und Wohnungswesen W. Nagel spricht sich ebenfalls deutlich gegen offene Wettbewerbe mit Zuladungen aus, da erfahrungsgemäß die Unbekannteren den Kürzeren ziehen, weil erfahrungsgemäß immer einer der Zugeladenen den ersten Preis gewinnt, "Schlicht und einfach nach GRW?", Bauwelt-Gespräch zum Thema Wettbewerbe, in: Bauwelt, Heft 19, 1990, S. 958.

die öffentliche Verwaltung ihre Machtposition gegenüber den Investoren ausnutzt, um das Wettbewerbswesen zu fördern. Im Falle des Staates als Besitzer von Grundstücken kann unmittelbar die Auslobung eines Wettbewerbes zur Vertragsgrundlage gemacht werden. In den anderen Fällen muß mittelbar über die Gewährung von Ausnahmen und Befreiungen oder die Verfahrensbeschleunigung Einfluß auf den Investor genommen werden.

Abbildung 46 stellt die Zahl der Wettbewerbe in den letzten 30 Jahren dar:

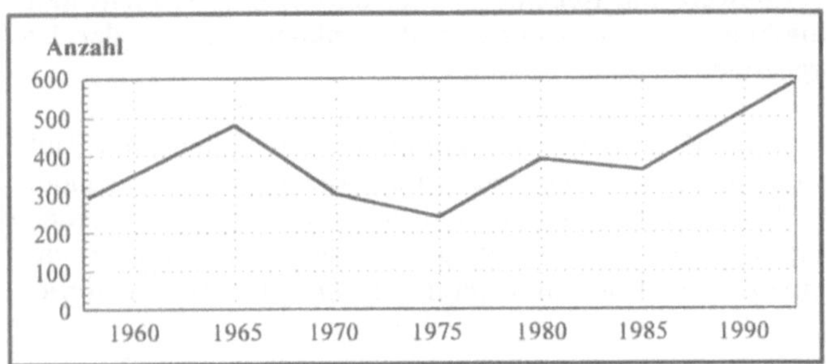

Abb. 46: Architekturwettbewerbe 1960 - 1990

Quelle: BfRSW, (Ideen), S. 306

Auffallend ist, daß die Bedeutung des Wettbewerbwesens parallel zur Baukonjunktur verläuft. Dabei wäre sicherlich ein antizyklischer Verlauf erstrebenswert, d.h., daß bei einer schwachen Baukonjunktur mehr Bauvorhaben über ein Wettbewerb initiiert werden.[38]

In den letzten Jahren ist bei größeren Projekten in absoluten Top-Lagen der Wettbewerb zum Regelverfahren geworden. Dabei gibt es allerdings standortspezifische Unterschiede. Je nach Konstellation der beteiligten Personen sind hier vor allem die Oberbaudirektoren entscheidend. Das Wettbewerbswesen erhält damit einen unterschiedlichen regionalen Stellenwert.

Lediglich knapp 20% aller Architekturbüros beteiligen sich regelmäßig an Wettbewerben. Von diesen haben auch nur 40% je einen Wettbewerb gewonnen, von denen nur 15% zu einer Realisierung führten, so daß insgesamt nur 1,2% aller Büros einen oder mehrere Wettbewerbe gewannen, die anschließend zu einer Beauftragung führten.[39] 1993 nahmen 30'000 Architekten an offiziellen Wettbewerben oder anderen Alternativverfahren teil.[40]

2.2 Auslobungsphase eines GRW-konformen Wettbewerbs

In der Auslobungsphase muß der Auslober die Grundlagen für den Wettbewerb schaffen, d.h. er muß nach dem morphologischen Kasten festlegen, welche Komponenten er auswählen möchte, die Wettbewerbsunterlagen zusammenstellen, das

38 Vgl. Weinbrenner, E. / Jochem, R., (Architektenwettbewerb), S. 28.

39 Vgl. Gerkan, M.v., (Verantwortung), S. 163.

40 Vgl. Schiller, A., "Gedränge bei Wettbewerben", in: Immobilien Manager, Dez. 1993, S. 92.

Preisgericht und gegebenenfalls die einzuladenen Architekten auswählen sowie den Zustimmungsvermerk des Wettbewerbsauschusses der Architektenkammer einholen. Die erste Phase endet mit dem Rückfragenkolloquium. Bereits in dieser Phase muß der Auslober sich bewußt sein, welche Kosten zu erwarten sind und wieviel Zeit einzuplanen ist.

2.2.1 Exkurs: Architektur- und wettbewerbsorientierte Berater

Unter architektur- und wettbewerbsorientierten Beratern sollen Unternehmen verstanden werden, die sich auf die Organisation von Wettbewerbsverfahren spezialisiert haben. Ihr Aufgabengebiet umfaßt folgende Teilaufgaben:

1. Beratung des Bauherrn über das Wettbewerbsverfahren,
2. Ausarbeitung der Auslobungsunterlagen,
3. Unterstützung bei der Auswahl von Jurymitgliedern und ggf. Teilnehmern,
4. Beschaffung des Zustimmungsvermerkes des Wettbewerbsausschusses der Architektenkammer,
5. Organisation des Rückfragenkolloquiums,
6. Vorprüfung und Präsentation der Arbeiten gegenüber dem Preisgericht,
7. Organisation der Preisgerichtssitzung,
8. Dokumentation des Wettbewerbes und
9. Organisation der Ausstellung der Wettbewerbsarbeiten.

Ihr Tätigkeitsbereich beginnt somit direkt nach der Entscheidung zur Auslobung eines Wettbewerbes, endet nach Abschluß des Wettbewerbes und umfaßt somit lediglich die Betreuung des Wettbewerbes. In der Regel handelt es sich bei architektur- und wettbewerbsorientierten Beratern um Architekten, die sich auf die Organisation und Betreuung von Wettbewerben spezialisiert haben.[41]

Die Vorteile aus der Sicht des Auslobers, einen architektur- und wettbewerbsorientierten Berater mit der Betreuung eines Wettbewerbes zu beauftragen, sind vor allem:

1. Zeitvorteile durch Erfahrungen mit dem Verfahren,
2. freie Kapazitäten und
3. Kontakte.

Aufgrund ihrer Spezialisierung und der daraus resultierenden Erfahrung sind architektur- und wettbewerbsorientierte Berater in der Lage, einen Wettbewerb in erheblich kürzerer Zeit zu organisieren, als ein Auslober. Architektur- und wettbewerbsorientierte Berater kalkulieren, daß sie nur die Hälfte bis ein Drittel der Zeit wie z.B. eine Behörde für die Durchführung eines Wettbewerbes benötigen.

In den öffentlichen Verwaltungen fehlen eigene personelle Kapazitäten zur Durchführung von Wettbewerben, daher wird möglichst viel extern vergeben. Vor allem

41 In Hamburg gibt es fünf spezialisierte Büros, von denen vier von der Architekturseite und nur eines aus der klassischen Unternehmens- bzw. Organisationsberatung kommt.

bei der zeitintensiven Vorprüfung können architektur- und wettbewerbsorientierte Berater problemlos auf Studenten als preiswerte Hilfskräfte zurückgreifen.

Außerdem dürfte es architektur- und wettbewerbsorientierten Beratern erheblich leichter fallen, den notwendigen Zustimmungsvermerk des Wettbewerbsauschusses der Architektenkammer zu erlangen. Häufig werden die Auslober nach einem ersten Kontakt mit dem Wettbewerbsausschuß an diese weiterempfohlen, wodurch schon ein enger Kontakt zwischen Wettbewerbsauschuß und Berater entsteht. Aufgrund ihrer Erfahrung haben sie auch einen guten Überblick über die aktuelle "Szene", sowohl hinsichtlich potentieller Preisrichter, als auch potentieller Teilnehmer bei einem beschränkten Wettbewerb. Dies gilt vor allem für Berater, die aus der Architektenschaft kommen.

So einleuchtend die Vorteile des Einsatzes von architektur- und wettbewerbsorientierten Beratern auf den ersten Eindruck auch erscheinen, muß ein Bauherr sich bewußt sein, daß sie tendenziell eher auf der Seite der Architektenschaft stehen und somit primär deren Interessen vertreten.

2.2.2 Zusammensetzung der Jury und die Auswahl eingeladener Architekten

Die GRW 77 fordern, daß in den Auslobungsunterlagen bereits die Namen der Preisrichter und der eingeladenen Architekten aufgeführt sind. Somit muß der Auslober, in der Regel in Abstimmung mit Vertretern der Bauverwaltung, in einem ersten Schritt diese bestimmen.

Die GRW 77 unterscheiden zwischen Fach- und Sachpreisrichtern. Fachpreisrichter sind dabei qualifizierte Fachleute der entsprechenden Fachrichtung und somit gegenüber dem Bauherrn weitestgehend unbefangen und erfahren in der Beurteilung architektonischer Qualität. Auch wenn eine große Erfahrung Voraussetzung für die schnelle Beurteilung der Entwurfsqualität ist,[42] erscheint es mir bedenklich, daß vor allem bei beschränkten Wettbewerben eine Personalunion zwischen Teilnehmern und Fachpreisrichtern existiert. Die Teilnehmer eines Wettbewerbes sind Preisrichter beim folgenden Wettbewerb, bei dem wiederum die vorangegangenen Preisrichter Teilnehmer sein werden.[43]

Sachpreisrichter sollen demgegenüber "mit den örtlichen Verhältnissen und der Wettbewerbsaufgabe besonders vertraut sein."[44] So fungieren der Auslober und die Vertreter der Lokalpolitik in der Regel als Sachpreisrichter. "Das Preisgericht muß sich in der Mehrzahl aus Fachpreisrichtern zusammensetzen. Hiervon sollten die Hälfte, mindestens jedoch zwei, freischaffende Fachleute sein."[45]

42 Auf das Problem eines kleinen Kreises von immer wieder beauftragten Fachpreisrichtern wird im vierten Kapitel dieses Teils näher eingegangen.

43 Hier besteht auch ein Generationenkonflikt, da jüngere Architekten quasi nie in einem Preisgericht vertreten sind und die Älteren Innovationen verhindern.

44 GRW 77, Ziffer 3.3.3.

45 GRW 77, Ziffer 3.3.2.

Und nun beginnt das "Taktieren". Schier unendlich ist die Diskussion, inwieweit durch die Auswahl der Jurymitglieder bereits eine Vorentscheidung getroffen wird. Die wesentliche Aufgabe bei der Zusammensetzung des Preisgerichtes ist die Berücksichtigung der unterschiedlichen Einflußgrößen, d.h., es soll eine möglichst breite Unterstützung des Projektes im weiteren Verlauf sichergestellt werden. Kollhoff merkt m.E. hierbei zu Recht an, daß Wettbewerbe "zu Legitimationsinstrumenten verkommen sind, um bestimmte politische Konflikte mit den Mitteln des Architektenwettbewerbes zu umgehen."[46] Die Zusammensetzung würde kein Problem darstellen, wenn das Preisgericht unbegrenzt erweitert werden könnte. Damit eine optimale Zusammenarbeit sichergestellt werden kann und die Kosten des Preisgerichtes im Rahmen bleiben, sollte allerdings ein Preisgericht, je nach Größe und Bedeutung eines Projektes, aus maximal 15 Teilnehmern bestehen. Somit gibt es weniger Plätze als Personen, die teilnehmen möchten.

Da in der Fachpresse lediglich die Fachpreisrichter erwähnt werden, ist das Fachpreisrichteramt mit mehr Ansehen verbunden. Neben etablierten Architekten sind auch die Vertreter der öffentlichen Bauverwaltung klassische Fachpreisrichter. Bei den Sachpreisrichtern ist es entscheidend, die entsprechenden Lokalpolitiker zu integrieren. Vor allem wenn kein Bebauungsplan vorliegt, haben sie anschließend maßgeblichen Anteil an der Durchsetzung des Projektes in den politischen Gremien. Auf diese Weise wird einem Projekt die notwendige "politische Rückendeckung" verliehen. Grundsatz ist hier, daß, wer im Preisgericht dabei ist, kann anschließend weniger Steine in den Weg legen kann. Darüber hinaus sind die Vertreter des Auslobers als Sachpreisrichter engagiert. Durch deren Beteiligung soll sichergestellt werden, daß die Interessen des Bauherrn nicht zu kurz kommen.

Auch wenn die Zusammensetzung eines Preisgerichtes nicht zwangsläufig als Vorentscheidung gewertet werden kann, ist m.E. aber offensichtlich, daß dadurch eine Richtung von Architekturauffassungen und städtebaulichen Positionen vorgegeben werden: "Es thäte fast Noth, daß der an Konkurrenzen Betheiligte, den Charakter des Preisgerichts eifriger studirte, als die Eigenthümlichkeiten des Programms."[47] Vor allem aber bietet die Zusammensetzung des Preisgerichts die Möglichkeit, ein Projekt breit abzusichern und somit möglichen Widerstände entgegenzukommen.

Eine weitere wichtige Entscheidung im Vorfeld der Auslobung eines beschränkten Wettbewerbes ist die Auswahl der einzuladenen Architekten. Auch bei regional offenen Wettbewerben werden häufig spezielle Architekten gesondert eingeladen. Generell müssen alle geladenen Architekten im Auslobungstext benannt werden. Bei der Auswahl der sechs bis acht Architekten werden in Hamburg beispielsweise die Vorschläge des Auslobers, des Oberbaudirektors und des Leiters der jeweiligen Stadtplanungsabteilung berücksichtigt. Als Faustregel gilt, daß die Hälfte aus Ham-

46 "Schlicht und einfach nach GRW?", Bauweltgespräch zum Thema Wettbewerbe, in: Bauwelt, Heft 19, 1990, S. 958; Strong spricht in diesem Zusammenhang vom "public relations value" eines Wettbewerbes, indem demonstriert wird, daß alles getan wird, um zu einer optimalen Lösung zu kommen; vgl. Strong, J., (Participating), S. 65.

47 Ebe, G., "Zur Frage der architektonischen Konkurrenzen", in: Deutsche Bauzeitung, Heft 33, 1885; zitiert in: Becker, H., (Städtebauwettbewerbe), S. 255.

burger Architekten besteht, mindestens ein Nachwuchsarchitekt und ein sogenannter "grauer Panther", d.h., eine in Ehren ergraute Koryphäe, berücksichtigt wird.

Selbstverständlich beeinflußt der Auslober durch die Auswahl der eingeladenen Architekten maßgeblich das zu erwartende Ergebnis eines Wettbewerbes. Dies wird vor allem dadurch gefördert, daß renommierte Architekten über eine "Marke" verfügen. Es muß also nicht verwundern, daß kein Centre Pompidou unter den Entwürfen zu finden ist, wenn sechs Hamburger "Backsteinfetischisten" eingeladen werden. Der Auslober beeinflußt mit seiner Auswahl maßgeblich die Bandbreite der eingereichten Entwürfe.[48]

So trivial das Fazit auch klingen mag, aber das Verfahren ist nur so leistungsfähig, wie die an ihm Beteiligten, und dies sind in erster Linie Preisgericht und Teilnehmer.

2.2.3 Auslobungsunterlagen

Die Auslobungsunterlagen stellen die Grundlage für die Entwurfsarbeiten der Teilnehmer dar. Sie setzen sich im wesentlichen aus vier Teilen zusammen:[49]

1. Allgemeine Wettbewerbsbedingungen,
2. Rahmenbedingungen,
3. Wettbewerbsaufgabe und
4. Anlagen.

Im Rahmen der allgemeinen Wettbewerbsbedingungen werden die Eckwerte des Wettbewerbes bekanntgegeben. Hierzu gehört u.a. die Wettbewerbsart, die Teilnahmeberechtigung, die Zusammensetzung des Preisgerichtes sowie Preissummen und Termine. Im wesentlichen handelt es sich um die Spielregeln des Verfahrens.

Bei den Rahmenbedingungen geht es vorwiegend um die städtebauliche Einordnung des Projekts und um planungsrechtliche Vorgaben. Den Teilnehmern müssen sämtliche externen Restriktionen bekanntgegeben werden. Hierbei handelt es sich im besonderen um Angaben über das Wettbewerbsgrundstück, die Verkehrsanbindung, das städtebauliche Umfeld, die städtebaulichen Zielsetzungen, sowie über das konkrete Bauordnungs- und Bauplanungsrecht.

---

48 Die Auswahl der eingeladenen Architekten für den Wettbewerb um das Sony-Areal am Potsdamer Platz ist ein klassisches Beispiel für eine vorentscheidende Selektion, bei der der Auslober die Richtung eindeutig vorgegeben hat und somit der Wettbewerb nur noch eine Alibifunktion hat, weil die Preisrichter sich auf "die erträglichste der sieben ungeliebten Entwürfe geeinigt haben". Sack spricht von einer "primitiven Auswahl"; Sack, M., "Schmelzendes Packeis", in: Die Zeit, 11.9.1992, S. 61f

49 Bei offenen Wettbewerben wird in der Regel für die Zusendung der Auslobungsunterlagen eine Schutzgebühr von 100 - 200 DM erhoben. Die GRW 77 sieht explizit solche Schutzgebühren vor, die allerdings erstattet werden, wenn entweder ein prüffähige Arbeit eingereicht wird, oder aber die Unterlagen fristgerecht zurückgesandt werden.

Die Beschreibung der Wettbewerbsaufgabe sollte präzise Angaben über das Gebäudekonzept sowie über das Raumprogramm enthalten. Folglich handelt es sich um einen Anforderungskatalog an den Teilnehmer. Der Auslober muß seine Ziele klar und eindeutig formulieren: "Weiß der Ausschreibende nicht was er will, so pflegt ihm auch ein Wettbewerb darauf keine Antwort zu ertheilen..."[50] Hierbei sollte zwischen zwingenden Anforderungen und Anregungen unterschieden werden. Die Geschichte des Wettbewerbswesen weist diverse Wettbewerbsmißerfolge auf, die auf eine mangelhafte Vorbereitung zurückzuführen sind. Beispiele sind das Hamburger Rathaus (Widerspruch zwischen Programmvolumen und Größe des Baugrundstücks), der Berliner Dom (fehlendes Raumprogramm) sowie der erste Wettbewerb zum Deutschen Reichstag (das Grundstück stand nie zur Verfügung).[51]

Mit den Anlagen bekommt der Teilnehmer normalerweise die notwendigen Pläne, Luftbilder sowie eine Modelleinsatzplatte ausgehändigt.[52]

Die Ausarbeitung der Auslobungsunterlagen ist ausgesprochen schwierig. Handelt es sich bei den allgemeinen Wettbewerbsbedingungen und den Rahmenbedingungen um Standardtexte bzw. um Fleißarbeit, ist vor allem die Festlegung der Wettbewerbsaufgabe problematisch. Der Auslober sollte einerseits die Kreativität der Teilnehmer nicht unnötig einschränken, andererseits muß er klare Angaben über seine Ziele machen, damit die Ergebnisse seinen Vorstellungen entsprechen. Grundsätzlich sollte vor allem hinsichtlich der Quantität der zu erbringenden Wettbewerbsleistungen, nur soviel gefordert werden, wie absolut notwendig ist und vor allem auch nur soviel wie im Rahmen der Vorprüfung und des Preisgerichtes sinnvoll geprüft werden kann.

Die Auslobungsunterlagen, deren Endfassung mit den Preisrichtern besprochen werden sollte, müssen die Grundlage für das weitere Verfahren darstellen. In der Praxis ist allerdings häufig festzustellen, daß sich weder die Preisrichter, noch die Teilnehmer strikt an die Auslobungstexte halten bzw. diese großzügig interpretieren.[53] Dies dokumentieren auch Aussagen von Architekten wie beispielsweise: "was interessiert die Nachwelt der Auslobungstext" oder "wer sich dran hält, hat schlechte Karten."

Im Sinne des klassischen Ökonomischen Prinzips sollte ein festgesetztes Ziel mit einem Minimum an Aufwand angestrebt werden. Der Auslober ist dafür verantwortlich, daß eine unwirtschaftliche "Materialschlacht" verhindert wird. Die Tatsache, daß die auszulobenden Preissummen weitestgehend unabhängig von den Wettbewerbsanforderungen sind, bedeutet nicht, daß der Auslober ein quantitatives Maximum für "sein Geld" fordern sollte.[54]

---

50 Stier, H., "Ergebnisse", in: Deutsche Bauzeitung, Heft 75, 1890, S. 454; zitiert in: Becker, H., (Städtebauwettbewerbe), S. 252.

51 Becker, H., (Städtebauwettbewerbe), S. 32ff.

52 Die Modelleinsatzplatte ermöglicht es beispielsweise in Hamburg, den Entwurf in das Stadtmodell einzusetzen und somit dessen Gesamtwirkung zu beurteilen. Außerdem können hierdurch Modelle besser miteinander verglichen werden.

53 Auf dieses Problem wird ausführlicher in Teil B, Kap. 4.2 eingegangen.

54 Einen Überblick über die Kritik am Programm und Verfahren von 1879 bis 1990 bietet Becker; Becker, H., (Städtebauwettbewerbe), S. 252f.

2.2.4 Wettbewerbsauschüsse der Architektenkammern

Die Funktion der Wettbewerbsausschüsse, es handelt sich hierbei genau wie bei der gesamten Architektenkammer um eine Lobby der Architektenschaft, ist in Ziffer 3.4. der GRW 77 geregelt. Ihnen sind im wesentlichen folgende Aufgaben zugewiesen:

1. Die Beratung bei der Vorbereitung der Auslobung,
2. die Begleitung des Verfahrens und
3. die Mitwirkung bei Verfahrenseinsprüchen.

Somit handelt es sich um eine kostenlose und ehrenamtlich geführte Beratungs- und Schiedsstelle. "Es hat sich gezeigt, daß ohne ihre entscheidende Mitwirkung das Wettbewerbswesen und der einzelne Wettbewerb nicht funktioniert."[55] Zumindest für Hamburg kann dieser Aussage allerdings nicht gefolgt werden und die notwendige Zustimmung des Wettbewerbsauschusses ist eher eine Formalität. Dies liegt zum einen daran, daß sie weder gegenüber den Teilnehmern, geschweige denn gegenüber dem Auslober eine durchsetzbare Rechtsposition haben und zum anderen ihre Beratungsfunktion von architektur- und wettbewerbsorientierten Beratern wahrgenommen wird.

2.2.5 Rückfragenkolloquium

Um den einem anonymen Verfahren immanenten mangelnden Informationsaustausch zwischen Wettbewerbsteilnehmer und Auslober zu begrenzen, sieht die GRW 77 explizit Rückfragen und Kolloquien vor, da es einen schweren Verfahrensverstoß darstellt, wenn sich ein Teilnehmer mit dem Auslober oder einem Preisrichter während der Bearbeitungszeit über die gestellte Aufgabe unterhält und um persönliche Auskunft nachsucht.[56] In der Praxis hat sich das Rückfragenkolloquium durchgesetzt. Beim Rückfragenkolloquium, das in der ersten Hälfte der Bearbeitungszeit stattfinden muß, werden schriftliche und mündliche Fragen der Wettbewerbsteilnehmer beantwortet. Die Fragen und Antworten werden anschliessend an alle Teilnehmer versandt und bilden einen Bestandteil der Auslobung. Somit besteht die Möglichkeit, Unklarheiten zu beheben.

Die Implementierung eines iterativen Planungselementes mit dem Ziel, den Auslobungstext zu optimieren, setzt allerdings voraus, daß die Teilnehmer auch bereit sind, über ihr bisheriges Vorgehen Auskunft zugeben. Eine Analyse von exemplarisch ausgewählten Rückfragenprotokollen ergibt, daß im wesentlichen Verständnisprobleme und Detailfragen geklärt und Fehler in den Auslobungsunterlagen korrigiert werden müssen.

---

55 Weinbrenner, E. / Jochem, R., (Architektenwettbewerb), S. 66.
56 Weinbrenner, E. / Jochem, R., (Architektenwettbewerb), S. 80.

2.2.6 Dauer und Kosten eines Wettbewerbsverfahrens

Zu den von Investoren immer wieder vorgebrachten Kritikpunkten am Wettbewerbswesen gehört, daß Wettbewerbe sehr viel *Zeit* benötigen. Folgende Tabelle stellt den Zeitbedarf beispielhaft für Projekte in Nordrhein-Westfalen dar:

alle Angaben in Monaten	Vorbereitung und Auslobung	Bearbeitung	Prüfung und Beurteilung	Total
offene Realisierungswettbewerbe				
Justizfortbildungsstätte Recklinghausen	12	4	4	20
Justizzentrum in Dortmund	11	5	5	21
Landesbehördenhaus Gelsenkirchen-Buer	10	4	3	17
Amtsgericht in Arnsberg	17	5	3	25
Landtag NRW in Düsseldorf	9	6	2	17
Amtsgericht und Finanzamt in Bergheim	6	4	6	16
Mittelwert	10,8	4,7	3,8	19,3
beschränkte Realisierungswettbewerbe				
Erweiterung des Polizeipräsidiums in Dortmund	17	3	2	22
Polizeidienstgebäude und Kriminalaußenstelle Greven	8	3	1	12
Polizeidienstgebäude und Feuerwache in Stolberg	3	4	1	8
Amtsgericht in Kerpen	2	4	1	7
Mittelwert	7,5	3,5	1,3	12,3

Tab. 12: Zeitbedarf beispielhafter Projekte
Quelle: Landesinstitut für Bauwesen und angewandte Bauschadensforschung, (Wettbewerbe), S. 41ff sowie eigene Berechnungen. Die Wettbewerbe fanden zwischen 1977 und 1982 statt.

Bei Betrachtung des Zeitbedarfs sind mehrere Faktoren zu berücksichtigen. Für Bauten der öffentlichen Verwaltung dürfte tendenziell der Abstimmungsbedarf bei der Vorbereitung und Auslobung größer und somit zeitintensiver als bei privaten Bauherren sein. Zwischen den einzelnen Wettbewerben bestehen erhebliche Unterschiede, die allerdings nicht auf die Größe des jeweiligen Projektes zurückzuführen sind. Die Vorbereitung und Auslobung des Wettbewerbes sind mit 56% bzw. 61% bei beschränkten Wettbewerben die mit Abstand zeitintensivste Phase, die nicht der Architektenschaft angelastet werden kann, und mit nur geringen Abstrichen vergabeformunabhängig anfällt. Eine beschränkte Auslobung führt bei diesen Beispielen zu einer Zeiteinsparung von etwas über einem Drittel.

Vergleicht man den Zeitbedarf der Vergabeformen, dann muß man sowohl die Planungszeit, als auch die Zeit bis einschließlich der Erteilung der Baugenehmigung betrachten. Vor allem bei Grundstücken, für die kein aktueller Bebauungsplan vorliegt, kann das Wettbewerbsverfahren sogar erhebliche Zeitvorteile schaffen, da ein *gewonnener Wettbewerb planungsrechtlich als genehmigter Vorentscheid gilt*.

Die *Kosten für den Auslobers* setzen sich aus allgemeinen Veranstaltungskosten und Preissummen zusammen. Die Auslobung eines GRW-konformen Wettbewerbes stellt eine Ausnahmesituation nach §4 HOAI da und erlaubt somit eine Honorierung unter den Mindestsätzen.[57] Zur Ermittlung der Preissumme wird in einem ersten Schritt das Basishonorar ermittelt. Das Basishonorar ist das Honorar, daß nach der Honorarordnung für die geforderten Leistungen gezahlt werden müßte. Die Berechnungstabelle in Ziffer 6.3. der GRW 77 ermittelt dann das Verhältnis zwischen Basishonorar und Preis- und Ankaufsumme. Müssen bei einem Basishonorar von 10'000 DM als Preis- und Ankaufssumme 37'000 DM ausgelobt werden, ist das Verhältnis bei einem Basishonorar von 200'000 DM nur noch 1:1. Ab einem Basishonorar von 200'000 DM ist die Höhe der Preis- und Ankaufssumme Verhandlungssache. In Ziffer 6.8. der GRW 77 wird eine Staffelung der Preis- und Ankaufsummen vorgeschlagen.[58] Bei beschränkten Wettbewerben soll die Hälfte der Preis- und Ankaufsumme als Bearbeitungshonorar gleichgewichtig unter den eingeladenen Architekten verteilt werden. Bei einer anschließenden Beauftragung eines Preisträgers kann dessen Preisgeld auf sein Honorar angerechnet werden.

Da vor dem Wettbewerb die anrechenbaren Kosten zur Ermittlung des Basishonorars geschätzt werden müssen, sind Divergenzen zwischen dem Auslober und vor allem dem Wettbewerbsauschuß der Architektenkammer programmiert. Als Faustregel für die Gesamtkosten eines Wettbewerbes, d.h. inklusive Vorbereitung, Auslobung, Preisgericht und Dokumentation, gelten ein bis zwei Prozent der Gesamtbaukosten.[59]

Der Argumentation der Baden-Württembergischen Architektenkammer, das Untersuchungen ergeben haben, daß der erste Preisträger Einsparungen von 6-9% des Bauvolumens gegenüber dem Durchschnitt aller eingereichten Arbeiten erwirtschafte,[60] ist nicht zu folgen. Die Basis einer Wirtschaftlichkeitsanalyse kann nicht der Durchschnitt der eingereichten Entwürfe sein, sondern diese müssen mit Kostenrichtwerten von realisierten, freihändig oder nach dem Gutachterverfahren vergebenen Projekten, verglichen werden.

Den *Kosten* des Auslobers stehen allerdings erhebliche Aufwendungen *der Architektenschaft* gegenüber. Als Durchschnitt kalkulieren Architekten für eine Teilnahme an einem Wettbewerb Kosten zwischen 30'000 und 50'000 DM, was in Extremfällen bis über 100'000 DM hinausgehen kann. Große Büros verfügen über regelrechte Wettbewerbsabteilungen. Da die Büroinhaber meistens parallel eine Professur haben, können diese unter ihren Studenten sehr gute und vor allem preiswerte Mitarbeiter direkt rekrutieren.

---

57 Vgl. Weinbrenner, E. / Jochem, R., (Architektenwettbewerb), S. 179.

58 Die Preis- und Ankaufsumme ist allerdings i.d.R. auch dann zu verteilen, wenn das Preisgericht keinen Entwurf zur Realisierung empfiehlt.

59 Vgl. Weinbrenner, E. / Jochem, R., (Architektenwettbewerb), S. 23.

60 Architektenkammer Baden-Württemberg, (Architektenwettbewerbe), o.A.d.S.

Zwei Beispiele verdeutlichen, in welchem Maße die Architektenschaft beim Wettbewerbswesen in Vorleistungen tritt:[61]

Verfahrensform	**Amtsgericht Hamburg-Nord** regional offener Realisierungswettbewerb	**Internationaler Seegerichtshof** beschränkter internationaler Realisierungswettbewerb
Preis- und Ankaufsumme	185'000	170'000
Bearbeitungshonorar	keines	15'000
Anzahl Entwürfe	51	15
Teilnahmekosten (geschätzt)	50'000	50'000
Planungskosten (Entwürfe * Teilnahmekosten)	2'550'000	750'000
Relation Preis- und Ankaufssumme und Bearbeitungshonorar zu Planungskosten	1:13,8	1:1,9

Tab. 13: Vorleistungen der Architekten im Wettbewerbswesen
Quelle: Auslobung und Preisgerichtsunterlagen zum geplanten, aber noch nicht realisierten Internationalen Seegerichtshof in Hamburg sowie dem Amtsgericht Hamburg-Nord; eigene Berechnungen.

Das Verhältnis zwischen den Leistungen des Auslobers und der Architektenschaft verdeutlicht, daß das Wettbewerbswesen für die Architektenschaft nur dann akzeptabel ist, wenn eine weitere Beauftragung eines Preisträgers garantiert wird. Außerdem kann die Architektenschaft aufgrund ihrer Vorleistungen berechtigterweise auch Konzessionen seitens des Auslobers erwarten. Etablierte Büros ziehen aufgrund der günstigeren Relation zwischen Preis- und Ankaufssumme sowie Planungskosten eindeutig beschränkte Wettbewerbe vor.

"Würden die teilnehmenden Architekten lediglich auf die ausgelobten Preissummen spekulieren, täten sie besser daran, ihr Geld am Roulette-Tisch einzusetzen, weil dort die Chancen um ein Vielfaches besser sind."[62]

2.3 Entscheidungsphase eines GRW-konformen Wettbewerbes

Die Entscheidungsphase eines Wettbewerbes setzt sich idealtypisch aus den Teilphasen Vorprüfung, Preisgerichtssitzungen und Wettbewerbsdokumentation und der weiteren Beauftragung zusammen.

---

61 Das Verhältnis von 1:1,9 errechnet sich, indem die Preis- und Ankaufsumme von 170'000 DM mit 15 mal 15'000 DM Bearbeitungshonorar addiert wird und anschließend durch die Planungskosten dividiert wird.

62 Gerkan, M.v., (Verantwortung), S. 163.

2.3.1 Vorprüfung

Zu den wesentlichen Aufgaben von architektur- und wettbewerbsorientierten Beratern gehört die Durchführung der Vorprüfung. Die GRW 77 sehen einen Regelablauf der Vorprüfung vor:

1. Kontrolle der fristgemäßen Abgabe der Wettbewerbsarbeiten,
2. Prüfung auf:
   - Erfüllung der formalen Wettbewerbsanforderungen,
   - Erfüllung des Programms,
   - Einhaltung planungsrechtlicher und baurechtlicher Bestimmungen und
   - Übereinstimmung zwischen Plänen und dem Modell
3. Prüfung aller geforderten Berechnungen und
4. Kennzeichnung und Absonderung nicht prüfbarer Arbeiten und nicht geforderter Leistungen.

"Die Vorprüfer sind verpflichtet, dem Preisgericht bei der Preisgerichtssitzung die charakteristischen Merkmale der Wettbewerbsarbeiten aufzuzeigen und auf Gesichtspunkte aufmerksam zu machen, die es nach ihrer Auffassung übersehen hat."[63] Somit ist es die Aufgabe der Vorprüfung, die Wettbewerbsentwürfe werturteilfrei zu analysieren und zu präsentieren. Sie schafft die Grundlagen für eine effiziente Preisgerichtssitzung und ermöglicht vor allem auch den fachunkundigen Sachpreisrichtern,[64] ein Urteil zu fällen. Aufgrund der mangelnden Zuverlässigkeit und/oder unterschiedlicher Berechnungsmethoden der Angaben der Architekten müssen auch sämtliche Berechnungen kontrolliert werden.

Als ein Gebot der Fairneß gegenüber den Wettbewerbsteilnehmern sollten sämtliche Beurteilungskriterien sowie deren Gewichtung, sowohl der Vorprüfung, als auch des Preisgerichtes, im Auslobungstext explizit benannt werden.[65] Im folgenden werden formalisierte Bewertungsverfahren skizziert.

2.3.2 Formalisierte Bewertungsverfahren

Unter formalisierten Bewertungsverfahren wird der Versuch verstanden, ganzheitliche Problemlösungen in Teilbereiche aufzugliedern und nach vorgegeben Kriterien zu beurteilen. Es handelt sich dabei allerdings nur um ein Instrument der Entscheidungsvorbereitung. Sie können dazu beitragen, Entscheidungen des Preisgerichtes besser und objektiver vorzubereiten und sollen vor allem das Preisgericht entlasten.[66]

---

63 GRW 77, Ziffer 4.6.

64 Es muß berücksichtigt werden, daß unter den Sachpreisrichtern immer wieder welche nicht in der Lage sind, Pläne zu lesen.

65 Vgl. auch GRW 77, Ziffer 4.1.3., bzgl. einer detaillierten Auflistung von Beurteilungskriterien; vgl. Landesinstitut für Bauwesen und angewandte Bauschadensforschung, (Wettbewerbe), S. 133ff.

66 Vgl. Landesinstitut für Bauwesen und angewandte Bauschadensforschung, (Wettbewerbe), S. 139.

Ausgangspunkt für die Forderung nach formalisierten Bewertungsverfahren ist die häufig vorgebrachte Kritik an der mangelnden Transparenz und Objektivität der Preisgerichtsentscheidung sowie die Tatsache, daß das Preisgericht innerhalb von wenigen Stunden, pro Entwurf bleiben dann nur Minuten, über die Wertigkeit von monatelanger Arbeit urteilt.

Grundsätzlich eignen sich formalisierte Bewertungsverfahren vor allem für quantifizierbare Kriterien. Dabei muß eindeutig zwischen Forderungs- und Bewertungskriterien unterschieden werden. Abbildung 47 stellt beispielhaft eine solche Unterteilung vor:

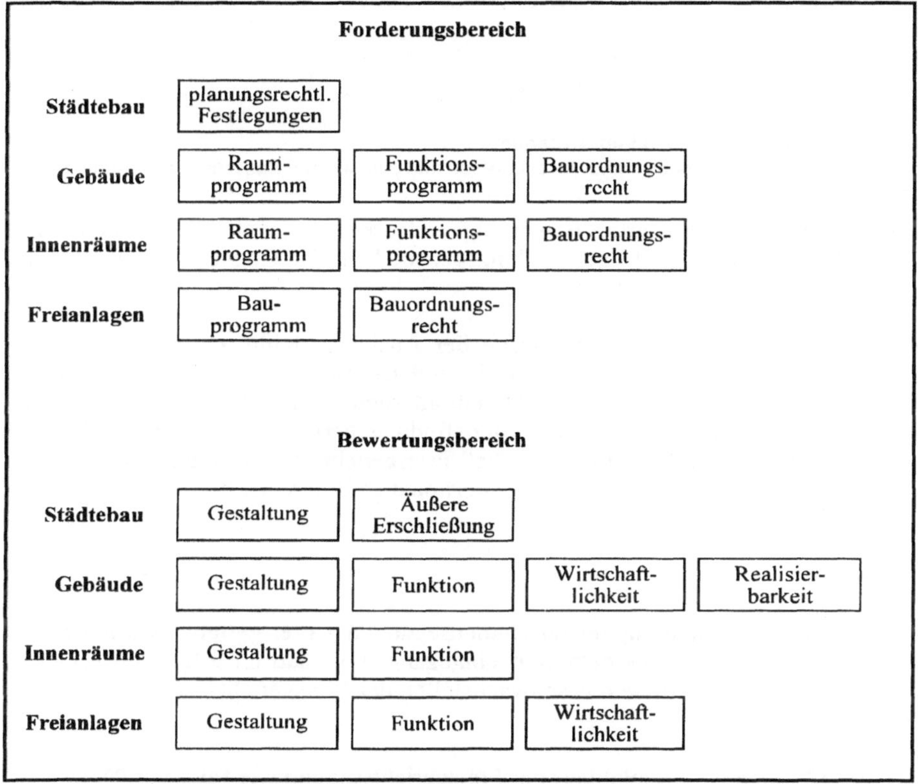

Abb. 47: Kriterien formalisierter Bewertungsverfahren
Quelle: in Anlehnung an Landesinstitut für Bauwesen und angewandte Bauschadensforschung, (Wettbewerbe), S. 139

Nachdem sämtliche zur Beurteilung relevante Kriterien isoliert wurden, müssen in einem ersten Schritt nachvollziehbare Beurteilungsmaßstäbe festlegt werden.

In einem zweiten Schritt wird dann die Gewichtung der einzelnen Kriterien festgelegt.

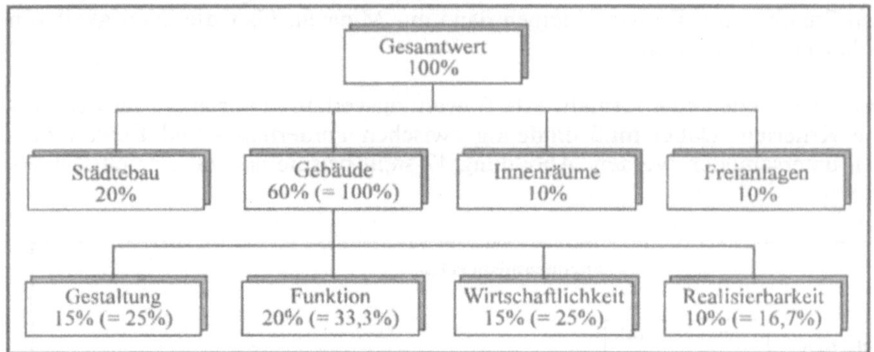

Abb. 48: Gewichtung der einzelnen Kriterien;
Quelle: in Anlehnung an Landesinstitut für Bauwesen und angewandte Bauschadensforschung (Wettbewerbe), S.143

Die Befürworter formalisierter Bewertungsverfahren versprechen sich mehr Gerechtigkeit, Transparenz und Entscheidungsgenauigkeit. Die Gegner bemängeln eine Scheinrationalität.[67]

Grundsätzlich ist es m.E. sinnvoll, wenn der Auslober "Killer-Kriterien" festlegt, deren Erfüllung für den Architekten zwingend ist. Der erhebliche Mehraufwand formalisierter Bewertungsverfahren läßt sich allerdings nur rechtfertigen, wenn das Preisgericht die Ergebnisse bei der Urteilsfindung berücksichtigen. Formalisierte Bewertungsverfahren sollten auf keinen Fall Preisgerichte ersetzen, da sonst die Gefahr besteht, daß Mittelmäßigkeit überproportional gefördert wird.

2.3.3 Preisgericht

Auf die besondere Bedeutung der Zusammensetzung des Preisgerichts wurde bereits im Kapitel 2.2.2 dieses Teils detailliert eingegangen, so daß im folgenden schwerpunktmäßig der Ablauf sowie die Schwachstellen des Preisgerichts skizziert werden sollen.

Die GRW 77 sehen ein Regelablauf der Preisgerichtssitzung wie folgt vor:[68]

1. Wahl des Vorsitzenden aus dem Kreis der Fachpreisrichter,
2. Hinweis auf die Pflichten der Preisrichter,
3. Besprechung der Wettbewerbsaufgabe anhand der Auslobung und des Rückfragenprotokolls,

---

67 Vgl. Becker, H., (Städtebauwettbewerbe), S. 256; Zur allgemeinen Kritik an formalisierten Bewertungsverfahren, Becker, H., (Städtebauwettbewerbe), S. 258, oder Gerkan, M.v., (Verantwortung), S. 170ff.

68 GRW 77, Anlage II, gekürzt und teilweise geänderter Wortlaut.

4. Ausschluß von Arbeiten wegen:
   - Überschreitung des Ablieferungstermins,
   - nicht gewahrter Anonymität,
   - Verstoßes gegen die Bedingungen und Forderungen der Auslober,
   - Mehr- oder Minderleistungen oder
   - Nichtprüfbarkeit der Arbeit,
5. Fachlicher Bericht der Vorprüfer,
6. Besichtigung des Wettbewerbsgrundstückes,
7. informative und wertende Rundgänge und Bestimmung, der in der engeren Wahl verbleibenden Arbeiten,
8. Festlegung der Rangfolge, der Preise entsprechend der Rangfolge sowie der Ankäufe oder ggf. Sonderankäufe und
9. Empfehlung für die Weiterbearbeitung und ergänzende Empfehlungen für die vom Auslober zu beachtenden Fragen, Ergänzungen und dergleichen.

Außer bei extrem umfangreichen Wettbewerben findet das Preisgericht an einem Tag statt.

Die Arbeit des Preisgerichtes ist häufig Grundlage für allgemeine Kritik am Wettbewerbsverfahren. Vor allem den Fachpreisrichtern wird seitens der Auslober vorgeworfen, daß sie sich nicht ansatzweise an den Auslobungstext halten[69] und ihre Entscheidung losgelöst von den funktionalen und kostenorientierten Interessen[70] des Bauherrn fällen. Das grundsätzliche Problem ist hierbei, daß die Fachpreisrichter und ein Teil der Sachpreisrichter nicht mit dem Entwurf "leben" müssen, d.h. ihre Funktion auf die Bewertung beschränkt bleibt.[71]

Seitens der Teilnehmer wird vor allem die zu geringe Gründlichkeit der Prüfung bemängelt. Beim Wettbewerb zur Erweiterung des germanischen Nationalmuseums in Nürnberg wurden 170 Arbeiten eingereicht. Der erste Rundgang, bei dem bereits ein Großteil der Arbeiten aussortiert wird, dauerte 150 Minuten, d.h. inklusive Wegzeiten pro Arbeit weniger als eine Minute.[72] Diese Mißachtung der Leistung der teilnehmenden Architekten ist demotivierend: "Was da angerichtet wird an psychologischer Vernichtung, an Vernichtung von Energie bei einem Architekten, ist einfach unbeschreiblich."[73]

In seltener Übereinstimmung kritisieren Auslober und Architektenschaft, daß viele Preisgerichte sich nicht auf einen ersten Preis einigen können und stattdessen mehrere gleiche Preise vergeben[74] und somit ihrer Aufgabe nur bedingt nachkommen.[75]

---

69 Der siegreiche Entwurf beim Wettbewerb beispielsweise für das Verwaltungsgebäude von Gruner+Jahr in Hamburg erfüllte 620 der vorgegebenen 2000 Anforderungspunkte des Auslobers.

70 So merkt von Gerkan treffend an, daß der Juryentscheid eines Wettbewerbes wie ein "Prellbock" gegenüber dem Bundesrechnungshof wirke; vgl. Gerkan, M.v., (Verantwortung), S. 164.

71 Es ist auch schon vorgekommen, daß Entwürfe prämiert wurden, die nicht baubar waren, wie z.B. der Entwurf von Zarah Halid beim Wettbewerb Kurfürstendamm 70, der gegen bestehendes Bauordnungsrecht verstieß; vgl. "Schlicht und einfach nach GRW?", Bauwelt-Gespräch zum Thema Wettbewerbe, in: Bauwelt, Heft 19, 1990, S. 958.

72 Biller, K., "Das öffentliche Wettbewerbswesen", in: DAB, 3/85, S. 280.

73 Ungers, O. M., in: Sender Freies Berlin, (Dilemma), S. 3.

74 Diese Kritik begleitet das Wettbewerbswesen seit der Einführung von Wettbewerbsrichtlinien; vgl. Becker, H., (Städtebauwettbewerbe), S. 257.

Bei anonymen Verfahren bestehen erhebliche Zweifel an der tatsächlichen Anonymität des Verfahrens. Anhand besonderer Darstellungsvarianten, z.B. der Wahl an Schrifttypen oder der Darstellung von Bäumen, dürfte es zumindest den erfahrenen Fachpreisrichtern häufig nicht schwerfallen, zu bestimmen, wer der Verfasser ist.

2.3.4 Wettbewerbsdokumentation und weitere Beauftragung

Die GRW 77 sehen vor, daß den Teilnehmer das Preisgerichtsprotokoll zugesandt wird und die wettbewerbsfähigen Arbeiten anschließend öffentlich und unter Angabe der Verfasser ausgestellt werden. Die Ausstellung der Wettbewerbsarbeiten ist sowohl für den Auslober, als auch für die Teilnehmer ein geeignetes Instrument der Öffentlichkeitsarbeit und Werbung. Eingereichte Entwürfe, die mit einem Preis oder Ankauf ausgezeichnet werden, gehen in das Eigentum des Auslobers über. Die Verwertung liegt dann bei ihm, wobei die Urheberrechte davon unberührt bleiben.

Das größte Konfliktpotential des gesamten Wettbewerbsverfahrens liegt in einer im Vorwort der GRW 77 formulierten Aussage: der Auslober erklärt, "daß er *beabsichtigt*, Verfasser von durch das Preisgericht ausgezeichneten Arbeiten mit der weiteren Bearbeitung zu beauftragen."[76] Die GRW 77 schreiben somit zumindest bei offenen Wettbewerben keineswegs vor, daß der erste Preis realisiert werden muß. Bei beschränkten Wettbewerben ist allerdings in der Regel der erste Preis zu realisieren.[77] Unter gewissen Umständen darf auch ein Sonderankauf realisiert werden.[78] Diese weitgehende Begrenzung der Entscheidungsfreiheit des Auslobers wird allerdings relativiert: es ist ihm völlig freigestellt, das Projekt überhaupt zu realisieren und er muß nur dann einen Preisträger beauftragen, wenn sichergestellt ist, daß dieser eine einwandfreie Ausführung leisten kann.[79] Außerdem bezieht sich die weitere Beauftragung in zunehmenden Maße nur noch auf die Leistungsphasen zwei bis fünf des Leistungsbildes Objektplanung der HOAI.[80]

Aus der Sicht der Architektenschaft ist das Verfahren fragwürdig, weil:[81]

1. Realisierungswettbewerbe ausgelobt werden, ohne daß eine Realisierung sichergestellt ist,
2. weiterer Wettbewerbstufen eingesetzt werden, bis das Ergebnis "paßt" und
3. die GRW teilweise ignoriert werden.

---

75 Die GRW 77 schreiben lediglich vor, daß ein erster Preis vergeben werden soll, vgl. GRW 77, Ziffer 4.7.4.; Becker weist auch in der Geschichte des Wettbewerbswesens nach, daß die Nichtvergabe eines ersten Preises durchaus Tradition hat; vgl. Becker, H., (Städtebauwettbewerbe), S. 207.

76 GRW 77, Vorwort, Absatz 5.

77 Vgl. GRW 77, Ziffer 5.1.1., Absatz 2.

78 Vgl. GRW 77, Ziffer 5.1.1., Absatz 3.

79 Vgl. GRW 77, Ziffer 5.1.1., Absatz 1.

80 Das Landesinstitut für Bauwesen und angewandte Bauschadensforschung empfiehlt, explizit in den Auslobungsunterlagen darauf hinzuweisen, daß nur diese Leistungsphasen Bestandteil des Wettbewerbes sind; vgl. Landesinstitut für Bauwesen und angewandte Bauschadensforschung, (Wettbewerbe), S. 71.

81 Vgl. diesbezüglich auch: Sack, M. "Architektur: Planen für den Papierkorb", in: art, 10/1980, S. 23.

Häufig werden Wettbewerbe auch als Realisierungswettbewerbe ausgelobt und anschließend nicht realisiert, sogenannte "Windeier".[82] Vor allem die öffentliche Verwaltung muß sich vorwerfen lassen, Wettbewerbe auszuloben bei denen weder die Finanzierung sichergestellt, noch der politische Wille vorhanden ist. Mit großem Aufwand wurden beispielsweise Realisierungswettbewerbe für den vierten Bauabschnitt der Technischen Universität Harburg sowie eine neue Umweltbehörde ausgelobt. Die Kosten für das Wettbewerbsverfahren beliefen sich jeweils auf mehr als eine Millionen DM. Der erste Wettbewerb wurde zunächst verschoben, da bereits sechs Monate nach der Preisgerichtssitzung das Geld fehlte und beim zweiten Wettbewerb hat der Hamburger Senat entschieden, daß auf dem vorgesehenen Grundstück sozialer Wohnungsbau realisiert werden soll.[83] "Viele Wettbewerbe werden von Auslobern nur zur geistigen Ausplünderung von Architekten benutzt. ... Die Architekten dürfen zur Gefälligkeit von Politikern und Stadtbauräten einige Kreativübungen zum Nulltarif abliefern."[84] Auch der geplante Neubau des Spiegel-Verlages in Hamburg wird, nachdem quer durch die Stadt ein geeigneter Standort gesucht und anschließend ein aufwendiger Wettbewerb ausgelobt wurde, nicht realisiert. Aufgrund von Umsatzeinbussen des Spiegels entschloß man sich, daß Nachbargebäude, die freiwerdene "Lochmaske" von IBM, anzumieten. Die Wettbewerbsteilnehmer haben aufgrund ihrer erheblichen Vorleistungen einen Anspruch, im Vorfeld umfaßend über die Realisierungschancen informiert zu werden.

Wird anstelle einer eindeutigen Entscheidung empfohlen, eine Gruppe von Arbeiten überarbeiten zu lassen, dann wird im Prinzip nachträglich eine zweite Wettbewerbsstufe integriert. Das Verfahren wird strenggenommen nachträglich geändert. Vor allem kleine Büros können nicht an solchen Wettbewerben teilnehmen und jahrelang auf eine etwaige Realisierung warten.

Außerdem sind auch Fälle bekannt, wo der Auslober sich anschließend vom Wettbewerb distanziert und zu einem späteren Zeitpunkt einen neuen Wettbewerb auslobt oder sogar auf der Basis des Wettbewerbes andere Architekten engagiert.[85]

Nach einer aktuellen empirischen Studie wurden von 1800 Wettbewerben über Bauwerksplanungen 55% zumindest nicht nach den prämierten Entwürfen realisiert.[86] Die erste Wettbewerbsstatistik von 1869-1889 weist mit 50% ein nahezu identisches Bild auf.[87]

---

82 Sender Freies Berlin, (Dilemma), S. 4; vgl. auch Gerkan, M.v., (Verantwortung), S. 164.

83 Lapidar heißt es auf Seite 30 der Dokumentation der Wettbewerbsergebnisse, daß der Senat sich für einen anderen Standort entschieden hat. Dort sollen die Planung eines Developers realisiert werden und somit ist der Wettbewerb als ergebnislos zu bezeichnen; vgl. Freie und Hansestadt Hamburg, (Umweltbehörde).

84 Gerkan, M.v., (Verantwortung), S. 164.

85 Vgl. Jansen, B., in: Sender Freies Berlin, (Dilemma), S.3.

86 Sender Freies Berlin, (Dilemma), S. 6. Die Wettbewerbe fanden zwischen 1973 und 1980 statt.

87 Vgl. Becker, H., (Städtebauwettbewerbe), S. 199ff.

2.4 Vor- und Nachteile des Verfahrens

Aufgrund der zahlreichen Varianten, die die GRW 77 zulassen, lassen sich allgemeingültige Vor- und Nachteile des Verfahrens kaum bestimmen. Nachfolgende Ausführungen beziehen sich deshalb ausschließlich auf anonyme, zur Realisierung ausgelobte Bauwerksplanungen.

	Vorteile / Chancen	Nachteile / Gefahren
aus der Sicht des Bauherrn	- mehrere Lösungsalternativen - Chance auf ein "architektonisches Meisterwerk" - vorteilhaftes Preis- Leistungsverhältnis - Einbindung der Stakeholder - schnelleres Baugenehmigungsverfahren - problemlosere Ausnahmen und Befreiungen - Public Relations - beim Bau durch den Staat: Delegation der Entscheidung an eine Jury - hohe Motivation der Architekten	- Verlust an Entscheidungsbefugnis - mangelnde Verbindlichkeit der Auslobungsunterlagen - Gefahr von "abgehobener" Wettbewerbsarchitektur ("Luftschlößer") - Überbetonung gestalterischer, und v.a. städtebaulicher Aspekte - Zeit und Kosten - Teilnahme konjunkturabhängig - begrenzter Einfluß auf die Zusammensetzung der Jury - strikte Regelungen der GRW - keine Überprüfung der Teamkonstellation
aus der Sicht des Architekten	- Förderung des Nachwuchses - Förderung des Berufsstandes - feste "Spielregeln" - Ausbruch aus der Alltagsroutine - Werbung - hohes Prestige - "Im Gespräch bleiben" - Herausforderung - gute Position bei einer weiteren Beauftragung	- hohe Vorleistung bei geringen Preissummen - keine reelle Chance für Nachwuchsarchitekten - fördert Modeerscheinungen - fehlende Sicherheit für weitere Beauftragung - geforderte Leistungen sind weitgehend preissummenunabhängig
aus der Sicht der öffentlichen Verwaltung	- Einbindung der Lokalpolitik in den Entscheidungsprozeß - Einbindung der Verwaltung in den Entscheidungsprozeß - mehrere Lösungen - Werbewirksamkeit	- Legitimierungsinstrument - Umgehung von bestehenden Baurecht

Tab. 14: Zusammenfassungung der Vor- und Nachteile GRW-konformer Wettbewerbe

Für alle Beteiligten gilt, daß die GRW 77 materiell gesehen mit Allgemeinen Geschäftsbedingungen vergleichbar sind und somit eine für allen Beteiligten bekannte Basis und somit Verfahrenssicherheit besteht.

Aus der *Sicht des Bauherrn*, bzw. Auslobers, handelt es sich in den meisten Fällen um ein ein notwendiges Übel, um eine Vertragsbedingung oder aber um eine Konzession, um das Projekt problemlos realisieren zu können.

Aufgrund des Wettbewerbes zwischen den beteiligten Architekten und der daraus resultierenden hohen Motivation hat der Bauherr die Chance, nicht aber die Garantie, eine hervorragende Lösung für die gestellte Aufgabe zu erhalten. Tendenziell steigt diese Chance mit dem Grad der Öffnung eines Wettbewerbes. Dabei entstehen für den Auslober zwar erhebliche Kosten, doch stehen sie in einem ausgesprochen günstigen Verhältnis zu den Vorleistungen der Architekten.

Die Kosten eines Wettbewerbes, mit ein bis zwei Prozent der Baukosten eher ein vorgeschobenes Argument gegen Wettbewerbe, und der größere Zeitbedarf, können kompensiert werden, wenn durch das Wettbewerbsverfahren Ausnahmen und Befreiungen erleichtert werden und das gesamte Baugenehmigungsverfahren beschleunigt wird. Teilweise werden die Auslobungsunterlagen so gestaltet, daß eine Überschreitung des B-Planes zwangsläufig ist. Durch die Einbindung der Stakeholder genießt das Projekt eine breite Unterstützung.

Die Auslobung eines Wettbewerbes läßt sich außerdem hervorragend in die Public-Relations-Strategien integrieren. Mit dem Wettbewerb als Symbol für demokratische Planungsprozesse kann das Unternehmen gesellschaftspolitische Verantwortung demonstrieren. Die obligatorische Ausstellung der Wettbewerbsarbeiten läßt sich darüber hinaus medienwirksam inszenieren.

Für öffentliche Bauherren weist das Wettbewerbswesen einen weiteren zentralen Vorteil auf. Im Gegensatz zur freihändigen Vergabe und zum Gutachterverfahren entspricht der Wettbewerb demokratischen Idealen. Wettbewerbsergebnisse haben aufgrund der Juryzusammensetzung eine breite politische Unterstützung und verhindern jeden Verdacht auf Nepotismus, da die Entscheidung an eine Jury delegiert wird. Außerdem begrenzt das geregelte Verfahren das schon ausreichend vorhandene Streitpotential.

Die erhebliche Anzahl gewichtige Vorteile hat allerdings ihren Preis. Vor allem private Bauherren sehen es nicht gern, daß eine Jury mit einer Mehrheit an Fachpreisrichtern darüber entscheidet, welcher Entwurf realisiert werden soll. Entscheidend ist dabei, daß der Auslober nur begrenzt Einfluß auf die Juryzusammensetzung hat. Diese Form der Entscheidungsfindung, d.h. die Anerkennung der GRW 77, widerspricht den Gepflogenheiten eines privatwirtschaftlichen Unternehmens.

Bei offenen Wettbewerben besteht für den Auslober keine Möglichkeit, die Teamkonstellation zu überprüfen. Er bekommt mit der Juryentscheidung "seinen" Architekten, ohne daß gewährleistet ist, ob eine positive Zusammenarbeit möglich und der Architekt überhaupt in der Lage ist, daß Projekt professionell zu realisieren.

Die Kritik der Bauherren entsteht vor allem aus der Sorge, daß die Anforderungen in den Auslobungsunterlagen nicht die Basis der Preisgerichtsentscheidung darstellen. Besonders die Fachpreisrichter, die die Urteilsfindung dominieren, werden gestalterische und städtebauliche Aspekte tendenziell stärker als kostenorientierte gewichten und somit große Toleranzen bei Abweichungen von Auslobungsunterlagen zulassen. Der Auslober muß hinnehmen, daß zwischen Preisrichtern und Auslober Interessendivergenzen bestehen. Dabei kann es, wie Tschanz formuliert, zu "schweizerischen Lösungen kommt, die niemanden begeistern, aber konsensfähig sind."[88] Es besteht die Gefahr, daß das Wettbewerbswesen Durchschnittlichkeit fördert.

Aus der *Sicht der Architektenschaft* wird das Wettbewerbswesen als der "Markt schlechthin, auf dem Architekten ihre Leistungen über Qualität anbieten können"[89] charakterisiert. Es muß aber berücksichtigt werden, daß es sich in zunehmendem Maße um Veranstaltungen für etablierte und größere Büros handelt.

Für Architekten entstehen unmittelbare und den mittelbare Vorteile. Mittelbare Vorteile sind jene, die die Architektenschaft als Ganzes betreffen, während sich unmittelbare auf den teilnehmenden, insbesondere den siegreichen Architekten beziehen.

Der Wettbewerb gilt nach wie vor als "das" Instrument zur Förderung des Berufsstandes und des Nachwuchses. Vor allem der offene Wettbewerb ermöglicht einen Überblick über das Spektrum der aktuellen Baukultur. Architektonische Innovationen waren und sind häufig das Resultat von Wettbewerbsarbeiten. Dabei ist es unbedeutend, ob die Innovation auch realisiert wird.

Somit fördert das Wettbewerbswesen sicherlich die Architekturdiskussion. Die Förderung des Nachwuchses ist allerdings weitestgehend eine Utopie. Aufgrund der extremen Vorleistungen ist es für junge oder kleinere Architekturbüros kaum möglich, den Wettbewerb als Akquisitionsinstrument einzusetzen. Die Teilnahme von jungen Architekten an Wettbewerben findet eher in den Wettbewerbsabteilungen der etablierten Büros statt. Damit kleine Büros das Wettbewerbswesen sinnvoll als Akquisitionsinstrument einsetzen können, müßten auch kleinere Projekte über Wettbewerbe vergeben werden.[90]

Das Wettbewerbswesen eignet sich hervorragend, um die architektonische Weiterentwicklung eines Büros zu fördern. Das teilnehmende Büro bleibt somit sehr viel stärker "am Puls der Zeit", jede Wettbewerbsteilnahme stellt eine neue Herausforderung dar. Außerdem ist ein Wettbewerbserfolg, unabhängig davon ob es sich um einen ersten, zweiten oder dritten Preis handelt, ein exzellentes Werbemittel und mit Prestige verbunden. Da Architekten aufgrund des Standesrechtes keine direkte

88 Tschanz, M., "Nochmals Potsdamer Platz", in: archithese, 2/92, S. 56
89 Gerkan, M.v., (Verantwortung), S. 161.
90 Vgl. Teil B, Kapitel 4.3.2.

Werbung machen dürfen, eignet sich der Wettbewerb, um bei den Investoren und der Bauverwaltung im Gespräch zu bleiben. Für größere Büros steht somit zumindest bei spektakulären Wettbewerben nicht nur die unmittelbare Akquisition im Vordergrund.

Bei einer Beauftragung auf der Basis eines gewonnen Wettbewerbes hat der Architekt sowohl gegenüber dem Investor, als auch hinsichtlich der Bauverwaltung, eine sehr gute Verhandlungsposition, da er sich auf seinen preisgekrönten Entwurf berufen kann und somit weniger Konzessionen eingehen muß, als bei einem freihändig vergebenen Auftrag.

Im Gegensatz zur freihändigen Vergabe und vor allem zum Gutachterverfahren bietet das Wettbewerbswesen mit seinen strikten Regeln für den Architekten eine gewisse Rechtssicherheit. Zumindest für die Vergabe existieren feste "Spielregeln".

Die Vorteile des Wettbewerbswesens sind allerdings auch hohen Risiken verbunden. Der Architekt muß extreme Vorleistungen erbringen. Da die geforderten Leistungen weitestgehend preissummenunabhängig sind, versuchen die Auslober häufig, ein Maximum an Vorleistungen für eine festgesetzte Preissumme zu bekommen. Somit sind die Wettbewerbsanforderungen meist umfangreicher als zur Auswahl eines geeigneten Entwurfes notwendig, und es besteht ein eklatantes Mißverhältnis zwischen Anforderungen und Preissummen.

Der größte Nachteil ist die fehlende Sicherheit der weiteren Beauftragung eines Preisträgers. Der unseriöse Umgang mit dem Wettbewerbswesen muß zwangsläufig dazu führen, daß leistungsfähige Büros zunehmend weniger geneigt sein werden, an Wettbewerben teilzunehmen.

Grundsätzlich besteht beim Wettbewerbswesen auch die Gefahr, daß Modeerscheinungen gefördert werden. Die Orientierung der Teilnehmer an den architektonischen Positionen der Preisrichter führt zu einer monotonisierenden Entwicklung.

Aus der *Sicht der öffentlichen Verwaltung* hat das Wettbewerbswesen nahezu nur Vorteile. Es ermöglicht die Einbindung der Lokalpolitik sowie der Bauverwaltung und schafft somit eine breite Akzeptanzbasis. Außerdem entspricht das Verfahren dem Ideal demokratischer Planungsprozesse. Bauherren zu überzeugen oder zu verpflichten, einen Wettbewerb auszuloben demonstriert eine gewisse Stärke der öffentlichen Verwaltung. Dies gilt sowohl gegenüber potentiellen Investoren, als auch gegenüber der allgemeinen Öffentlichkeit. Die Auslobung eines Wettbewerbes kann als Synonym für die Akzeptanz gesehen werden, daß Bauvorhaben keine Privatsache der Investoren sind.

Problematischer ist m.E., daß häufig politische und planerische Entscheidungen auf das Wettbewerbsverfahren verlagert werden. Wettbewerbe können und sollen nicht Ersatz für eine visionäre Politik sein, d.h., Wettbewerbsverfahren sollten in ein städtebauliche Gesamtkonzept integriert werden und nicht dieses ersetzen.

Außerdem besteht die Gefahr, daß Wettbewerbsergebnisse aufgrund ihrer breiten Unterstützung bestehendes Bauordnungsrecht aushebeln. Es sollten für Wettbewerbsergebnisse die gleichen rechtlichen Bedingungen gelten, wie für jede andere Form der Vergabe.

Zusammenfassend muß festgehalten werden, daß die Architektenschaft nicht das Verfahren, sondern lediglich deren Handhabung, dagegen die Bauherren das Verfahren an sich kritisieren.

Auch wenn die Architekten tendenziell eine direkte Beauftragung bevorzugen, wird das Wettbewerbswesen als absolut notwendig und als sinnvolles Verfahren betrachtet. Der Wettbewerb ist das optimale Instrument zu geistigem Wettstreit. Die Kritik der Architekten richtet sich nahezu ausschließlich auf die Arbeitsweise der Preisgerichte, auf die fehlende Verbindlichkeit des Ergebnisses für den Auslober sowie auf das aus ihrer Sicht mangelhafte Preis-Leistungsverhältnis. Sie fordern somit einerseits strengere Wettbewerbsregeln zur Sicherstellung der weiteren Beauftragung sowie eine Begrenzung der Wettbewerbsanforderung auf das absolut Notwendige. Je größer und vor allem je umfangreicher die Anforderungen, desto geringer sind die Chancen für junge Architekten, den Wettbewerb als Akquisitionsinstrument einzusetzen.

Die Bestrebungen der Architektenschaft zielen vor allem auf mehr Fairneß im Wettbewerbsverfahren und deshalb fordern sie eine stärkere Verbindlichkeit der GRW.

Für die privaten Bauherren ist das Wettbewerbswesen aufgrund seiner weitgehenden Entscheidungsdelegation freiwillig kaum akzeptabel, zumindest für die eigenen Projekte. Sie sehen ihre Interessen nur unzureichend vertreten und loben Wettbewerbe entweder aufgrund vertraglicher Bindungen aus oder aber um ein Projekt politisch abzusichern. Zentrale Kritikpunkte sind einerseits die mangelnde Verbindlichkeit der Auslobungsunterlagen sowie die tendenzielle Überbetonung gestalterischer Aspekte. Viele Bauherren empfinden einen Wettbewerb als zusätzlichen Risikofaktor beim "Abenteuer Bauen".

Die Bestrebungen der privaten Bauherren richten sich daher auf eine stärkere Verbindlichkeit der Anforderungen sowie auf das Recht der eigenen endgültigen Entscheidung. Sie sind wenig geneigt, ein festes Regelwerk für verbindlich zu erklären, daß nicht bau- oder planungsrechtlich vorgeschrieben ist.

Für die öffentliche Verwaltung ist das Wettbewerbswesen eine nahezu optimale Vergabeform. Es steigert ihren Einflußbereich und ermöglicht eine lebhafte Architekturdiskussion. Ihre Bestrebungen richten sich mehr auf die Implementierung des Wettbewerbswesen zum Regelverfahren. Ihre Glaubwürdigkeit wird allerdings dadurch geschwächt, daß die Bauverwaltung teilweise selbst nicht-konforme Verfahren auslobt bzw. aufgrund anderer Interessen Investoren erlaubt, von der Auslobung eines Wettbewerbes Abstand zu nehmen.

3 Freihändige Vergabe und Gutachterverfahren

3.1 Freihändige Vergabe

Nachdem im Kapitel 2 detailliert auf die GRW-konformen Verfahren eingegangen wurde, sollen im folgenden Kapitel jene Verfahren vorgestellt werden, bei denen sich der Bauherr nicht einem gesetzesähnlichen Verfahren unterwirft.

3.1.1 Grundzüge des Verfahrens und dessen Praxisrelevanz

Unter freihändiger Vergabe wird die direkte Beauftragung eines Architekten durch den Bauherrn verstanden. Grundsätzlich ist die freihändige Vergabe nur dort möglich, wo seitens der öffentlichen Verwaltung keine konkurrierenden Verfahren gefordert werden. Zumindest bei der Vergabe städtischer Grundstücke wird jedoch in der Regel ein solches Verfahren gefordert. Dasselbe gilt, wenn der Bauherr auf Befreiungen und Ausnahmen angewiesen ist. Häufig wird zu deren Erteilung, von Bauherren ein konkurrierendes Verfahren als Konzession gefordert. Eine Ausnahme stellen Großprojekte dar, bei denen ein potentieller Investor bereits über fertige Entwürfe verfügt und seine Machtposition ausreichend stark ist.[1] Insgesamt kann davon ausgegangen werden, daß freihändige Vergaben die am häufigsten anzutreffende Vergabeform sind, ihre Bedeutung bei zunehmender Projektgröße allerdings stark abnimmt.

Zumindest bei der betrachteten Größenordnung ist die freihändige Vergabe auf private Unternehmen beschränkt. Für Bauten des Staates ist es völlig ausgeschlossen, unabhängig von den Vorteilen dieses Verfahrens, freihändige Vergaben vorzunehmen. Für eine freihändige Vergabe sprechen folgende Motive:

1. Der Bauherr möchte mit einem ihm bekannten Architekten zusammenarbeiten, mit dem bereits gute Erfahrungen gemacht wurden,
2. der Bauherr möchte den Hausarchitekten engagieren,
3. der Bauherr möchte mit einem speziellen Architekten zusammenarbeiten,
4. der Bauherr will mit einem spezialisierten Architekten zusammenarbeiten,
5. der Bauherr will Zeit und Geld sparen und
6. das Projekt wurde von einem Architekten initiiert.

Gute Erfahrung und ein enges Vertrauensverhätnis lassen vor allem institutionelle Anleger gern mit Architekten zusammen arbeiten, mit denen sie Erfahrungen ge-

---

1 Bestes Beispiel für dieses Vorgehen ist die Bebauung der Hamburger Kehrwiederspitze, wo die Investoren sich "hemmungslos" über vorangegangene Wettbewerbe hinweggesetzt haben und teilweise Bauabschnitte direkt vergeben haben; vgl. diesbezüglich einerseits die Dokumentation des Wettbewerbs und des Planungsgutachtens der Baubehörde, Freie und Hansestadt Hamburg, (Sandtorhöft), und andererseits das Informationsmaterial der Investoren, Arbeitsgemeinschaft Kehrwiederspitze, (Hanseatic).

macht haben. Die Zusammenarbeit ist in diesen Fällen häufig eingespielt und somit kann das *Risiko* gesenkt werden. Werden große Bauvorhaben in mehrere Bauabschnitte aufgeteilt, dann wird der Bauherr für weitere Bauabschnitte gern denselben Architekten wie für die ersten Arbeiten engagieren.

Unter einem Hausarchitekten wird ein Architekt verstanden, der regelmäßig die architektonischen Aufgaben eines Bauherrn übernimmt und somit in einem kontinuierlichen Dienstverhältnis zum Bauherrn steht. Die Interessensgegensätze zwischen Architekten und Bauherren sind hierbei weitestgehend aufgehoben und durch ein enges *Vertrauens- aber auch Abhängigkeitsverhältnis* ersetzt.

Ein engagierter Bauherr wird realisierte Projekte von Architekten betrachten[2] und sich entscheiden, welcher Stil ihm am besten gefällt. Der Architekt muß in diesem Fall seine "Marke" der Situation des Bauherrn anpassen.

Sucht der Bauherr für eine bestimmte Objektarten (z.B. Flughäfen, Kliniken oder sonstiger Spezialgebäude) oder aber für eine Art des Bauens (z.B. ökologie- oder kostenorientiertes) einen Partner, dann wird er einen Spezialisten beauftragen

Bei der Vorstellung vieler Bauherren, daß konkurrierende Verfahren zeit- und kostenintensiv sind, handelt es sich allerdings, wie später noch zu zeigen sein wird, um eine sehr kurzfristige Betrachtungsweise.[3]

Wird das Projekt durch einen Architekten initiiert, dann wird der Architekt, was allerdings standesrechtlich problematisch ist, zum Geschäftspartner des Investors. Der Architekt kennt ein Grundstück, überprüft die planungsrechtlichen Rahmenbedingungen, macht auf eigene Initiative hin Vorplanungen und nimmt anschließend Kontakt zu potentiellen Investoren auf.

3.1.2 Vor- und Nachteile des Verfahrens

Vor- und Nachteile des Verfahrens stellen sich für Architekten, der Bauherren und der öffentlichen Verwaltung unterschiedlich dar. Tabelle 15 gibt einen Überblick über bestehende Argumentationen.

---

2 Aus standesrechtlichen Gründen dürfen Architekten keine direkte Eigenwerbung betreiben, so daß die mit Unterstützung der Architekten herausgegebenen Bildbände über ihre bisherigen Werke eine Hilfskonstruktion sind.

3 Bereits in Teil A, Kap. 1.4.1 wurde detailliert darauf eingegangen, daß für kostenbewußtes Bauen bei der Planung nicht gespart werden sollte.

	Vorteile / Chancen	Nachteile / Gefahren
aus der Sicht des Bauherrn	- größere Einflußmöglichkeiten des Bauherrn - Berücksichtigung weiterer Kriterien (z. B. CAAD) - iterativer Planungsprozeß - frühzeitige Involvierung des Architekten in den Planungsprozeß - vermeintliche Zeit-, Kosten- und Aufwandsersparnis - Bildung einer Arbeitsgemeinschaft zwischen beauftragtem Architekten und Hausarchitekten - Überprüfung der Teamkonstellation	- keine alternativen Lösungsansätze - u.U. größere Probleme bei der Baugenehmigungs-beschaffung - fehlende Motivation des Architekten - fehlende Werbewirkung eines Wettbewerbes
aus der Sicht des Architekten	- der Architekt ist "gewollt" - häufig sehr engagierter Bauherr - frühzeitige Involvierung in den Planungsprozeß - geringerer Aufwand - Überprüfung der Teamkonstellation	- es wird i.d.R nur eine kleine Gruppe von Architekten berücksichtigt - schließt u.U. junge und innovative Architekten aus - stärkere Abhängigkeit
aus der Sicht der öffentlichen Verwalung	- keine	- Entscheidung liegt allein beim Bauherrn - fehlende Einbindung der Lokalpolitik - Gefahr der Monotonie und Überbetonung wirtschaftlicher Aspekte

Tab. 15: Zusammenfassung der Vor- und Nachteile der freihändigen Vergabe

Nachfolgend werden die Vor- und Nachteile der freihändigen Vergabe je nach Sichtweise detailliert analysiert. Dabei sollen die Vorteile als Chancen, die Nachteile als Gefahren verstanden werden. Ein Vorteil in diesem Sinne kann einen positiven Effekt auslösen, analoges gilt für die Nachteile.

Aus *Sicht der Bauherren* müssen Entscheidungsstruktur, Planungsqualität und Planungsaufwand berücksichtigt werden.

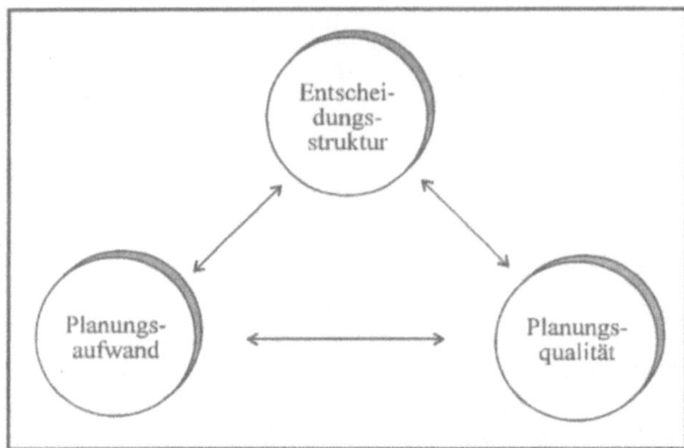

Abb. 49: Beurteilungsdimensionen

Die *Entscheidungsstruktur* bei der freihändigen Vergabe ist durch die weitreichenden Einflußmöglichkeiten des Bauherrn charakterisiert. Es liegt völlig in seinem Ermessensspielraum, welchen Architekten er engagieren will. Dabei hat er die Möglichkeit, zusätzliche Kriterien, wie z.B. den Einsatz von CAAD oder die Erfahrung eines Büros, zu berücksichtigen. Somit kann er seine Wahl von einer Vielzahl selbstgewählter Kriterien abhängig machen. Der Bauherr kann im vorhinein überprüfen, ob er sich eine positive Zusammenarbeit mit dem Architekten vorstellen kann bzw. ob die "Chemie stimmt". Außerdem besitzt der Architekt eine schwächere Position bei Gestaltungsfragen, da er sich nicht wie bei einem konkurrierenden Verfahren auf sein siegreiches Wettbewerbsergebnis berufen kann. Nachteilig ist bei dieser maßgeblich auf die Bedürfnisse und Kriterien des Bauherrn abgestimmten Vergabeform die fehlende breite Unterstützung der Auswahl. Dies gilt insbesondere bezüglich der fehlenden Integration der öffentlichen Verwaltung und der Lokalpolitik.

Die wesentlichen Vorteile der freihändigen Vergabe hinsichtlich der *Planungsqualität* liegen einerseits in der frühzeitigen Involvierung des Architekten in den Planungsprozeß und andererseits, in der Möglichkeit eines iterativen Planungsprozesses. Der Architekt kann bereits während der Basisplanung beratend mitwirken. Somit ist der Planungsprozeß durch einen kontinuierlichen Austausch- und Informationsprozeß zwischen den an der Planung Beteiligten charakterisiert. Aufgrund der engeren Zusammenarbeit und des stärkeren Informationsaustausches sind maßgeschneiderte Lösungen möglich. Es kann außerdem problemloser eine Arbeitsgemeinschaft mit dem Hausarchitekten, der die Bedürfnisse und Besonderheiten des Unternehmens sehr viel besser kennt, gegründet werden. Nachteilig sind vor allem die fehlenden alternativen Lösungsansätze. Der Bauherr kann durch seine Auswahl des Architekten zwar weitestgehend den Stil seines neuen Gebäudes beeinflussen, verzichtet aber freiwillig auf möglicherweise bessere Ergebnisse und beschränkt sich auf das Kreativpotential eines einzelnen Anbieters. Außerdem kann beim Architekten die Motivation, absolute Spitzenleistungen zu erbringen, fehlen, die für den Gewinn eines Wettbewerbes notwendig ist.

Das häufig vorgebrachte Argument, die freihändige Vergabe sei kostengünstiger, schneller und generell mit weniger Aufwand verbunden, muß äußerst kritisch betrachtet werden. Unmittelbar ist die direkte Beauftragung eines Architekten sicherlich sehr viel preiswerter als die Auslobung eines Wettbewerbs. Wird die Gefahr berücksichtigt, daß bessere Lösungen unbeachtet bleiben, kann eine allgemeingültige Aussage über den gesamten Lebenszyklus eines Gebäudes nicht mehr gemacht werden. Somit handelt es sich bei der kostenorientierten Argumentation ausschließlich um eine kurzfristige Betrachtung. Das Argument, eine freihändige Vergabe sei zeiteinsparend, setzt voraus, daß planungsrechtlich keine Probleme zu erwarten sind. Ein Wettbewerb mit entsprechender Integrierung der öffentlichen Verwaltung und der Lokalpolitik kann die am Anfang verlorene Zeit problemlos während der Genehmigungsphase wieder ausgleichen. Je breiter die Entscheidungsbasis, desto geringer sind die zu erwartenden Probleme bei der Gewährung von Ausnahmen und Befreiungen sowie der Baugenehmigung. Somit handelt es sich auch hierbei vorwiegend um eine kurzfristige Argumentation. Die gleichen Zusammenhänge gelten auch bezüglich des allgemeinen Aufwandes, der in der ersten Phase sicherlich geringer ist, unter Umständen aber während der Genehmigungsphase wieder ausgeglichen wird. Ausserdem kann der höhere Planungsaufwand für ein konkurrierendes Verfahren werbewirksam, wie z.B. die Ausstellung der Wettbewerbsergebnisse des Realisierungswettbewerbes von Daimler-Benz für den Potsdamer Platz im Berliner Bauhaus-Archiv, genutzt werden.

Die Vorteile der freihändigen Vergabe aus der *Sicht der Architekten* decken sich teilweise mit denen aus der Sicht des Bauherrn. Auch für den Architekten ist es vorteilhaft, sehr frühzeitig in den Planungsprozeß integriert zu werden, um überprüfen zu können, ob eine positive Zusammenarbeit mit dem Bauherrn möglich erscheint. Entscheidend ist für den Architekten, daß er bei der freihändigen Vergabe "gewollt" ist. Der Bauherr hat sich aufgrund seiner Entscheidungskriterien genau für diesen Architekten entschieden, d.h., es handelt sich nicht, wie bei einem anonymen Wettbewerb, um eine "Zwangspartnerschaft", sondern um eine frei gewählte. Für den Architekten bedeutet eine freihändige Vergabe ohne Einschränkungen einen geringeren Aufwand und im Gegensatz zu einer Wettbewerbsteilnahme ein sehr viel geringeres Risiko.

Nachteile für den Architekten entstehen mittel- und unmittelbar. Unmittelbar nachteilig wirkt sich die größere Abhängigkeit des Architekten vom Bauherrn aus. Im Gegensatz zu prämierten Wettbewerbsarbeiten steht das architektonische Konzept stärker zur Disposition.

Mittelbar sind jene, die den Berufsstand betreffen. Mit wenigen Ausnahmen werden Bauherren bei einer freihändigen Vergabe konservativere Auswahlen treffen als ein Preisgericht, daß in seiner Mehrheit nicht "mit der Entscheidung leben muß". Vor allem institutionelle Anleger werden mit ihrer Risikobereitschaft zur Realisierung innovativer Konzepte nur so weit gehen, wie sich dies vermarktungstechnisch rechtfertigen läßt. Tendenziell werden sie sich für "gute", aber nicht für innovative oder extravagante Lösungen entscheiden. Somit handelt es sich bei der freihändigen Vergabe nicht um ein Verfahren, das prädestiniert ist eine Weiterentwicklung der Architektur zu fördern. Vorzugsweise wird die kleine Gruppe der großen und etablierten Büros, die einen gewissen Qualitätsstandard und vor allem eine problemlose Auftragsabwicklung garantieren, berücksichtigt.

Aus der Sicht der *öffentlichen Verwaltung* als Lenkungs- und Kontrollinstanz bietet die freihändige Vergabe keinerlei Vorteile, aber umso gravierendere Nachteile. Im Gegensatz zu konkurrierenden Verfahren, bei denen Vertreter der öffentlichen Verwaltung und der Lokalpolitik in der Regel in der Jury vertreten sind, sind die Einflußmöglichkeiten hier sehr begrenzt und erst sehr spät möglich. Sie beschränken sich auf Fälle, wo seitens des Bauherrn Ausnahmen und Befreiungen beantragt werden müssen. Bei freihändigen Vergaben werden leicht andere als gestalterische Kriterien beim Vergabeentscheid überbewertet. Stadtgestalterische Aspekte treten gegenüber Risikominimierungs- und Kostenkriterien in den Hintergrund.

3.2 Gutachterverfahren

3.2.1 Grundzüge des Verfahrens und dessen Praxisrelevanz

Beim Gutachterverfahren[4] handelt es sich um die gleichzeitige Beauftragung mehrerer Architekten, für das gleiche Projekt Vorentwurfsleistungen zu erbringen und nicht um die Auslobung eines Architektenwettbewerbes.[5] In der Praxis handelt es sich aber um einen nicht GRW-konformen beschränkten Wettbewerb.[6] Der Auslober beauftragt eine begrenzte Anzahl von Architekten für ein fixes Honorar Lösungsansätze auszuarbeiten. Die Anzahl beauftragter Architekten ist mit maximal sechs tendenziell geringer als bei einem beschränkten Wettbewerb. Es werden keine Preise ausgelobt, sondern in der Regel erhalten alle Teilnehmer das gleiche Honorar.

Aus juristischen Gründen wird sowohl das Wort Wettbewerb als auch Vorentwurfsplanung vermieden. Anstelle von beschränkten Wettbewerben wird beispielsweise von Planungsgutachten, Gutachten oder Gutachterverfahren gesprochen. Der Auslober möchte auf keinen Fall, daß er sich den strikten Regeln der GRW unterordnen muß. Bei einem Gutachten unterliegt er keinen Verfahrensvorschriften und kann somit allein den Ablauf des Verfahrens bestimmen. Vorentwurfsplanungen werden als Lösungsansätze tituliert. Somit versucht der Auslober, unabhängig von

4 Da es sich beim Gutachterverfahren nicht um ein regelgebundenes Verfahren handelt, sind in der Praxis eine Vielzahl von Verfahrensnuancen anzutreffen, die hier allerdings nicht umfassend berücksichtigt werden können.

5 Weinbrenner, E. / Jochem, R., (Architektenwettbewerb), S. 34; vgl. auch §4 der GRW 1952, in dem explizit darauf hingewiesen wird, daß es sich beim Gutachten nicht um einen Wettbewerb, sondern um "Stellungnahmen von Spezialisten zu besonders schwierigen Bauaufgaben..." handelt, die als Vorentwürfe zu honorieren sind; in: Weinbrenner, E. / Jochem, R., (Architektenwettbewerb), S. 34.

6 Wenn im folgenden von beschränkten Wettbewerben gesprochen wird, bezieht sich dieses auf GRW-konforme Wettbewerbe.

den tatsächlich geforderten Leistungen, sich seiner Verpflichtung zur Honorierung nach § 15 Abs. 2 Leistungsphase 2, in Verbindung mit den §§ 10 und 16 HOAI, zu entziehen. Dies ist insofern relevant, als daß die fixe Honorierung im Regelfall deutlich unter den Sätzen der HOAI liegt und im Gegensatz zum Wettbewerb kein Ausnahmefall im Sinne von § 4 HOAI zur Unterschreitung der Honorarordnung vorliegt.[7]

Es handelt sich somit beim Gutachterverfahren um ein konkurrierendes Verfahren, das nicht der Wettbewerbsordnung unterworfen ist und maßgeblich durch den starken Einfluß des Auslobers, das formfreie Verfahren und Begriffsverschleierungen charakterisiert ist. Es wird auch abwertend von einem "Pseudo-Wettbewerb" gesprochen.[8]

Sämtliche Beteiligten haben ein virtuelles Interesse, das Verfahren trotz seiner erheblichen Praxisrelevanz "totzuschweigen". Die Bauherren möchten das ihnen sehr viele Vorteile bringende Verfahren beibehalten und kein "Salz auf die Wunden der Kammern streuen". Die Architekten fürchten standesrechtliche Schwierigkeiten wegen der Teilnahme und der Honorierung unter Mindestsätzen Die Kammern möchten keine Nachahmer provozieren. So ist es auch wenig verwunderlich, daß zu diesem Verfahren kein Informationsmaterial existiert und über die Honorierung keine Auskunft gegeben wird. Bei den hier betrachteten größeren Bauvorhaben wird das Gutachterverfahren ausschließlich von privatwirtschaftlichen Unternehmen eingesetzt. Bei kleineren Projekten wird das Gutachterverfahren, in Hamburg als "Freese-Olympiade" bekannt, auch von der öffentlichen Verwaltung gewählt.

3.2.2 Exkurs: Die "Freese-Olympiade"

Bei der "Freese-Olympiade"[9] handelt sich um ein Vergabeverfahren für Bauten der öffentlichen Hand. Sie kommt in Frage, wenn Projekte nicht wettbewerbswürdig sind und trotzdem ein konkurrierendes Verfahren eingesetzt werden sollte, nur begrenzt finanzielle Mittel für Wettbewerbe zur Verfügung stehen und eine "Materialschlacht" verhindert werden soll.

Analog zum allgemeinen Gutachterverfahren werden die Wörter Wettbewerb und Vorentwurfsplanung vermieden. Im Regelfall handelt es sich um Projekte mit einer maximalen Bausumme von 10 Mio. DM, wenn die Aufgabenstellung ein geregeltes Wettbewerbsverfahren nach den GRW nicht rechtfertigt[10] oder wenn die öffentliche Verwaltung aufgrund fehlender finanzieller Mittel sonst eine freihändige Vergabe tätigen müßte. Bei einem für alle Teilnehmer gleichen Honorar, je nach Projekt von 3´000 bis 10´000 DM, werden allerdings auch nur Lösungsansätze gefordert, so daß auch von einem Architektenauswahlverfahren gesprochen werden kann. Bei der

7 Weinbrenner, E. / Jochem, R., (Architektenwettbewerb), S. 35.

8 Weinbrenner, E. / Jochem, R., (Architektenwettbewerb), S. 35.

9 Entwickelt und benannt nach dem ehemaligen Hamburger Oberbaudirektor Freese.

10 Entscheidend ist hierbei, daß die GRW keine Abstufungen je nach Schwierigkeitsgrad oder Projektgröße zuläßt, und somit der Bauherr nur zwischen "ganz oder gar nicht" auswählen kann.

Auswahl der drei bis fünf eingeladenen Architekten wird größter Wert darauf gelegt, daß neben arrivierten auch junge Architekten berücksichtigt werden.

Auch seitens der Architektenschaft erfährt das formlose und unbürokratische Verfahren durchwegs positive Beurteilungen, wenn auch teilweise an der Objektivität der Auswahl gezweifelt wird. Vor allem die Zielsetzung, die sonst einen Wettbewerb charakterisiernde Materialschlacht einzudämmen und die Berücksichtigung junger Architekten, wird hervorgehoben. Bedenklich sind die nicht nachprüfbaren Kriterien bei der Auswahl der eingeladenen Architekten und des Entscheidungsgremiums und entspricht nicht der Transparenz, die man bei öffentlichen Auftraggebern erwartet.

Die Architektenkammer toleriert das Verfahren, da. ein Teil der Vertreter der Architektenkammer selbst teilnimmt. Damit die Kammer allerdings nicht vollständig ihre Glaubwürdigkeit gegenüber privaten Investoren verliert, von denen sie vehement eine Einhaltung der GRW fordert, wird die Freese-Olympiade zwar angewandt, aber ebenfalls verheimlicht.

3.2.3 Vor- und Nachteile des Verfahrens

Da es sich beim Gutachterfahren in weiten Zügen um eine konkurrierende freihändige Vergabe handelt, werden die Vor- und Nachteile, die identisch mit denen der freihändigen Vergabe sind, im folgenden nicht nochmal betrachtet und in der Graphik kursiv dargestellt (Tabelle 16).

Die wesentlichen Vor- und Nachteile beim Gutachterverfahren aus der *Sicht des Bauherrn* sind identisch mit denen der freihändigen Vergabe. Der Bauherr behält sich sämtliche Entscheidungen vor. Im Gegensatz zur freihändigen Vergabe kann der Bauherr bei begrenzten Mehrkosten aus verschiedenen Vorschlägen auswählen.

Für den Bauherrn stellt das Gutachterverfahren eine nahezu optimale Kombination aus freihändiger Vergabe und Wettbewerb dar. Er ist weder an ein ihn bindendes Regelwerk gebunden, noch muß er auf Alternativen verzichten. Vor allem ist ihm freigestellt, wie der Entscheidungsfindungsprozeß verläuft. Seine wesentliche Aufgabe besteht in der Auswahl der beteiligten Architekten. Dabei ist es ihm möglich, durch die Höhe des Honorars "Star-Architekten" zur Teilnahme zu motivieren. Das sonst bei einem Wettbewerb bestehende "Lotteriespiel", ob auch tatsächlich fähige Architekten partizipieren, entfällt. So wird das Risiko erheblich gesenkt. Es ist dem Bauherrn freigestellt, ob er zur Auswahl des Architekten eine Jury zusammensetzt. Im Falle einer Jury bestimmt er allein über deren Zusammensetzung und kann so den Ausgang steuern.

	Vorteile / Chancen	**Nachteile / Gefahren**
aus der Sicht des Bauherrn	- *größere Einflußmöglichkeiten des Bauherrn* - *Berücksichtigung weiterer Kriterien (z. B. CAAD)* - *iterativer Planungsprozeß* - *vermeintliche Zeit-, Kosten- und Aufwandsersparnis* - *Überprüfung der Teamkonstellation* - mehrere Lösungsalternativen - keine Festlegung bezüglich der weiteren Bearbeitung - freie Wahl der Jury - flexibler / einfacher - Kombination der Lösungen - Motivation von "Star-Architekten" zur Teilnahme durch das Honorar	- *keine alternativen Lösungsansätze* - *u.U. größere Probleme bei der Baugenehmigungsbeschaffung* - *fehlende Motivation des Architekten* - *fehlende Involvierung der Stakeholder* - gewisse Rechenunsicherheit
aus der Sicht des Architekten	- *der Architekt ist "gewollt"* - *Überprüfung der Teamkonstellation* - garantiertes Honorar	- *es wird i.d.R nur eine kleine Gruppe von Architekten berücksichtigt* - *schließt u.U. junge und innovative Architekten aus* - Entscheidung nicht transparent - standesrechtl. Probleme - weniger Rechte, Tendenz zur "Ausbeutung" - geringere Werbewirksamkeit als bei Wettbewerben
aus der Sicht der öffentlichen Verwaltung	- mehrere Lösungsalternativen - fakultative Einbindung der öffentlichen Verwaltung und der Lokalpolitik	- *Entscheidung liegt allein beim Bauherrn* - *fehlende Einbindung der Lokalpolitik* - *Gefahr der Monotonie und Überbetonung wirtschaftlicher Aspekte*

Tab. 16: Zusammenfassung der Vor- und Nachteile des Gutachterverfahrens

Des weiteren binden ihn die Wettbewerbsergebnisse in keiner Form. Dem Bauherrn ist es überlassen, ob er einen Teilnehmer für die weiteren Planungen engagiert oder aber einen anderen Architekten beauftragt.

Insgesamt handelt es sich aus der Sicht des Bauherrn um ein einfaches und äußerst flexibles Verfahren, das lediglich durch eine gewisse Rechtsunsicherheit eingeschränkt wird. Die Rechtsunsicherheit resultiert aus dem § 4 der HOAI, wonach das Honorar "... im Rahmen der durch diese Verordnung festgelegten Mindest- und Höchstsätzen..." zu liegen hat. Somit liegt nur dann ein Rechtsverstoß vor, wenn abweichende (niedrigere) Honorare gezahlt werden.

Zumindest gegenüber einem beschränkten Wettbewerb dominieren aus der *Sicht der Architekten* die Nachteile. Positiv ist lediglich das garantierte Honorar, das in der Regel höher liegen dürfte, als die fixe Aufwandsentschädigung bei einem beschränkten Wettbewerb.

Bei den Nachteilen handelt es sich einerseits um standesrechtliche Probleme, andererseits um eine Reduzierung der Rechte bzw. einen Wegfall der Pflichten des Auslobers. Falls das Honorar nicht im Einklang mit der Honorarordnung steht, verstößt der teilnehmende Architekt gegen die Berufsordnung.[11] Drastisch formulieren Weinbrenner/Jochem, daß "der Teilnehmer an solchen Pseudo-Verfahren mit einem berufsgerichtlichen Verfahren zu rechnen hat. Da zudem eine Mitteilungspflicht über das Bestehen derartiger Verfahren besteht, kann damit gerechnet werden, daß derartige Berufsordnungsverstöße geahndet werden."[12] Zumindest in Hamburg werden solche Verfahren, vor allem im Rahmen der "Freese-Olympiade" toleriert. Berufsrechtliche Verfahren sind nicht bekannt geworden.

Die Architekten können sich nicht darauf verlassen, daß ihre Entwürfe durch eine im vornhinein bestimmte, zur Mehrheit aus Fachpreisrichtern bestehende Jury bewertet werden. Somit ist das Verfahren in geringerem Maße transparent. Des weiteren kann er sich nicht darauf verlassen, daß ein Preisträger oder Ankauf, falls es zu einer Realisierung kommt, weiter beauftragt wird. Im Gegensatz zu Wettbewerben, bei denen die Entwürfe der Preisträger in den Fachzeitungen publiziert werden, entfällt beim Gutachterverfahren weitestgehend die Werbewirkung.

Aus *Sicht der öffentlichen Verwaltung* stellt das Gutachterverfahren gegenüber der freihändigen Vergabe zumindest einen Schritt in die richtige Richtung dar, da die Auswahl auf mehreren Lösungsvorschlägen basiert.

Fakultativ besteht die Möglichkeit, Vertreter der öffentlichen Verwaltung in den Entscheidungsprozeß zu integrieren. Eine solche Teilnahme läßt sich allerdings gegenüber jenen Investoren, denen ein geregeltes Verfahren aufgezwungen wird, schwer vertreten.

---

11 Vgl. beispielsweise die Berufsordnung der Hamburgerischen Architektenkammer vom 30. Nov. 1972, § 9 Abs. 1 und 2.

12 Weinbrenner, E. / Jochem, R., (Architektenwettbewerb), S. 36.

4 Verbesserungsmöglichkeiten bestehender Vergabeverfahren und alternative Ansätze

4.1 Vergleichende Beurteilung bestehender Vergabeverfahren

Die vergleichende Beurteilung der bestehenden Vergabeverfahren wird in zwei Stufen durchgeführt:

1. Stärken-/Schwächen-Analysen,
2. Nutzwertanalysen.

Somit werden in einem ersten Schritt die zentralen Stärken und Schwächen der dargestellten Vergabeverfahren im Sinne einer IST-Analyse dargestellt. Anschließend wird im Rahmen von Nutzwertanalysen die Eignung der Vergabeverfahren für die unterschiedlichen Nachfrageträger untersucht.

4.1.1 Stärken-/Schwächen-Analyse

Die aus dem unternehmenspolitischen Problemlösungs- und Entscheidungsprozeß bekannte **Stärken-/Schwächen-Analyse** wird zur Beurteilung der bestehenden Vergabeformen herangezogen. Bei dieser Analyse handelt es sich um eine IST-Analyse. Es wird ausschließlich auf die aktuelle Situation eingegangen, ohne Optimierungspotentiale zu berücksichtigen. Das Ziel einer Stärken-/Schwächen-Analyse ist die Isolierung und Visualisierung der Stärken und auch der Schwächen eines Verfahrens. Sie bildet somit die Ausgangslage zur Optimierung der bestehenden Verfahren bzw. zur Ausarbeitung alternativer Vergabeformen. In einem ersten Schritt werden die relevanten Entscheidungskriterien isoliert. Zur Beurteilung der bestehenden Vergabeformen bietet es sich an, zwischen folgenden Kriterien zu unterscheiden:

1. Unternehmens- und wirtschaftlichkeitsorientierte Kriterien,
2. planungsprozeßorientierte Kriterien und
3. umweltorientierte Kriterien.

Grundsätzlich ist zu berücksichtigen, daß die einzelnen Kriterien eine unterschiedliche Bedeutung haben: für den Gesamterfolg eines Bauprojektes, je nach Bauherr und je nach den spezifischen Charakteristika eines Projektes. Es ist absolut notwendig, daß jeder Bauherr individuell die Kriterien gewichtet und anschließend im Rahmen einer daraus resultierenden Nutzwertanalyse die Entscheidung fällt. Dabei bietet es sich an, neben einer reinen Gewichtung auch Muß-Kriterien festzulegen, die je nach Bauherr eine festgesetzte Ausprägung aufweisen müssen. Bei Nichterfüllung muß das entsprechende Verfahren ausgeschlossen werden. Es muß allerdings nochmals darauf hingewiesen werden, daß viele Bauherren nur eine sehr begrenzte freie Entscheidungswahl zwischen den Vergabeformen haben.

Für die Analyse bilden die Ergebnisse der Kapitel 2 und 3 die Basis der Beurteilung. Die Bedeutung der Kriterien bleibt zunächst unberücksichtigt. Abbildung 50 stellt eine Beurteilung der wesentlichen Stärken und Schwächen der bestehenden Vergabeverfahren hinsichtlich *unternehmens- und wirtschaftlichkeitsorientierter Kriterien* dar:

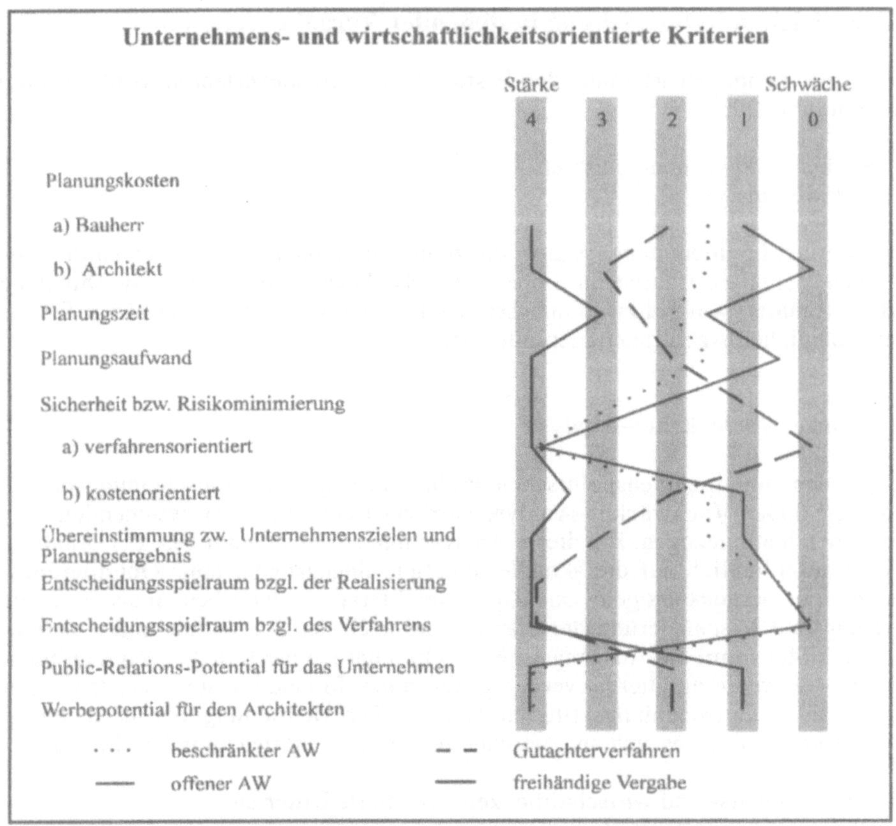

Abb. 50: Stärken- / Schwächen-Analyse der Verfahren unter unternehmens- und wirtschaftlichkeitsorientierten Kriterien

Bei der ausschließlich unternehmens- und wirtschaftlichkeitsorientierten Betrachtung stellt die freihändige Vergabe auf den ersten Blick das optimale Verfahren dar. Es muß beachtet werden, daß bei der Betrachtung der Kosten lediglich kurzfristige Planungskosten berücksichtigt wurden und nicht die gesamten Kosten eines Gebäudes über den Lebenszyklus hinweg. Nachteilig für die freihändige Vergabe sind nur die begrenzten Public-Relation-Potentiale. Wobei auch dieser Nachteil nur kurzfristig ist, da langfristig diese Potentiale nicht aus dem Verfahren, sondern aus den konkreten Ergebnissen resultieren.

Das GRW-konforme Wettbewerbswesen schneidet bei einer reinen unternehmens- und wirtschaftlichkeitsorientierten Betrachtung am schlechtesten ab. Dies liegt einerseits an den verhältnismäßig hohen Kosten, die aber nur bei den Architekten in einem krassen Mißverhältnis zwischen Aufwand und Ertrag stehen, dem hohen Zeitaufwand, und der Fremdbestimmung des Bauherrn durch eine Jury. Mit Ausnahme des Preis-Leistungsverhältnisses schneidet der beschränkte Wettbewerb besser ab, als der offene Wettbewerb.

Aus unternehmens- und wirtschaftlichkeitsorientierter Sichtweise stellt das Gutachterverfahren einen Mittelweg dar. Es gewährleistet dem Bauherrn nahezu den gleichen Entscheidungsspielraum wie die freihändige Vergabe. Zumindest in der Praxis sind die Mehrkosten[1] und der zeitliche Mehraufwand relativ begrenzt. Die zentrale Schwäche besteht ausschließlich in der fehlenden Verfahrensicherheit. Juristisch liegt das Gutachterverfahren in einer weitestgehend tolerierten Grauzone.

Bei der Betrachtung der *planungsprozeß- und architekturorientierten Kriterien* ergibt sich folgendes Bild:

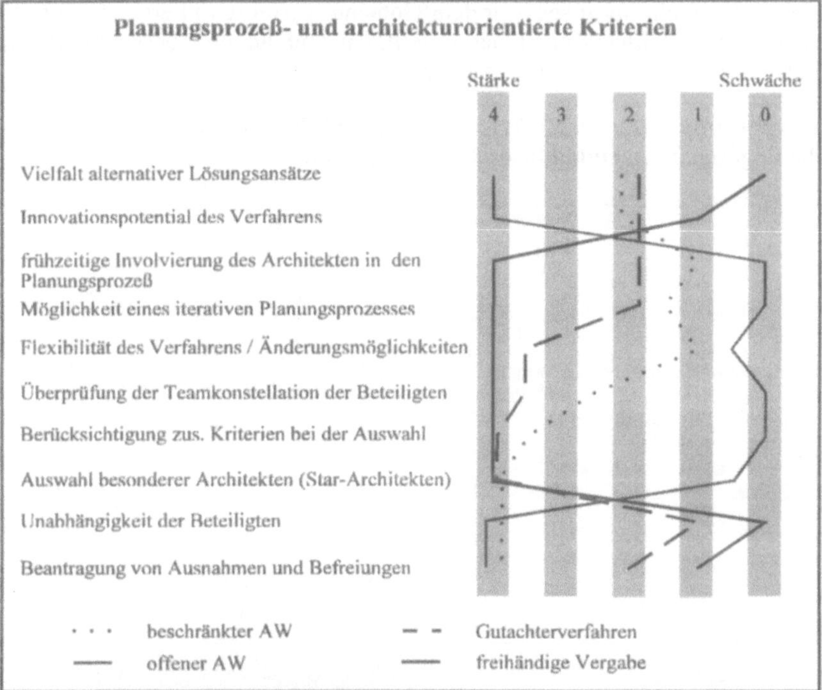

Abb. 51: Stärken- / Schwächen-Analyse der Verfahren unter planungsprozeß- und architekturorientierten Kriterien

Im Gegensatz zu der unternehmens- und wirtschaftlichkeitsorientierten Betrachtung ist bei der planungsprozeß- und architekturorientierten Betrachtung keine eindeutige

1 Bei einer strengen Honorierung nach der HOAI, die in der Praxis allerdings nicht relevant ist, stellen die Kosten eine erhebliche Verfahrensschwäche dar.

Präferenz für eine Verfahrensform feststellbar. So zeichnet sich die freihändige Vergabe durch das flexible Zusammenspiel von Bauherr und Architekt aus.

Demgegenüber weist der offene Wettbewerb Stärken in der Vielfalt alternativer Lösungsansätze und dem Innovationspotential des Verfahrens auf. Der Auslober erhält eine Vielzahl unterschiedlicher Lösungsansätze, die, wie bereits dargestellt, langfristig auch kostenoptimal sein können.[2] Die Vielzahl von Lösungsalternativen ist allerdings kein Garant für optimale Lösungen. Außerdem erleichtern Wettbewerbsergebnisse die Genehmigung von Ausnahmen und Befreiungen, da die Verantwortlichen aus Politik und Verwaltung in den Entscheidungsfindungsprozeß integriert werden.

Das Gutachterverfahren und auch der beschränkte Wettbewerb zeichnen sich wiederum als Mittelweg aus. Sie verzichten sowohl auf die Vor- als auch auf die Nachteile der freihändigen Vergabe und des offenen Wettbewerbes. Allerdings ist der beschränkte Wettbewerb bei der Betrachtung der planungsprozeß- und architekturorientierten Betrachtung insgesamt dem Gutachterverfahren überlegen. Dies liegt vor allem an der Unabhängigkeit der Beteiligten und an den besseren Möglichkeiten, Befreiungen und Ausnahmen zu beantragen.

Unter den *umweltorientierten Kriterien* werden vor allem die Relationen zu den die Rahmenbedingungen setzenden Institutionen verstanden:

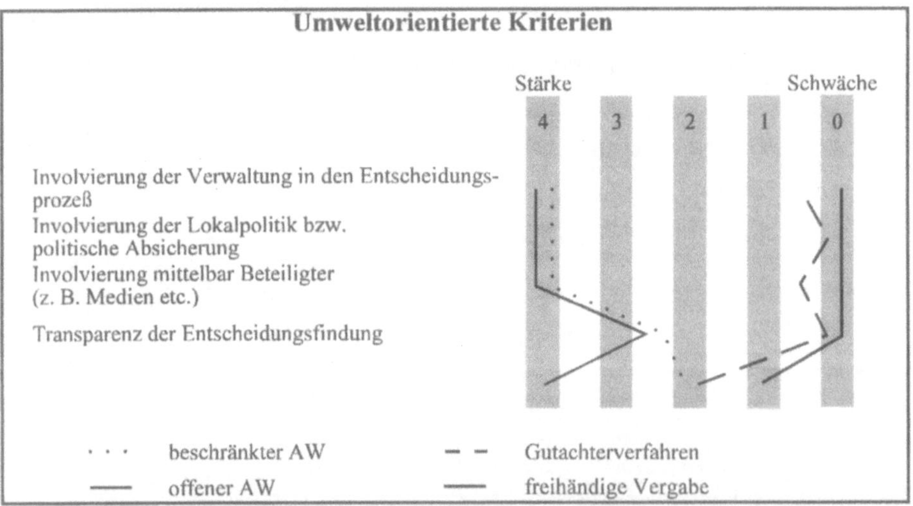

Abb. 52: Stärken- / Schwächen-Analyse der bestehenden Verfahren unter umweltorientierten Kriterien

Bei der Betrachtung der umweltorientierten Kriterien ist das Wettbewerbswesen den anderen Varianten deutlich überlegen. Einzig die begrenzte Transparenz der Preis-

2 Auch wenn die preisgekrönten Entwürfe im Durchschnitt kostenoptimaler als die anderen Entwürfe sind, kann daraus nicht geschlußfolgert werden, daß sie im Vergleich zu bespielsweise freihändig vergebenen günstiger bzw. kostenoptimaler sind.

gerichtsentscheidungen stellt eine leichte Schwäche dar. Mit Ausnahme des Kriteriums Weiterentwicklung der Architekturszene bestehen keine Unterschiede zwischen beschränktem und offenem Wettbewerb. Das Gutachterverfahren ist zwar der freihändigen Vergabe tendenziell überlegen, kann aber nicht als Mittelweg betrachtet werden, da es eindeutig zu Schwächen tendiert.

4.1.2 Nutzwertanalyse

Anhand von zwei freigewählten Beispielen soll nun konkret dargestellt werden, wie die Ergebnisse der Stärken-/Schwächen-Analyse im Rahmen einer **Nutzwertanalyse** (Tabelle 17) zur Entscheidungsfindung umgesetzt werden können.

Beispiel A ist ein reiner Fremdbedarfsbau eines offenen Immobilienfonds. Seitens des Grundstückverkäufers sind keine Auflagen hinsichtlich der Vergabeform gemacht worden. Das Projekt befindet sich in einer guten, nicht aber exponierten Lage. Die Projektziele entsprechen denen des Beispiels in Kapitel 1.4 dieses Teils. Es handelt sich um ein Renditeobjekt. Beispiel B ist ein größeres Verwaltungsgebäude der öffentlichen Verwaltung. Das Grundstück befindet sich in exponierter Lage und ist im Staatsbesitz. Das Bauvolumen beträgt bei beiden Beispielen 100 Mio. DM.

Die Nutzwertanalyse zeigt deutlich, daß es keine allgemeingültig-optimale Vergabeform gibt. Je nach Bauherr müssen die Kriterien verschieden gewichtet werden. Für einen rein ertragswertorientierten Bauherrn ist die freihändige Vergabe die zielkonforme Vergabeform, da sie seinen kosten- und entscheidungsorientierten Kriterien am besten entspricht. Für einen öffentlichen Bauherrn ist der GRW-konforme Wettbewerb die optimale Vergabeform, da hier die Einbindung der öffentlichen Verwaltung sowie der Lokalpolitik am besten berücksichtigt wird.

Sollen Wettbewerbe als Regelverfahren angewendet sehen werden, dann müssen diese entweder auf Gesetzes- oder Verordnungsebene durchgesetzt, oder aber so modifiziert werden, daß sie den Bedürfnissen privater Bauherren besser entsprechen. Im folgenden werden Verbesserungsvorschläge bestehender, vor allem der geregelten, Verfahren dargestellt und alternative Ansätze skizziert.

Nutzwertanalyse der gewählten Beispiele

	Beispiel A									Beispiel B								
	g	F	F x g	G	Gu x g	B	B x g	O	O x g	g	F	F x g	Gu	Gu x g	B	B x g	O	O x g
1. Planungskosten	40	4	160	2	80	1,5	60	1	40	20	4	80	2	40	1,5	30	1	20
2. Planungszeit	40	3	120	2,5	100	2	80	1,5	60	10	3	30	2,5	25	2	20	1,5	15
3. Planungsaufwand	45*	4	180	2	90	1,5	67,5	0,5	22,5	10	4	40	2	20	1,5	15	0,5	5
4. Verfahrenssicherheit	10	4	40	0	0	4	40	4	40	50*	4	200	0	0	4	200	4	200
5. Kostensicherheit	50*	3,5	175	2	100	1,5	75	1	50*ne	20	3,5	70	2	4	1,5	30	1	20
6. Übereinstimmung Projektziele und Planungsergebnis	50*	4	200	3	150	1,5	75	1	50*ne	25	4	100	3	75	1,5	37,5	1	25
7. Entscheidungsspielraum bzgl. der Realisierung der Entwürfe	40*	4	160	4	160	0,5	20*ne	0,5	20*ne	5	4	20	4	20	0,5	2,5	0,5	2,5
8. Entscheidungsspielraum bzgl. des Verfahrens	20	4	80	4	80	0	0	0	0	0	4	0	4	0	0	0	0	0
9. Public-Relations-Potential	5	1	5	2	10	4	20	4	20	10	1	10	2	20	4	40	4	40
10. Vielfalt der Lösungsansätze	10	0	0	2	20	2	20	4	40	40	0	0	2	80	2	80	4	160
11. Innovationspotential des Verfahrens	5	1	5	2	10	2	10	4	40	40	1	40	2	80	2	80	4	160
12. Frühzeitige Involvierung der Architekten in den Planungsprozeß	15	4	60	2	30	1	15	0	0	20	4	80	2	40	1	20	0	0
13. Flexibilität des Verfahrens hinsichtlich Änderungen	20	4	80	3,5	70	1	20	0	0	20	4	80	3,5	70	1	20	0	0
14. Möglichkeiten eines iterativen Planungsprozesses	10	4	40	2	20	1,5	15	0	0	20	4	80	2	40	1,5	30	0	0
15. Überprüfung der Teamkonstellation	40	4	160	3,5	140	2,5	90	0	0	20	4	80	3,5	70	2,5	50	0	0
16. Berücksichtigung zusätzlicher Kriterien	45*	4	180	4	180	3	135	0,5	23*ne	10	4	40	4	40	3	30	0,5	5
17. Unabhängigkeit der Beteiligten	0	0	0	2	0	4	0	4	0	50*	0	0*ne	2	100	4	200	4	200
18. Beantragung von Ausnahmen und Befreiungen	30	1	30	2	60	4	120	4	120	10	1	10	2	20	4	40	4	40
19. Involvierung der Verwaltung in den Entscheidungsprozeß	5	0	0	0,5	2,5	4	20	4	20	50*	0	0*ne	0,5	25*ne	4	200	4	200
20. Einbindung der Lokalpolitik bzw. politische Absicherung	5	0	0	0	0	4	20	4	20	50*	0	0*ne	0	0*ne	4	200	4	200
21. Transparenz der Entscheidungsfindung	0	0	0	0	0	2,5	0	2,5	0	50*	0	0*ne	0	0*ne	2,5	125	2,5	125
22. Weiterentwicklung der Architekturszene	0	0,5	0	2	0	2	0	4	0	40	0,5	20	2	80	2	80	4	160
Summe			1675		1303		903		565			980		845		1530		1578
Rang			1		2		3*ne		4*ne			3*ne		4*ne		2		1

g = Gewichtung (1-50) F = freihändige Vergabe Gu = Gutachterverfahren B = beschränkter Wett. O = offener Wett. * = Muß-Kriterium ne = nicht erfüllt (<1,5)

Tab. 17: Nutzwertanalyse der gewählten Beispiele

4.2 Lösungen für die Probleme bestehender Vergabeformen

Bei der Analyse der bestehenden Vergabeformen mußte in vielen Punkten festgestellt werden, daß aufgrund der natürlichen Interessendivergenzen ein "optimales" Verfahren nicht möglich ist und lediglich eine Interessenharmonisierung erreichbar wäre. Folgende Ausführungen zeigen vor allem Lösungen für die Probleme bestehender Vergabeformen aus der Sicht der Bauherren. Eine Ausnahme stellen dabei die Lösungsansätze für die Probleme der freihändigen Vergabe sowie des Gutachterverfahrens dar. Grundsätzlich wird nur auf die systemimmanten Problemfelder eingegangen.

4.2.1 Freihändige Vergabe und Gutachterverfahren

Sowohl die freihändige Vergabe als auch das Gutachterverfahren sind durch einen weitgehenden Ausschluß der Öffentlichkeit bei der Entscheidungsfindung charakterisiert. Der Bauherr entscheidet ausschließlich nach von ihm festgelegten Kriterien. Dieses Verfahren wird von den beauftragten Architekten und vor allem von den Vertretern der öffentlichen Verwaltung scharf kritisiert.

Grundsätzlich stellt sich hierbei die Frage, ob die äußere Gestaltung eines Gebäudes eine ausschließliche Angelegenheit des Bauherrn ist. Diese Frage ist m.E. nur dann von Relevanz, wenn es sich um ein Bauprojekt in zentraler Innenstadtlage handelt. Die Gestaltung des Potsdamer Platzes im Zentrum Berlins kann nicht "Privatsache" von vier Konzernen sein. Nicht nur die Bauherren, sondern auch die Bevölkerung einer Stadt muß mit dem Bauwerk "leben" können.

Somit müssen Wege gefunden werden, die dem berechtigten Interesse der Bauherren nach freier Entscheidung und den übergeordneten städtischen Interessen Rechnung tragen. Es muß möglich sein, daß der Bauherr einen Architekten seiner Wahl direkt beauftragt, mit oder ohne vorgelagertem konkurrierenden Verfahren, und gleichzeitig das städtische Interesse nach Architekturqualität und Einbindung in das Stadtbild berücksichtigt wird. Diese Forderung der Bauherren ist legitim, da engagierte Bauherren durchaus bewiesen haben, daß außerordentliche Architekturqualitäten auch ohne formale konkurrierende Verfahren möglich sind. Ziel des nachfolgend skizzierten Lösungsansatzes ist es daher, die freihändige Vergabe und das Gutachterverfahren als Vergabeform für engagierte Bauherren, die einen speziellen Architekturstil realisieren wollen, zu erhalten. Gleichzeitig ist aber zu verhindern, daß diese Verfahren benutzt werden, um "primitive" und vermeintlich preiswerte Bauten zu realisieren.

Als Lösung wird eine Kommission vorgeschlagen. Für Bauprojekte, die entweder in einem klar definierten Gebiet und/oder eine festgelegte Größenordnung überschreiten, wird die Zustimmung der Kommission für obligatorisch erklärt. Die Kommission setzt sich gleichgewichtig aus Vertretern des öffentlichen Lebens einer Stadt und Fachvertretern zusammen. Die Fachvertreter sollten dabei allerdings Externe sein, daß heißt nicht aus der entsprechenden Stadt kommen. Die Aufgaben der Kommission sind eng umrissen. Einerseits haben sie eine Beratungs-, andererseits, eine Kontrollfunktion. Jeder Bauherr, der ein unter den Geltungsbereich der Kommission fallendes Bauprojekt plant, ist zu einer Vorberatung verpflichtet. In diesem Vorberatungsgespräch legen sowohl die Kommission, als auch der Bauherr seine Interessen dar. Die Kommission prüft anschließend, ob das geplante Bauprojekt mit den übergeordneten Zielsetzungen der Stadt kompatibel ist. Dabei ist nicht der Architekturstil, sondern die Architekturqualität und die Einbindung in das Stadtbild entscheidend. Es wird somit lediglich geprüft, ob das geplante Bauprojekt den Auforderungen des Standortes entspricht. Die Qualitätssicherung steht im Vordergrund. Die Kommission hat die Möglichkeit, Befreiungen und Ausnahmen zuzustimmen.

Die Besetzung der Kommission ist variabel. Variabel heißt, daß entsprechend dem Standort unterschiedliche Vertreter berücksichtigt werden. Dabei sollte sich die Kommission nicht aus den Vertretern der politischen Gruppierungen zusammensetzten, sondern weitestgehend neutral sein. Damit wäre ein Schritt in Richtung "Entpolitisierung" von Bauprojekten möglich. Außerdem wird die Kommission in festgelegten Zeiträumen neu besetzt. Somit kann verhindert werden, daß institutionalisierte Geschmacksmonopole und somit Monotonie entsteht.

Im Falle von unüberwindbaren Kontroversen zwischen dem Bauherrn und der Kommission hat eine fest institutionalisierte Schiedsstelle Entscheidungsvollmacht. Die Schiedsstelle setzt sich ausschließlich aus externen Fachleuten im oben verstandenen Sinne zusammen. Anstelle der Schiedsstelle wäre auch der Einsatz eines gemeinsam bestimmten Schlichters denkbar, vergleichbar mit der Funktion des Schlichters bei Tarifauseinandersetzungen.

4.2.2 Auslobungsphase GRW-konformer Wettbewerbe

Im folgenden sind Ansätze zur Modifizierung des Wettbewerbswesens skizziert, die zwar nicht unmittelbar GRW-kompatibel sind, aber ohne größere Probleme in die GRW integriert werden könnten.[3]

Bei der Betrachtung der Problemfelder der **Auslobungsunterlagen** und des **Leistungsumfanges** sind im wesentlichen drei Aspekte zu betrachten:

1. Allgemeine Wettbewerbsbedingungen,
2. Verbindlichkeit der Wettbewerbsunterlagen und Charakterisierung der Anforderungskriterien sowie
3. Kosten und Zeit.

Bei den *allgemeinen Wettbewerbsbedingungen*[4] wird die Notwendigkeit der Anonymität sowie die Beschränkung auf eine Arbeit pro Teilnehmer bestritten. Die

---

3 Ansätze, die mit den wesentlichen Grundzügen der GRW nicht kompatibel sind, werden anschließend in Kapitel 4.3 dieses Teils detailliert dargestellt.

4 Auf die allgemeinen Wettbewerbsbedingungen, im wesentlichen handelt es sich um die Spielregeln des Verfahrens, wird hier nur knapp eingegangen, da sie die Säulen des Wettbewerbs darstellen und somit maßgebliche Änderungen in diesem Bereich im Kapitel 4.3 dieses Teils behandelt werden.

GRW schreibt das anonyme Verfahren als Regelform vor. Die Anonymität wird nur beim kooperativen Verfahren aufgehoben. Bei einem beschränkten Wettbewerb sollte von dem Postulat der Anonymität Abstand genommen werden. Die Fachpreisrichter können i.d.R. bei einer beschränkten und bekannten Anzahl von Teilnehmern die Arbeiten den Urhebern zuordnen. Die in der Praxis anzutreffende Mischform, Anonymität ohne besondere Gestaltungsvorschriften, führt zu einem Taktieren auf Seiten der Architekten, damit die Arbeit erkennbar ist, und einem "Ratespiel" bei den Preisrichtern. Mit der Aufhebung der Anonymität wird lediglich das "Pokern" entfallen. Bei einem offenen Leistungswettbewerb sollte allen Beteiligten bekannt sein, wer welchen Entwurf eingereicht hat. Falls an der Anonymität festgehalten werden soll, müssen geregelte Gestaltungsvorschriften gemacht werden, d.h. beispielsweise eine eindeutig definierte Darstellung von Bäumen oder einer festgelegten Schriftart.

Außerdem sollte es den Architekturbüros erlaubt sein, mehrere Lösungsansätze zu einer Fragestellung abzuliefern. Es besteht m.E. kein fachliches Argument, warum ein Büro nicht unterschiedliche Ansätze präsentieren sollte. Eher besteht durch die Erlaubnis die Möglichkeit, daß verschiedenartigere Entwürfe eingereicht werden. Ein Büro hat damit die Möglichkeit, einen klassischen und einen innovativen Lösungsansatz einzureichen.

Die *Verbindlichkeit der Wettbewerbsunterlagen* muß gestärkt werden.[5] Der Auslober erwartet von einem Wettbewerb Lösungsansätze für ein von ihm definiertes Problem. Ihm obliegt es, erstens, möglichst präzise Wettbewerbsunterlagen zu erstellen oder erstellen zu lassen und zweitens, sicherzustellen, daß das Projekt anschließend realisiert wird. Die Auslobung eines Wettbewerbes kann und darf den Bauherren nicht von der Aufgabe befreien, herauszuarbeiten, welches Problem zu lösen ist. Das Motto "ich habe ein Baugrundgrundstück, mal sehen was man damit machen könnte"[6] ist zumindest nicht Sinn eines Realisierungswettbewerbes. Für ein projektbezogen optimales Ergebnis ist eine präzise Aufgabenstellung unabdingbar. Als Zusatz zu den üblichen Auslobungsunterlagen, die meist bautechnische Schwerpunkte aufweisen, sollte sehr viel stärker auf die Charakteristika des Unternehmens eingegangen werden.[7] Als Lösung bietet sich eine weitreichende Überprüfung der Wettbewerbsunterlagen durch den Wettbewerbsausschuß der Architektenkammer oder ein ähnlich geartetes Gremium an. Es sollte nicht nur kontrolliert werden, ob die Interessen der Architektenschaft nach einer angemessenen Honorierung und einem begrenztem Leistungsumfang berücksichtigt wurden, sondern sehr viel weitergehender auch die Qualität der Auslobungsunterlagen. Damit dieser Aufwand realisierbar ist, muß das Gremium einerseits ebenso für seine Arbeit honoriert werden und andererseits, die Möglichkeit haben, eine unzulängliche Auslobung zu stoppen.

---

5 Folgende Ausführungen beziehen sich primär auf Realisierungswettbewerbe.

6 Bei einem Ideenwettbewerb, der eigentlich diesem Motto entsprechen würde, werden demgegenüber realisierungfähige Entwürfe erwartet.

7 Zu den Charakteristika eines Unternehmens gehören in diesem Sinne neben der Geschichte, dem Leitbild, der Corporate Identity auch zukunftsorientierte Aspekte, wie die angestrebte Organisationsentwicklung.

Neben der qualitativ guten Vorbereitung der Auslobungsunterlagen muß darüberhinaus im Vorfeld sichergestellt werden, daß das Projekt mit größtmöglicher Sicherheit auch realisiert wird. Seitens der Architektenschaft wird häufig der berechtigte Vorwurf erhoben, daß zu viele Realisierungswettbewerbe nicht realisiert werden. Im Kapitel 4.2.3 dieses Teils werden Ansätze aufgezeigt, diesen Mißstand zu beheben.

Die Forderung nach einer verstärkten Verbindlichkeit der Wettbewerbsunterlagen gilt gleichermaßen auch für die teilnehmenden Architekten. Es muß deutlich hervorgehoben werden, daß die Wettbewerbsunterlagen nicht Empfehlungscharakter haben, sondern Aufforderungs- bzw. Auftragsgrundlage sind. Handelt es sich bei einem offenen Wettbewerb noch um das eigene Risiko des Teilnehmers, durch Mißachtung der Wettbewerbsunterlagen ausgeschlossen zu werden, ist die Situation bei einem beschränkten Wettbewerb grundlegend anders. Der teilnehmende Architekt erhält eine Bearbeitungsgebühr und ist somit in erheblich stärkerem Maße an die Anforderungen des Auslobers gebunden. Er wird dafür bezahlt, zu einer definierten Aufgabenstellung, die umzudeuten nicht in seinem Ermessen liegt, einen Lösungsansatz zu liefern. Bei einer Nichtbeachtung der Wettbewerbsaufgabe sollte sein Anspruch auf die Bearbeitungsgebühr entfallen,[8] da es sich um eine nicht erbrachte Dienstleistung handelt.

Durch das Kolloquium besteht die Möglichkeit, Änderungen in den Wettbewerbsunterlagen anzuregen. Nach Abschluß des Kolloquiums darf es allerdings keinen Zweifel über die Interpretation der Wettbewerbsaufgabe mehr geben. Damit kein Spielraum bezüglich der Bedeutung von Anforderungen entsteht, sollte der Anforderungskatalog in drei Klassen aufgeteilt sein:

1. Muß-Kriterien,
2. Soll-Kriterien,
3. Kann-Kriterien.

Die Anforderungskriterien sollten eindeutig und explizit den Klassen zugeordnet werden. Jeder teilnehmende Architekt muß wissen, daß ein Verstoß gegen ein Muß-Kriterium zum Ausschluß aus dem Verfahren führt.[9] Bei einem Soll-Kriterium wird die Erfüllung erwartet, führt allerdings nicht zu einem Ausschluß. Ein Kann-Kriterium ist als Anregung zu verstehen. Die Definition der Anforderungskriterien sollte in den GRW integriert werden.

Das dritte Problemfeld sind die *Kosten* und die benötigte *Zeit* für einen Wettbewerb. Beide Aspekte korrelieren sehr eng mit der Frage nach dem geforderten Leistungsumfang. Da aus der Sicht des Bauherrn kein Zusammenhang zwischen Wettbewerbskosten, die primär bausummenabhängig sind, und dem geforderten Leistungs-

---

8 Dieses gilt besonders, wenn Entwürfe eingereicht werden, die überhaupt nicht realisierbar sind, weil beispielsweise ein denkmalgeschützes Gebäude abgerissen werden müßte oder aber Nebengrundstücke mit eingeplant werden, die nicht zum Wettbewerbsgebiet gehören.

9 Ein Beispiel für ein Muß-Kriterium wäre die Integration eines denkmalgeschützten Gebäudes in die Gesamtkonzeption; zum Verfahren bei Verstößen gegen Wettbewerbsanforderungen; vgl. auch Teil B, Kap. 4.2.3.

umfang besteht, versuchen diese, möglichst "viel" für ihr Geld zu bekommen. Bei einem offenen Wettbewerb handelt es sich dabei allerdings um eine kurzfristige Sichtweise, weil nur noch große Architekturbüros sich den Aufwand einer Wettbewerbsteilnahme leisten können und somit Innovationspotential unerschlossen bleibt. Durch den Leistungsumfang verlängert sich zwangsläufig, sowohl hinsichtlich der Bearbeitungszeit, als auch bezüglich der Prüfung der Entwürfe, die Wettbewerbsdauer. Da es sich bei der Frage der Kosten und des Zeitaufwandes um ein zentrales Problem des Wettbewerbswesens handelt, werden die Lösungen für dieses Problem gesondert im Rahmen der alternativen Ansätze behandelt.

Bei der **Juryzusammensetzung** sind vier unterschiedliche Probleme zu berücksichtigen:

1. Personalunion und "Dauerpreisrichter",
2. mangelnde Berücksichtigung junger Architekten,
3. Größe des Preisgerichtes und Preisgerichtsvorsitz und
4. Taktieren.

Die *Personalunion*: Es besteht eine enge Korrelation zwischen der Berufung zum Preisrichteramt und eigenen Wettbewerbserfolgen. Auch wenn grundsätzlich keine Einwände gemacht werden können, daß erfolgreiche Architekten auch entsprechend häufig in die Preisgerichte berufen werden, entsteht eine "geschlossene Gesellschaft". Somit erscheint es notwendig, die Anzahl von Berufungen in Preisgerichte zu limitieren. Jeder Preisrichter sollte jährlich maximal an drei Preisgerichten teilnehmen dürfen. Damit würden Preisgerichtssitzung auch für die Teilnehmenden wieder an Prestige gewinnen, d.h. das Engagement wäre größer.

Mangelnde Berücksichtigung junger Architekten: Auch wenn das Argument unbestritten ist, daß zur schnellen Beurteilung von Wettbewerbsarbeiten langjährige Routine notwendig ist, müssen bei einem Leistungswettbewerb Innovationspotentiale auf beiden Seiten gefördert werden. Wenn ein Preisgericht ausschließlich aus arrivierten Architekten besteht, kann die Gefahr nicht von der Hand gewiesen werden, daß diese entsprechend "klassische" Varianten bevorzugen. Somit ist es notwendig, daß auch Nachwuchsarchitekten berufen werden.

Größe des Preisgerichtes sowie die *Auswahl des Vorsitzenden*: Die GRW schreibt keine Größe vor, sondern im wesentlichen nur, daß mehr Fach- als Sachpreisrichter berufen werden müssen. Nahezu bei jedem Wettbewerb besteht das Problem, daß mehr Personen am Preisgericht teilnehmen möchten, als sinnvollerweise Plätze zu vergeben sind. Dies bezieht sich vor allem auf die Sachpreisrichter. Neben dem Bauherrn wollen alle Fraktionen und die wesentlichen Behörden Vertreter benennen. Bei zwei Vertretern des Bauherrn, drei Fraktionen und drei Behörden bläht sich das Preisgericht nach den GRW bereits zu einem ineffizenten Gremium von 17 Personen auf. Selbst bei großen Wettbewerben sollte das Preisgericht aus Effizienzgründen aus nicht mehr als elf Teilnehmern bestehen. Somit besteht nur die Möglichkeit, entweder Sachpreisrichterinteressen auf Fachpreisrichterpositionen zu verlagern, oder Interessen unberücksichtigt zu lassen. Auf die Verteilung der Interessenlagen auf Preisrichterpositionen wird im vierten Aspekt näher eingegangen.

Grundsätzlich sollte in den GRW festgelegt werden, wieviele Preisrichter zu benennen sind. Dieses wäre vergleichbar mit Honorartafeln möglich, d.h. einerseits von Bausummen und, andererseits, vom Schwierigkeitsgrad abhängig. Vor allem bei kleineren Wettbewerben sollten drei bzw. fünf Preisrichter die Regelgröße sein. Je deutlicher die Größe des Preisgerichtes bereits in den GRW festgelegt sind, desto geringer ist die Wahrscheinlichkeit, daß es Streit um die Verteilung der Posten geben kann.

Die GRW schreiben vor, daß das Preisgericht aus der Runde der Fachpreisrichter den Preisgerichtsvorsitzenden wählt. Dieser Passus sollte ersatzlos gestichen werden. Durch die Mehrheit von Fachpreisrichtern ist bereits ausreichend sichergestellt, daß Fachargumente bei der Entscheidung dominieren bzw. dominieren sollen. Statt dessen ist dafür zu plädieren, daß ein Vertreter des Bauherrn Preisgerichtsvorsitzender wird, da ein Wettbewerb erstens, von diesem ausgelobt wird und zweitens, primär Lösungen für das Unternehmen finden soll. Nicht das Preisgericht, sondern der Bauherr muß mit den Ergebnissen des Wettbewerbes zufrieden sein und leben.

"Taktieren": Die Regeln für die Zusammensetzung der Jury nach den GRW führt sowohl auf der Seite der Bauherren als auch bei den teilnehmenden Architekten zum Taktieren. Die Bauherren versuchen durch die Zusammensetzung der Jury das Ergebnis in ihrem Sinne zu beeinflussen, und bei den teilnehmenden Architekten besteht der Verdacht, daß entweder eine eigene Teilnahme von der Juryzusammensetzung abhängig gemacht wird oder aber, daß die eingereichten Arbeiten auf die Jury "maßgeschneidert" werden. Das Ziel eines reinen Leistungswettbewerbes sollte es allerdings sein, das Taktieren möglichst weitgehend auszuschalten. Der folgende Ansatz hat somit primär das Ziel, ein Preisgericht möglichst unkalkulierbar zu machen. Am Grundsatz der Aufteilung in Fach- und Sachpreisricher, sowie der Überzahl von Fachpreisrichtern wird festgehalten. Im Gegensatz zum klassischen Verfahren wird die Zusammensetzung nicht zwischen dem Bauherrn und Vertretern der öffentlichen Verwaltung abgesprochen, sondern jede Gruppe erhält ein Kontingent. Wie dieses Kontingent besetzt wird, liegt in der freien Entscheidung der jeweiligen Gruppe und wird erst bei Abgabe der Arbeiten bekannt gegeben. Anhand eines Beispiels soll dieses erläutert werden.

Ein privater Bauherr plant einen großen Wettbewerb. Die Jury soll sich aus elf Preisrichtern zusammensetzen. Tabelle 18 stellt die Aufteilung der Kontingente dar.

Der Bauherr kann bei diesem Beispiel einen Fach- sowie zwei Sachpreisrichter seiner Wahl bestimmen. Wen er für diese Arbeit bestimmt hat, wird allerdings erst nach der Vorprüfung bekanntgegeben. Aus Gründen der Kontrolle muß er seine Wahl bei einer neutralen Stelle hinterlegen, so daß er sie nicht nachträglich ändern kann. Die Vertreter der Architektenschaft, in der Regel sollte dies die Architektenkammer sein, hat darüberhinaus die Auflage, einen Nachwuchsarchitekten in ihrem Kontingent zu berücksichtigen. Für Vertreter der Architektenkammer, der öffentlichen Verwaltung sowie der Lokalpolitik gilt die Beschränkung, daß sie maximal an drei Wettbewerben pro Jahr teilnehmen dürfen. Jede Gruppe muß außerdem Ersatzkandidaten nominieren, auch für den Fall, daß unterschiedliche Gruppen den gleichen Kandidaten vorschlagen oder aber ein Kandidat am Wettbewerb selbst teilnimmt. Die ausgewählten Kandidaten werden also ohne ihr Wissen vorgeschlagen.

	Fachpreisrichter	Sachpreisrichter	Summe
Bauherr	1	2	3
Architektenkammer	3	-	3
öffent. Verwaltung	1	1	2
Lokalpolitik	1	2	3
Summe	6	5	11

Tab. 18: Alternative Preisgerichtszusammensetzung

Da bei diesem Verfahren die Wettbewerbsunterlagen nicht durch das Preisgericht geprüft werden können, muß eine besonders umfangreiche, und auch zu honorierende, Prüfung durch den Wettbewerbsausschuß der Architektenkammer erfolgen.

4.2.3 Entscheidungsphase GRW-konformer Verfahren

Im folgenden sollen wiederum nur Ansätze zur Modifizierung des Wettbewerbswesens skizziert werden, die zwar nicht GRW-kompatibel sind, aber ohne größere Probleme in die GRW integriert werden könnten. Ein großes Optimierungspotential für GRW-konforme Verfahren bietet das **Preisgericht**.[10] Folgende Aspekte sind zu unterscheiden:

1. Die Forderung nach stärkerer Verbindlichkeit der Wettbewerbsunterlagen für die Bewertung durch das Preisgericht,
2. die Handhabung der Nichterfüllung von Anforderungskriterien,
3. die Berücksichtigung von möglichen Veränderungen der Entwürfe,
4. die Nichtvergabe eines ersten Preises,
5. die Dauer der Bewertung sowie
6. die weitere Beauftragung des Preisgerichtsvorsitzenden als Berater.

Forderung nach stärkerer Verbindlichkeit der Wettbewerbsunterlagen: Hierbei geht es im wesentlichen um den Spielraum eines Preisgerichtes bei der Beurteilung der Wettbewerbsarbeiten. Aus der Sicht des Auslobers hat das Preisgericht unter Berücksichtigung der Rahmenbedingungen, d.h. der Anforderungskriterien, den geeignesten Entwurf auszuwählen. Die Praxis zeigt allerdings, daß das Preisgericht sich nicht uneingeschränkt an die Anforderungskriterien hält und, daß seitens der Architekten teilweise argumentiert wird, daß ein Wettbewerb fast nur unter

10 Bereits vorgeschlagene Optimierungsmöglichkeiten sind im folgenden nicht berücksichtigt, die aktuelle Situation stellt die Basis dar.

Mißachtung der Anforderungskriterien gewonnen werden kann. Auf der einen Seite steht die Forderung nach Erbringung einer fest vorgegebenen Dienstleistung mit sehr begrenztem Spielraum und auf der anderen Seite die Argumentation der Unabhängigkeit des Preisgerichtes. Es scheint mir allerdings unangemessen, einerseits von den Architekten zu fordern, daß sie die Anforderungskriterien des Auslobers streng einhalten und ihnen andererseits zuzumuten, daß das Preisgericht sich nicht an diese im gleichen Maße zu halten hat. Auch wenn die Unabhängigkeit Grundvoraussetzung für ein faires Wettbewerbsverfahren ist, muß deutlich hervorgehoben werden, daß auch das Preisgericht eine Dienstleistung für den Auslober erbringt.

Handhabung einer Nichterfüllung von Anforderungskriterien: Bei einer Klassifizierung der Anforderungskriterien in Muß-, Soll- und Kann-Kriterien ist eindeutig festzulegen, wie die Nichterfüllung von Muß- und Soll-Kriterien seitens der Teilnehmer zu handhaben ist. Die Nichterfüllung von Muß-Kriterien entspricht strenggenommen einer Leistungsverweigerung. Nicht das Preisgericht, sondern nur der Auslober sollte befugt sein, den zwangsläufigen Ausschluß des Entwurfes aufzuheben. Es liegt in seiner Entscheidung, einen Entwurf, der den Anforderungen bzw. der Aufforderung nicht entspricht, zu tolerieren. Dabei wird er vom Preisgericht beraten. Bei einem Verstoß gegen Soll-Kriterien entscheidet das Preisgericht über einen weiteren Verbleib des Entwurfes im Wettbewerbsverfahren. Der Auslober erhält ein Vetorecht. Somit kann sichergestellt werden, daß Verstöße gegen die Anforderungen nicht zum Regelfall werden und der Auslober das Wettbewerbsergebnis uneingeschränkt akzeptieren kann bzw. muß. Sämtliche Entwürfe entsprächen somit den vom Auslober geforderten Kriterien. Hinzu kommt, daß er allein die Verantwortung für die Qualität seiner Vorgaben trägt.

Berücksichtigung möglicher Veränderungen: Die GRW schreiben vor, daß die Arbeiten "so zu beurteilen sind, wie sie vorliegen und nicht wie sie leicht zu verbessern wären."[11] Das Ziel eines Wettbewerbes sollte allerdings nicht die Beurteilung der besten vorliegenden Arbeit sein, sondern es soll der für den Auslober projektbezogen optimale Entwurf ausgewählt werden. Somit erscheint es mir aus der Sicht des Auslobers nicht akzeptabel, daß im Rahmen des Entwurfes mögliche Verbesserungen nicht berücksichtigt werden. Unter Beachtung des Wettbewerbszieles sollte das Preisgericht diejenigen Entwürfe auswählen, die mit oder ohne Veränderungen den Anforderungen der gestellten Aufgabe am besten entsprechen.

Kein erster Preis: In der Praxis wird häufig kein erster Preis vergeben, sondern mehrere Arbeiten erhalten gemeinsam den ersten Preis. Auch wenn es für das Preisgericht ausgesprochen praktisch ist, mehrere Arbeiten gleichrangig zu prämieren, entspricht dieses nicht dem Auftrag an das Preisgericht. Diese Praxis legt eher Zeugnis darüber ab, daß in dem Preisgericht eine fehlende Bereitschaft zu Kampfabstimmungen besteht. Aufgrund der ungeraden Anzahl von Preisrichtern muß es möglich sein, zu eindeutigen Ergebnissen zu kommen, auch wenn dieses mit erheblichen zeitlichen Mehraufwand verbunden sein kann. Der Auslober ist durch die

11 GRW 77, Ziffer 4.7.1.

mehrfache Vergabe eines ersten Preises quasi genötigt, eine weitere Wettbewerbsstufe durchzuführen. Vergleichbar mit der Wahl eines neuen Papstes, sollte das Preisgericht solange tagen, bis eine Entscheidung getroffen wurde, oder aber den Mut besitzen, den Wettbewerb für gescheitert zu erklären.

Dauer der Preisgerichtssitzung. Sowohl für die teilnehmenden Architekten als auch für den Auslober ist es inakzeptabel, daß Wettbewerbsarbeiten am "Fließband abgeurteilt" werden. Vor allem gegenüber den Teilnehmern, die teilweise wochen- oder gar monatelang mit der Ausarbeitung eines Entwurfes beschäftigt sind, ist es nicht vertretbar, daß die Beurteilung innerhalb von Minuten stattfindet. Entsprechend den zunehmenden Anforderungen an die Teilnehmer, muß auch die Dauer der Beurteilung angepaßt werden, oder aber die Anforderungen müssen beschränkt werden. Dabei muß die Auffassungsgabe der schwächsten bzw. ungeübtesten Teilnehmer der Maßstab sein. Für einen Fachpreisrichter ist es sehr viel einfacher möglich, einen Entwurf in wenigen Minuten zu analysieren. Ein ungeübter Sachpreisrichter[12] wird bei diesem Verfahren zum Statisten. Der Vorteil einer Verlängerung der Preisgerichtssitzungen, für umfangreiche Wettbewerbe ist eine Woche notwendig, liegt auch darin, daß das Preisrichteramt nicht zu einer "netten" Nachmittagsveranstaltung verkommt, sondern zu einer anspruchsvollen und zeitintensiven Arbeit, die nicht "nebenbei" erledigt werden kann. Entsprechend müßten allerdings die Honorare angepaßt werden.

Weitere Beauftragung des Preisgerichtsvorsitzenden als Berater für den Auslober: Entgegen der Vorgehensweise der GRW während der Preisgerichtssitzung, aus den Reihen der Fachpreisrichter einen Vorsitzenden zu wählen, sollte das Amt des Preisgerichtsvorsitzenden zeitlich ausgedehnt werden. Der Preisgerichtsvorsitzende wird auf dem Vorwege durch den Auslober, den Vertreter der öffentlichen Verwaltung und der Architektenkammer bestimmt. Er hat während des gesamten Bauprojektes einen Beraterstatus. Somit könnte das systemimmanente Problem der zeitlichen Befristung des Preisgerichtes aufgehoben werden. Nicht nur der Auslober, sondern auch der Preisgerichtsvorsitzende muß so mit dem prämierten Wettbewerbsentwurf "leben". Diese Beraterfunktion ist selbstverständlich angemessen zu honorieren.

Vor allem aus der Sicht der Architektenschaft ist das zentrale Problemfeld GRW-konformer Wettbewerbe die Phase nach der Preisgerichtsentscheidung, d.h., **die weitere Beauftragung**. Folgende Aspekte sind zu betrachten:

1. Die fehlende Bindung des Auslobers,
2. die fehlende Verpflichtung bei offenen Wettbewerben den ersten Preis zu realisieren,
3. der Umfang der weiteren Beauftragung,
4. die weitere Beauftragung von Preisträgern bei Ideenwettbewerben,
5. die Realisierung von Ideenwettbewerben sowie
6. die Realisierung von Teillösungen.

12 Es sei nochmals darauf hingewiesen, daß nicht alle Sachpreisrichter zwangsläufig Pläne lesen können.

Fehlende Bindung des Auslobers an den Wettbewerb: Es geht dabei nicht primär darum, daß Auslober sich nicht an das Wettbewerbsergebnis halten und einen anderen Entwurf realisieren, sondern vor allem um das Phänomen, daß Wettbewerbe ausgelobt werden, ohne das die Grundlagen, d.h. die Realisierung der Projekte, gesichert sind. Der Auslober erwartet von den teilnehmenden Architekten Vorleistungen, die nur dann zu rechtfertigen sind, wenn das Wettbewerbswesen für die Architektenschaft eine Akquisitionsbasis für die weitere Beauftragung darstellt. Es muß sichergestellt werden, daß die Wettbewerbsergebnisse tatsächlich und vor allem auch in angemessener Zeit realisiert werden. Als Lösungsansatz bietet sich ein Strafobolus an. Jeder Auslober, der einen Wettbewerb auslobt und aus Gründen, die in seiner Verantwortung liegen,[13] nicht in einer festgelegten Zeit realisiert, muß eine empfindliche Nachzahlung an die teilnehmenden Architekten leisten. Dem Auslober sollte zur weiteren Beauftragung ein Zeitraum von maximal einem Jahr eingeräumt werden. Dieser relativ knappe Zeitraum ist notwendig, da vor allem jüngere Architekturbüros nicht in der Lage sind, mehrere Jahre auf eine weitere Beauftragung zu warten. Der Strafobolus sollte so bemessen sein, daß jeder Teilnehmer einerseits ein Bearbeitungshonorar erhält und andererseits, die Preisgelder verdoppelt werden. So kann sichergestellt werden, daß keine Wettbewerbe ausgelobt werden, bei denen die Vorbereitungen des Auslobers, d.h. die Sicherstellung der weiteren Beauftragung, mangelhaft sind. Das Wettbewerbswesen darf nicht zu einer reinen Leistungsschau namhafter Architekten verkommen, sondern muß stärker als ein Instrument der Vergabe von Planungsleistungen eingesetzt werden.

Fehlende Verpflichtung bei einem offenen Wettbewerb, den ersten Preis zu realisieren: Der Auslober ist lediglich verpflichtet, einen Preisträger oder einen Sonderankauf zu realisieren. Diese Entscheidungsfreiheit ist m.E. nicht sinnvoll, bzw. sollte nur unter strengen Vorgaben möglich sein. Falls ein Auslober nicht bereit ist, einen jungen Architekten zu beauftragen oder aber auf einer Ortsansäßigkeit besteht, so muß er den Wettbewerb in dieser Richtung hin beschränkt ausloben. Es ist nicht legitim, im Vorfeld alle Architekten zuzulassen, und im nachhinein aufgrund solcher Kriterien einen Preisträger nicht zu beauftragen.

Umfang der weiteren Beauftragungen: In zunehmendem Maße ist festzustellen, daß ein Wettbewerb nur zur Vergabe der Leistungsphasen zwei bis fünf ausgelobt wird. So berechtigt m.E. die Zweiteilung der Leistungsphasen in einen planungs- und einen ausführungsorientierten Block ist, so müssen trotzdem zwei Probleme berücksichtigt werden. Erstens, die Vorleistungen der teilnehmenden Architekten sind unabhängig vom Umfang der weiteren Beauftragung. Somit verschlechtert sich für die Architektenschaft das Verhältnis der auch sonst schon ungüngstigen Relation von Vorleistungen zu Auftragspotential. Es muß ein Zusammenhang hergestellt werden zwischen dem Umfang der geplanten weiteren Beauftragung und den ausgelobten Preisgeldern. Ein Auslober, der nur die Leistungsphasen zwei bis fünf auslobt, müßte die Preisgelder um zehn Prozent erhöhen. Dieses wäre nur konsequent, da auch bei einem Ideenwettbewerb, bei dem eine Realisierung nicht in Aussicht gestellt ist und somit kein Auftragspotential existiert, höhere Preisgelder ausgelobt

13 Dabei sollten die Gründe sehr weit gefaßt werden, d.h., eine Kommune die erst später merkt, daß der politische Wille fehlt oder die Finanzierung nicht sichergestellt ist, muß dafür auch die Verantwortung tragen.

werden müssen. Das zweite Problem betrifft die fehlende künstlerische Oberleitung. Aufgrund der starken Betonung des geistigen Wettstreits bei GRW-konformen Verfahren sollte zwingend vorgeschrieben werden, daß bei einer Beschränkung der Vergabe auf die Leistungsphasen zwei bis fünf, der betreffende Architekt mit einer künstlerischen Oberleitung beauftragt wird. Da diese in der HOAI nicht mehr aufgenommen wurde, müßte im Rahmen der GRW der Leistungsumfang und die Honorierung definiert werden.

Weitere Beauftragung von Preisträgern bei Ideenwettbewerben: Im Regelfall folgt auf einen Ideenwettbewerb ein beschränkter Realisierungswettbewerb. Der beschränkte Realisierungswettbewerb umfaßt dabei nicht zwangsläufig das gesamte zugrundeliegende Areal des Ideenwettbewerbs. Den Preisträgern des Ideenwettbewerbs wird in der Auslobung zugesagt, daß sie bei einem anschließenden beschränkten Realisierungswettbewerb zu den eingeladenen Architekten gehören werden. In der Praxis ist allerdings häufig festzustellen, daß Auslober sich nicht an diese Abmachung gebunden fühlen.[14] Der Zusammenhang zwischen vorgelagertem Ideen- und nachfolgendem Realisierungswettbewerb muß in den GRW klar definiert werden. Es muß festgelegt werden, in welchem Maße der Auslober an vorangegangene Wettbewerbe gebunden ist. Dieses ist besonders wichtig, da in vielen Fällen die Stadt Auslober des Ideenwettbewerbes ist. Der Investor "erbt" somit ein Wettbewerbsergebnis. Hinzu kommt, daß zwischen Ideen- und Realisierungswettbewerb häufig Jahre liegen.

Verbindliche Regelungen für die Berücksichtigung der Preisträger des Ideenwettbewerbs und eine Verjährungsfrist von Wettbewerbsergebnissen müssen geschaffen werden. Der Auslober eines Ideenwettbewerbs sollte verpflichtet sein, den ersten Preisträger sowie zwei weitere Architekten, entweder ebenfalls Preisträger, oder aber mit einen Ankauf bzw. Sonderankauf bedachte, nach seiner freien Wahl, für einen nachfolgenden beschränkten Realisierungswettbewerb einzuladen. Diese Regelung engt den Auslober nicht über Gebühr ein und schafft für die teilnehmenden Architekten eine gewisse Sicherheit über die weitere Verfahrensbeteiligung. So kann der Ideenwettbewerb stärker als Akquisitionsinstrument dienen. Bei einem kurzem Abstand zwischen einem umfassenden Ideen- und mehreren Realisierungswettbewerben für ein Gesamtareal ist es sinnvoll, den ersten Preisträger des Ideenwettbewerbes mit der künstlerischen Oberleitung für die weiteren Planungen zu beauftragen.[15]

So sinnvoll die Kombination eines Ideenwettbewerbes mit einem nachfolgen Realisierungswettbewerb auch ist, so sehr muß eine definierte Verjährungszeit existieren. Diese sollte allerdings differenziert sein, je nachdem, ob der Auslober des Ideenwettbewerbes identisch mit dem Auslober eines Realisierungswettbewerbes

14 Beispielhaft für dieses Problem war der Realisierungswettbewerb des Spiegel-Verlages in der Hamburger Neustadt, wobei im nachhinein die nicht berücksichtigten Architekten froh sein konnten, da auch dieser Wettbewerb ein "Windei" wurde.

15 Dieses Modell wurde von Mercedes-Benz am Potsdamer Platz in Berlin erprobt. Da das Verfahren noch läuft ist eine abschließende Beurteilung zur Zeit nicht möglich. Auch wenn bis jetzt schon ein beteiligter Architekt die Zusammenarbeit aufgekündigt hat, scheinen die Erfahrungen insgesamt ausgesprochen positiv zu sein.

ist. Falls es sich um denselben Auslober handelt, sollte die Verjährungsfrist fünf, ansonsten drei Jahre betragen.

Realisierung von Ideenwettbewerben: Auch wenn ein Ideenwettbewerb per definitionem nicht zur Realisierung ausgelobt wird, sollte die Möglichkeit bestehen, das Ergebnis eines Ideenwettbewerbes unter fest definierten Kritertien auch zu realisieren. Dabei müssen allerdings Schutzmechanismen integriert werden, damit nicht prinzipiell unverbindliche Ideenwettbewerbe ausgelobt werden, und nur bei Gefallen ein Entwurf realisiert wird. Entscheidend ist allerdings, daß bei der Auslobung bekannt gegeben wird, daß es sich zwar um einen Ideenwettbewerb handelt, eine Realisierung aber nicht ausgeschlossen wird. Eine Realisierung sollte nur dann möglich sein, wenn das Preisgericht aufgrund der besonderen Qualität eines bestimmten Entwurfes einstimmig beschließt, daß dieser realisiert werden darf.

Realisierung von Teillösungen: Auch wenn "viele Köche die Suppe verderben" muß es die Möglichkeit geben, Teillösungen zu kombinieren, bzw. zu integrieren. Dabei sollte es unerheblich sein, ob die Teillösungen von einem anderen Preisträger oder aber von einem nicht prämierten Entwurf stammen. Das Preisgericht hat die Verpflichtung, die für den Auslober optimale Lösung seines Problemes auszuwählen. Dabei sollte es unerheblich sein, ob diese optimale Lösung vollständig in einem Entwurf realisiert wurde, oder aber Ansätze aus verschiedenen Entwürfen kombiniert werden müssen. Die Möglichkeit einer Verwertung von Teillösungen muß in der Auslobung explizit erwähnt und entsprechend anteilig vergütet werden. Damit die Urheberrechte angemessen berücksichtigt werden, sollte den betroffenen Architekten ein gewisses Vetorecht eingeräumt werden.

4.3 Alternative Ansätze

Im folgenden werden alternative Ansätze für die Vergabe architektonischer Planungsleistungen dargestellt. Diese Ansätze sind allerdings in den zentralen Punkten mit den GRW nicht kompatibel und müßten daher neu aufgenommen werden. Es handelt es sich um Ansätze, die nicht in den morphologischen Kasten der Entscheidungsvarianten GRW-konformer Wettbewerbe integriert werden können.[16]

Bei zunehmender Veränderung bzw. Varianz der Marktstrukturen für die Erstellung von Gewerbeimmobilien muß die GRW nicht für alle Interessenlagen die geeignete Grundlage für die Vergabe architektonischer Planungsleistungen sein. Die folgenden alternativen Ansätze dürfen nicht isoliert betrachtet werden, sondern jeweils im Kontext mit dem möglichen Einsatzgebiet.

Diese Vorschläge basieren auf einer marktorientierten Betrachtung. Ausgangslage bilden daher die ermittelten Bedürfnisse der Bauherren. Mögliche Ansätze dienen der Befriedigung ihrer Anforderungen, unter Beachtung der jeweiligen Rahmenbedingungen.

---

16 Vgl. Teil B, Kap. 3.1.5.

Das Ziel der alternativen Ansätze ist die Erweiterung der Entscheidungsmöglichkeiten für den Bauherrn. Er soll nicht nur zwischen den Polen freihändige Vergabe und GRW-konforme Wettbewerbe sowie der Grauzone der Gutachterverfahren entscheiden können, sondern es müssen ihm auch Zwischenformen angeboten werden.

Es muß nochmals darauf hingewiesen werden, daß die GRW 77 zwar Varianten anbieten, wie z.B. offene und beschränkte Wettbewerbe, das Verfahren aber in sich identisch, aus der Sicht des Bauherrn nämlich fremdbestimmt, bleibt. Die nachfolgende Ansätze verstehen sich eher als ein Ideenpool und sollen vor allem aufzeigen, welche Varianten denkbar wären.

Im Gegensatz zu den GRW konzentrieren sich nachfolgende Ansätze auf die Realisierung konkreter Bauprojekte. Regional-, Landschafts-, Freianlagen-, Innenraum und Elementplanungen, die in den GRW integriert sind, bleiben unberücksichtigt, wobei die Ansätze für diese Planungsgegenstände ungeeignet sein müssen.

4.3.1 Fragebogen- und Interview-Ansatz

Der Fragebogen- und Interview-Ansatz ist im wesentlichen eine Modifizierung der direkten Vergabe. Je nach Ausgestaltung kann er auch als Vorstufe eines geregelten Wettbewerbsverfahren eingesetzt werden.

Anstelle des geistigen Wettbewerbs im Rahmen eines klassischen Wettbewerbsverfahrens soll konkurrierend das Leistungspotential eines Architekturbüros beurteilt werden. Die Beurteilungsgrundlage sind standardisierte Fragebögen und gegebenenfalls anschließende Interviews. Der Grundgedanke ist, daß ein konkreter Entwurf für den potentiellen Bauherrn nicht ausschließlich entscheidend ist, sondern gleichermaßen weitere Kriterien zu berücksichtigen sind (Tabelle 19).

Aus Gründen der Effizenz sollten die Fragebögen von der Architektenkammer ausgearbeitet werden und nur einen begrenzten individuellen Teil aufweisen. Dadurch könnte die Bearbeitungszeit vor allem für die Architektenschaft erheblich gesenkt werden.

Bevor allerdings der Fragebogen verschickt werden kann, muß der Auslober das weitere Vorgehen festlegen und den beteiligten Architekten zur Kenntnis geben.

Neubauprojekt der Firma XXX	Fragebogen Nr. XXX
1. Allgemeine Informationen	
1.1. Name des Büros	
1.2. Namen der Büroinhaber	
1.3. Gründungsjahr	
1.4. Anzahl Mitarbeiter	
1.5. personelle Zusammensetzung Stadtplaner, Spezialplaner, Projektsteuerer, etc.)	
1.6. Umsatz (geschätzt)	
1.7. Welche Technologien (CAAD) werden eingesetzt	
2. Leistungsbezogene Informationen	
2.1. Auswahl realisierter Projekte Angabe des Bauvolumens, Bauherr und Standorte)	
2.2. realisierte Projekte am geplanten Standort	
2.3. Projekte in Arbeit befindlich	
2.4. Wettbewerbsbeteiligungen und -ergebnisse	
2.5. sonstige Preise und Auszeichnungen	
3. Projektbezogene Informationen	
3.1. Erfahrungen bei Bauten der entsprechenden Branche	
3.2. Erfahrungen bei Bauten der entsprechenden Größenordnung	
3.3. Anzahl der Mitarbeiter, die für das Projekt eingesetzt werden könnten	
3.4. Name des federführenden Projektbearbeiters	
4. Referenzen (Name, Position, Telefonnummer)	
4.1. in der öffentlichen Verwaltung	
4.2. bei Bauherren	
4.3. bei Generalunternehmern	

Tab. 19: Fragebogen zur Auswahl von Architekten

Anhand eines morphologischen Kastens (Abbildung 53) soll das Einsatzgebiet dargestellt werden:

Entscheidungsvarianten				
Verfahrensziel	Ideengenerierung	Realisierung		
Modellstufen	nur Fragebogen	Fragebogen und Interview	anschliessender Wettbewerb	
Entscheidungs-findung	Bauherr	Bauherrenjury	Fach- und Sachpreisrichter	
Beteiligung	offen	beschränkt	offen mit Einladung	
Zulassungs-bereich	international	national	lokal	Kombination

Abb. 53: Morphologischer Kasten des Fragebogen- und Interview-Ansatzes

Unter einem Verfahrensziel wird der beabsichtigte Umfang der Beauftragung verstanden. Ideengenerierung bedeutet, daß der Bauherr nur eine Vorstudie, vergleichbar mit den Anforderungen eines Ideenwettbewerbes, in Auftrag geben möchte. Der Regelfall sollte allerdings die konkrete Projektrealisierung sein. Der Bauherr muß gleichzeitig bekannt geben, welche Leistungsphasen er in Auftrag geben will.

Die Modellstufen charakterisieren den Umfang des Verfahrens. Je nach den Vorstellungen des Bauherrn soll die Auswahl des zu beauftragenden Architekten auf der Basis des Fragebogens, des Fragebogens und nachfolgendem Interview oder aber eines anschließenden beschränkten Wettbewerbes erfolgen. Sinnvoll erscheint vor allem die Kombination von Fragebogen und Interview. Auf der Basis der Fragebögen wird eine Gruppe von maximal acht Architekten zu einem Interview eingeladen. Diese werden aufgefordert, beim Interview Skizzen über Lösungsansätze zu präsentieren. Somit kann das Gespräch in stärkerem Maße projektorientiert geführt werden. In einem persönlichen Gespräch kann außerdem geprüft werden, ob eine positive Zusammenarbeit als möglich erscheint. Die Kombination von Fragebogen und nachfolgendem beschränkten Wettbewerb ist im Prinzip lediglich eine Variante des GRW-konformen beschränkten Wettbewerbes.

Von zentraler Bedeutung ist die Form der Entscheidungsfindung. Der Bauherr hat die Möglichkeit allein zu entscheiden, eine von ihm oder aber nach den Grundsätzen der GRW zusammengesetzte Jury zu beauftragen. Es liegt somit vollständig in seinem Ermessensspielraum wieviel Entscheidungsbefugnis delegiert wird. Es muß deutlich hervorgehoben werden, daß, analog zur Beurteilung von Entwürfen im Rahmen eines geregelten Wettbewerbsverfahrens, auch die Leistungsfähigkeit eines Büros beurteilt werden kann. Gegenüber den Architekten ist es allerdings ein Gebot der Fairneß, die Form der Entscheidungsfindung im Voraus bekannt zu geben.

Die Beteiligung kann offen, beschränkt oder offen mit Einladungen sein. Bei einem offenen Verfahren fordert der potentielle Bauherr über einschlägige Fachzeitungen interessierte Architekten auf, sich um die Planungsleistungen zu bewerben. Da keine wesentlichen Vorleistungen von den Architekten erwartet und gewünscht werden, muß das Projekt nur in wenigen Zeilen skizziert werden. Auf Anforderung werden die Fragebögen verschickt. Existieren auf Seiten der Architektenkammer standardisierte Fragebögen, kann auf das Verschicken sogar verzichtet werden. Die Festlegung des Zulassungsbereiches erfolgt analog zu den Kriterien bei einem GRW-konformen Verfahren.

Der Fragebogen- und Interview-Ansatz ist eindeutig bauherrenorientiert. Er zeichnet sich durch eine sehr große Flexibilität aus. Der Bauherr kann konkurrierende Angebote vergleichen, wobei sich die Konkurrenz nicht durch das Honorar, sondern durch das Leistungspotential ergibt. Trotzdem muß er nicht auf seine Entscheidungsfreiheit verzichten. Je nach Intention kann der Ansatz Komponenten des geistigen Wettstreits integrieren. Die Vor- und Nachteile des Verfahrens aus der Sicht der Architektenschaft und seitens der öffentlichen Verwaltung sind weitestgehend identisch mit denen einer freihändigen Vergabe. Die Nachteile können durch die Form der Entscheidungsfindung, nämlich einer GRW-mäßigen Jury, gemindert werden. Außerdem ist das Verfahren transparenter, als eine klassische freihändige Vergabe. Es zeigt den Architekten darüberhinaus deutlich die Entscheidungskriterien des jeweiligen Bauherrn.

4.3.2 Minimalwettbewerb-Ansatz

Der zweite Ansatz ist der Minimalwettbewerb. Strenggenommen handelt es sich um einen Exkurs, da der Minimalwettbewerb vor allem für kleinere und kleine Bauvorhaben konzipiert ist. Die GRW sind aufgrund ihrer starren Regelungen für kleinere Projekte ungeeignet und müssen daher nach unten geöffnet werden. Folgende Gründe sprechen für einen Minimalwettbewerb:

1. Nicht jedes Bauvorhaben ist von seiner Größe her wettbewerbswürdig,
2. nicht jedes Bauvorhaben ist von den Anforderungen her wettbewerbswürdig,
3. eine "Materialschlacht" soll verhindert werden und
4. der Auslober steht unter Zeitdruck.

Der Ansatz soll eine Wettbewerbsordnung schaffen, die den Charakteristika des Bauvorhabens angemessen ist. Anstatt kleinere und kleine Bauvorhaben aufgrund ihres begrenzten Bauvolumens oder ihrer begrenzten Anforderungen generell freihändig zu vergeben, wird ein auf den Grundgedanken der konkurrierenden Vergabe basierender Ansatz vorgeschlagen.[17] Die Festlegung von Obergrenzen für das Bauvolumen ist problematisch. Die Obergrenze sollte bei 5 Mio. DM liegen. Wann ein Bauvorhaben aufgrund seiner fachlichen Anforderungen ein geregeltes GRW-konformes Wettbewerbsverfahren nicht rechtfertigt, kann nur unter Berücksichtigung festgelegter Kriterien in einer Einzelfallentscheidungen festgelegt werden. Der

17 Der Ansatz muß so konzipiert sein, daß auch der private Bauherr die Planungsleistungen für ein Einfamilienhaus nach diesem Verfahren vergeben kann.

potentielle Bauherr hat einen Antrag zur Durchführung eines Minimalwettbewerbes an den Wettbewerbsausschuß der Architektenkammer zu stellen.

Im wesentlichen handelt es sich beim Minimalwettbewerb um eine institutionalisierte "Freese-Olympiade".[18] Der Unterschied ist lediglich, daß das Verfahren nach klar definierten Kriterien durchgeführt und als ein fester Bestandteil des Wettbewerbswesens etabliert wird.

Der Minimalwettbewerb besteht aus folgenden Phasen:

1. Vorbesprechung,
2. Projektbeschreibung,
3. Besichtigung und Besprechung,
4. Bearbeitung und
5. Entscheidung.

In der *Vorbesprechung* des Bauherrn mit einem Vertreter der öffentlichen Bauverwaltung und der Architektenkammer werden die einzuladenen Architekten ausgewählt. Dabei sollten maximal acht, mindestens allerdings drei Architekten eingeladen werden. Je nach Zahl der einzuladenden Architekten ist eine feste Quote von Nachwuchsarchitekten zu berücksichtigen. Aufgrund der hohen Präsenzpflicht sind vor allem lokale Architekten zu berücksichtigen.

Der Bauherr verfaßt eine knappe, maximal zwei- bis dreiseitige *Projektbeschreibung*. Dabei sollte nur auf die Grundanforderungen eingegangen werden. Sie wird den Architekten zugesandt, und binnen einer Woche findet eine gemeinsame *Besichtigung* des Baugrundstückes statt. Anschließend wird das geplante Projekt gemeinsam besprochen. Sowohl für den Bauherrn, die Vertreter der öffentlichen Bauverwaltung und der Architektenkammer sowie der beteiligten Architekten ist die Anwesenheit verpflichtend. Die Mißachtung der Anwesenheitspflicht führt bei den teilnehmenden Architekten automatisch zu einem Verfahrensausschluß.

Die beteiligten Architekten müssen nun innerhalb von sieben Tagen ihre Ideen abliefern. Dabei ist der Umfang der *Bearbeitung* festgelegt. Es werden keine Berechnungen gefordert, sondern nur wenige Projektskizzen. Diese werden durch einen maximal einseitigen Text ergänzt. Die Ausarbeitungen der Architekten müssen auf Formblättern abgegeben werden, um eine "Materialschlacht" zu verhindern. Der Umfang muß so bemessen sein, daß der Architekt maximal einen Tag zur Bearbeitung benötigt.

Zur Entscheidung findet anschließend ein Preisgericht statt. Je nach Umfang der Aufgabe besteht es aus drei bis fünf Teilnehmern. Eine Vorprüfung findet nicht statt. Der Auslober hat die Wahl, ob er das Verfahren mit oder ohne Erläuterung durch den Architekten durchführen möchte. Bei einem Verfahren mit Erläuterung durch die Architekten müssen diese dem Preisgericht ihren Entwurf persönlich erläutern. Grundsätzlich ist das Verfahren nicht anonym. Das Preisgericht entscheidet

---

18 Vgl. Teil B, Kapitel 3.2.2.

nach dem Einstimmigkeitsprinzip, d.h., die Preisrichter müssen sich auf einen Entwurf einigen. Die Auswahl des Preisgerichtes ist deshalb für den Bauherrn verpflichtend.

Preise werden nicht vergeben. Jeder Teilnehmer erhält das gleiche Bearbeitungshonorar, entsprechend dem Honorar für acht Arbeitsstunden nach der jeweiligen HOAI. Das Preisgericht hat allerdings die Möglichkeit, aufgrund besonderer Vorkommnisse wie z.B. für Entwürfe, die an Leistungsverweigerung grenzen, das Bearbeitungshonorar einzubehalten. Der Entwurf wird nicht als Vorentwurf im Sinne der HOAI verstanden, sondern stellt lediglich die Basis für eine weitere Beauftragung dar.

Der entscheidende Vorteil des Verfahrens ist die Begrenzung der "Materialschlacht" und den daraus resultierenden erheblichen Kosten- und Zeiteinsparungen für alle Beteiligten. Im Regelfall läßt sich das Verfahren problemlos innerhalb von zwei bis drei Wochen realisieren. Es sollte folglich auch erst unmittelbar vor Planungsbeginn ausgelobt werden. Für die Architektenschaft stellt der Minimalwettbewerb eine gute Akquisitionsbasis dar. Er muß nur unwesentlich in Vorleistung treten und kann trotzdem über einen geistigen Wettstreit auch Projekte akquirieren, die sonst freihändig vergeben werden würden.

Der Ansatz schließt somit die Lücke bei Bauvorhaben, bei denen die architektonischen Planungsleistungen zwar konkurrierend vergeben werden könnten, die aber nicht wettbewerbswürdig im Sinne eines geregelten GRW-konformen Verfahrens sind. Er ist eine gute Basis, um die konkurrierende Vergabe als Regelvergabeform zu etablieren. Die umfassenden Regelungen der GRW würden somit großen und bedeutenden Bauvorhaben vorbehalten bleiben und der Minimalwettbewerb der Masse kleinerer Bauvorhaben.

3.4.3 Auslober-Ansatz

Der Auslober-Ansatz entspricht von den Grundgedanken her einem Gutachterverfahren. Er unterscheidet sich von den klassischen, geregelten GRW-konformen Verfahren durch seine starke Ausrichtung auf die Bedürfnisse des Auslobers. Im Gegensatz zum Gutachterfahren soll allerdings das Verfahren aus der juristischen Grauzone gelöst und in ein allgemeines Regelverfahren eingebunden werden. Grundsätzlich werden bei diesem Ansatz die, aus der Sicht des Bauherrn, positiven Aspekte sämtlicher klassischer Verfahren integriert. Die besondere Ausrichtung auf die Bedürfnisse der Bauherren erfordert als Kompensation auch eine entsprechend höhere Honorierung. Dieser Ansatz bietet dem Bauherrn die Möglichkeit, Entscheidungsmöglichkeiten bzw. positive Verfahrensaspekte hinzu zu kaufen.

Der Ansatz setzt sich aus zwei Stufen zusammen:

1. Eine klassische, weitestgehend GRW-konforme Stufe und
2. eine ausloberorientierte Stufe.

Die erste Stufe ist nahezu identisch mit der Auslobung eines offenen Wettbewerbes mit Zuladungen. Der potentielle Bauherr verfaßt oder läßt einen Auslobungstext verfassen und richtet sich dabei nach den GRW. Die Unterschiede zum klassischen Verfahren beginnen mit der Zusammensetzung und dem Auftrag der Jury. Die Jury setzt sich aus acht Teilnehmern zusammen. Zwei Preisrichter sollen freischaffende Architekten sein, je zwei werden von der öffentlichen Bauverwaltung sowie der Lokalpolitik bestimmt, und die verbleibenen zwei Plätze werden vom Auslober besetzt. Einer der beiden freischaffenden Architekten wird zum Preisgerichtsvorsitzenden bestimmt. Bei Kampfabstimmungen zählt seine Stimme doppelt. Der zentrale Unterschied liegt in der Aufgabe des Preisgerichtes. Hier beginnt die zweite, ausloberorientierte, Stufe.

Das Preisgericht vergibt keine Preise, sondern wählt aus den Entwürfen eine Preisgruppe aus. So beschränkt sich die Aufgabe des Preisgerichts auf die Bestimmung von fünf Entwürfen, die sowohl realisierbar sind, als auch den architektonischen und städtebaulichen Qualitätsanforderungen entsprechen. Innerhalb der fünf Arbeiten wird keine Rangfolge festgelegt. Jeder der Preisgruppe angehörende Architekt erhält 50% des Honorars nach der Honorarordnung für eine Vorentwurfsplanung. Somit sind die ausgelobten Honorare im Regelfall erheblich höher, als bei einem GRW-konformen Verfahren. Der Auslober hat die Möglichkeit, einen Sonderplatz zu vergeben. Er kann einen Entwurf ohne Angabe von Gründen eigenverantwortlich in die Preisgruppe aufnehmen. Erst jetzt wird die Anonymität aufgehoben. Die Verfasser der fünf Arbeiten und des eventuell vergebenen Sonderplatzes werden zu einem eintägigen Workshop eingeladen. Der Workshop sollte möglichst unmittelbar, d.h. binnen einer Woche nach der Bekanntgabe der Preisgerichtsentscheidung, stattfinden. Die Anwesenheit ist für die beteiligten Architekten verpflichtend. Im Rahmen des Workshops, dem neben den beteiligten Architekten maximal zwei Vertreter des Bauherrn sowie der Preisgerichtsvorsitzende angehören, werden die Entwürfe durch die Architekten einzeln präsentiert und ausführlich besprochen. Für jeden Entwurf stehen knapp zwei Stunden zur Verfügung. Anschließend werden die Architekten aufgefordert, ihre Entwürfe gegebenfalls zu überarbeiten. Während des Workshops müssen und sollen auch seitens des Bauherrn keine Entscheidungen getroffen werden.

Parallel zur Überarbeitung der Entwürfe kann der Auslober zusätzliche, vor allem kostenorientierte Analysen der Entwürfe in Auftrag geben. Er ist nicht gezwungen, seine Entscheidung sofort zu treffen, sondern hat die Möglichkeit, in aller Ruhe die einzelnen Entwürfe zu analysieren. Der Bauherr kann aus den gegebenfalls überarbeiteten Entwürfen den zu realisierenden auswählen. Es ist jedoch auch möglich, Teillösungen anderer Arbeiten zu integrieren. Bei seiner Entscheidungsfindung wird er vom Preisgerichtsvorsitzenden beraten. Der Preisgerichtsvorsitzende erhält bis zum Abschluß des Verfahrens ein entsprechend zu honorierendes Beratungsmandat.

4.3.4 Mitarbeiter-Ansatz

Dieser Ansatz strebt eine weitgehende Integration der Mitarbeiter des bauenden Unternehmens in den Planungs- und Entscheidungsprozeß an. Der Ansatz fördert die Identifikation der Mitarbeiter mit dem neuen Gebäude steigern und entspricht dem zunehmenden Anspruch der Mitarbeiter auf partizipatorische Planungen. Außerdem sollen somit Widerstände gegen den Umzug sowie gegen das neue Gebäude abgebaut werden. Im Gegensatz zum klassischen Verfahren, d.h. der Involvierung der Mitarbeiter bei der Innengestaltung, entscheiden die Mitarbeiter auch bei der Außengestaltung mit. Die Erweiterung der Entscheidungsbefugnis ist nur folgerichtig, da durch die Außengestaltung der Spielraum der Innengestaltung maßgeblich beeinflußt wird bzw. Entscheidungen irreversibel getroffen werden. Der Bauherr delegiert die Entscheidung über die architektonische Gestaltung nicht an eine anonyme Jury (Preisgericht), sondern weitgehend an seine Mitarbeiter. Sein Einfluß reduziert sich auf ein Vetorecht.

Der Mitarbeiter-Ansatz läßt sich in drei Phasen unterteilen:

1. Vorbereitungsphase,
2. Auslobungs- und Vorentscheidungsphase sowie
3. Entscheidungsphase.

Im Sinne einer sinnvollen Berücksichtigung der Vorschläge der Mitarbeiter müssen deren Interessenvertreter bereits in der *Vorbereitungsphase*, entsprechend der Basisplanung, integriert werden. Dabei ist es nicht zwingend, daß die Interessen der Mitarbeiter durch den Betriebsrat vertreten werden. Temporäre Projektgruppen aus interessierten Mitarbeitern der verschiedenen Unternehmensbereiche sind sicherlich besser motiviert. Bereits in der Projektinitiierungsphase wird so die Interessenvertretung der Mitarbeiter projektbezogen fest institutionalisiert. Neben den Mitarbeitervertretern setzt sich die zu gründende Gesamtprojektgruppe aus Vertretern der Unternehmensleitung sowie einem hauptamtlichen Projektleiter zusammen. Bereits bei der Auswahl des Baugrundstückes wird die Gesamtprojektgruppe aktiv. Die Akzeptanz eines neuen Verwaltungsgebäudes hängt maßgeblich von seinem Mikrostandort ab, so daß eine umfassende Partizipation der Mitarbeiter auch schon bei dessen Auswahl ansetzen muß.

Im Rahmen einer Mitarbeiterbefragung werden die funktionalen Vor- und Nachteile der gegenwärtigen Arbeitsplätze sowie Optimierungspotentiale erfragt (IST-SOLL-Analyse). Um Grundtendenzen architektonischer Präferenzen feststellen zu können, bietet es sich an, dem Fragebogen Bilder über realisierte Bauten beizulegen. Die Mitarbeiter sollen beurteilen, welche Konzepte ihren Vorstellung am ehesten entsprechen. Organisierte Besichtigungen realisierter Projekte könnten angeboten werden.

Anschließend werden die Basisdaten der Mitarbeiterbefragung (IST-Analyse) ausgewertet und mit den Zielvorstellungen der Unternehmensleitung sowie mit denen der Mitarbeiter (SOLL-Analyse) verglichen. Die Mitarbeiter werden über die Ergebnisse der Auswertung umfassend informiert. Die komprimierten Ergebnisse der

Vorbereitungsphase bilden einen Teil der Grundlage für die Auslobung eines Wettbewerbes. Die umfassende Vorbereitungphase ist vor allem auch deswegen notwendig, weil viele Architekten nur über ein sehr geringes Feedback ihrer Planungsleistungen verfügen. Die Vorbereitungsphase wird komplett von einem organisationsorientierten Berater begleitet.

In der *Auslobungs- und Vorentscheidungsphase* wird basierend auf den Ergebnissen der Vorbereitungsphase, ein Wettbewerb ausgelobt. Das Wettbewerbsverfahren ist weitestgehend analog zu dem des Auslober-Ansatzes. Zwei Vertreter der Projektgruppe werden als Sachverständige ohne Stimmrecht in das Preisgericht geladen. Das Preisgericht vergibt wiederum keinen ersten Preis, sondern bestimmt eine Preisgruppe. Der Auslober erhält allerdings ein doppeltes Vetorecht. Er kann sowohl Entwürfe hinzuziehen, als auch ausschließen. Er muß seine Entscheidung nicht während der Preisgerichtssitzung treffen, sondern erhält eine Woche Bedenkfrist. Seine Entscheidung muß er jedoch begründen.

Die *Entscheidungsphase* des Mitarbeiter-Ansatzes beginnt mit einer Präsentation der Entwürfe durch die jeweiligen Architekten. Je nach Unternehmensgröße werden die Arbeiten schriftlich, persönlich oder kombiniert vorgestellt. Der Architekt ist gezwungen, seine Ideen allgemeinverständlich zu präsentieren, um seine Chancen zu steigern. Im Rahmen einer persönlichen Vorstellung erhalten die Mitarbeiter die Möglichkeit, Fragen an die Architekten zu stellen. Der zu realisierende Entwurf wird durch eine Urabstimmung unter den Mitarbeitern bestimmt. Der Bauherr hat aufgrund seines vorgelagerten Vetorechtes keine Entscheidungsbefugnis mehr.

Grundsätzlich eignet sich der Mitarbeiter-Ansatz nur bei Bauten für den eigenen Unternehmensbedarf. Aus organisatorischen Gründen heraus bietet sich der Einsatz vor allem bei kleineren und mittleren Unternehmen an. Auch wenn er den Grundsätzen der weitgehenden Berücksichtigung von Mitarbeiterinteressen entspricht, muß kritisch angemerkt werden, daß das Interesse der Mitarbeiter an einer Partizipation am Planungsprozeß nicht zwangsläufig gegeben ist und daß das Gebäude für einen längeren Zeitraum als die Betriebszugehörigkeit der Mitarbeiter geplant werden muß. Die hohen organisatorischen Anforderungen sind auch mit erheblichen Kosten verbunden. Denen steht wiederum ein erheblicher innerbetrieblicher Nutzen (CI, Motivation, Akzeptanz etc.) gegenüber. Der Ansatz eignet sich somit vor allem für sehr mitarbeiterorientierte Bauherren.

4.3.5 Team-Ansatz

Der Team-Ansatz baut auf den Grundgedanken der GRW-konformen kooperativen Wettbewerbsdurchführung auf. Im Gegensatz zu diesem Ansatz wird beim Team-Ansatz die kooperative Verfahrensform nicht für eine zweite Wettbewerbsstufe, sondern für das gesamte Verfahren vorgesehen. Der Bauherr vergibt die architektonischen Planungsleistungen nicht an einen Architekten, sondern bildet ein Team, das aus dem Bauherrn selbst und seinem Projektleiter, einem oder gegebenenfalls zwei Vertretern der öffentlichen Bauverwaltung sowie vier Architekten besteht. Die teilnehmenden Architekten können direkt beauftragt oder aber auch durch einen

Minimalwettbewerb ausgewählt werden. Die direkte Beauftragung erscheint sinnvoller, da eine gute Zusammenarbeit absolut notwendig ist. Das Team bleibt, wenn auch mit wechselnden Aufgabenverteilungen, während der gesamten Projektdauer bestehen. Der Team-Ansatz setzt grundsätzlich voraus, daß sich die Gesamtaufgabe in verschiedene, einfach und gut abgrenzbare Teilaufgaben aufteilen läßt. Das Verfahren kann in zwei Phasen unterteilt werden:

1. Workshop-Phase,
2. kooperative Ausgestaltungsphase.

Kernelement des Verfahrens ist die *Workshop-Phase*. Sämtliche Beteiligten treffen sich zu einer ein- oder mehrtägigen Projektvorsprechung. Der Workshop soll an einem neutralen Ort stattfinden. Hier werden die Grundzüge des Projektes besprochen und erste Grundsätze erarbeitet. Die Projektvorbesprechung dient primär dem gegenseitigen Kennenlernen und dem allgemeinen Gedankenaustausch. Da sämtliche Architekten anschließend für Teilaufgaben beauftragt werden, entbrennt kein Konkurrenzkampf. Jeder Architekt muß sich mit gewissen Aspekten des Gesamtprojektes intensiv auseinandersetzen. Bereits im Vorfeld werden weitere Termine vereinbart. Das Team trifft sich während der folgenden drei Wochen zweimal wöchentlich, um konkrete, im vorhinein festgelegte Teilaspekte, zu klären. Je nach Komplexität der Aufgabe können auch zusätzliche Termine oder das Hinzuziehen externer Experten notwendig werden. Die Workshop-Phase endet mit einem Wochenendworkshop, bei dem die Basisplanung und Grundlagenermittlung abgeschlossen werden. Bauherr und teilnehmende Architekten diskutieren bereits hier kooperativ die Eckpfeiler möglicher Entwürfe. Für den Bauherrn besteht die Möglichkeit, Muß-Kriterien, z.B. Preisobergrenzen, festzulegen.

Anschließend, in der *kooperativen Ausgestaltungsphase*, werden die beteiligten Architekten aufgefordert, auf der Basis der Ergebnisse eine Vorentwurfsplanung für die Gesamtaufgabe vorzulegen. Die Vorentwurfsplanung soll dabei nur die Konzeptgedanken beinhalten, ist daher vom Detaillierungsgrad, ohne zu enge Vorgaben für die weiteren Planungen vorzugeben. Das Team fällt die Entscheidung über die weitere Bearbeitung. Einstimmig muß festgelegt werden, wessen Grundsatzvorschlag weiter verfolgt werden soll. Weitere Teilaufgaben werden verteilt, die möglichst ähnlichen Umfang aufweisen. Die Architekten erhalten für ihre Teilaufgabe einen Einzelauftrag. Parallel zur Bearbeitung durch die Architekten finden Teamsitzungen statt, bei denen Zwischenergebnisse präsentiert, diskutiert und auch korregiert werden. Einzelentscheidungen werden durch Mehrheitsbeschluß gefällt.

Alle Architekten werden in etwa gleichem Umfang entlohnt. Für die Grundlagenermittlung und Vorentwurfsplanung erhalten sie fünfzig Prozent des nach der HOAI zu entrichtenden Honorars. Somit teilen sich bei vier Teilnehmern Bauherr und Architekten jeweils zur Hälfte die Mehrkosten des kooperativen Verfahrens. Für die weiteren Entwurfsleistungen ihrer Teilaufgaben erhalten die Architekten selbstverständlich jeweils das volle Honorar.

Der Team-Ansatz setzt kooperationsfähige Architekten, einen sehr engagierten Bauherren und eine kooperationsbereite öffentliche Bauverwaltung voraus. Die beteiligten Architekten müssen akzeptieren, daß ihre Teilaufgaben nur ein "Puzzlestück" für die gesamte Aufgabe sind. Sie zeichnen anschließend verantwortlich für das gesamte Projekt und müssen daher die Beauftragung eher als eine Arbeitsgemeinschaft mit Beteiligung des Bauherrn und eines Vertreters der öffentlichen Bauverwaltung verstehen. Vom Bauherrn wird erwartet, daß er sich, entgegen der sonstigen Tendenz, nicht von seinen Bauherrenaufgaben "verabschiedet", sondern sich sehr viel stärker in den Planungsprozeß integriert. Auch von ihm wird ein großes Maß an Kooperationsbereitschaft gefordert, da sein Selbstverständnis das eines Teammitglieds sein muß und nicht das eines Auftraggebers. Bauherren, die nur selten mit dieser Aufgabe betraut sind, müssen sich intensiv vorbereiten und ein großes Maß an Lernbereitschaft mitbringen. Vom Vertreter der öffentlichen Bauverwaltung wird ein anstelle der klassischen Kontrollfunktion die aktive Zusammenarbeit mit dem Bauherrn und den Architekten gefordert.

Das klassische Spannungsverhältnis Bauherr - Architekt - Bauverwaltung wird bei diesem Ansatz aufgehoben und in ein gemeinschaftliches Teamverhältnis umgewandelt.[19] Je nach Komplexität der Aufgabe kann sich die Zusammensetzung verändern. Vor allem bei sehr schwierigen Projekten empfiehlt es sich, auch Vertreter der Politik in das Team einzubinden. Grundsätzlich eignet sich der Team-Ansatz für sehr umfangreiche und spannungsgeladene Bauprojekte.

4.3.6 Kopplungs-Ansatz

Die klassische Trennung von Grundstücksvergabe und Vergabe der architektonischen Planungsleistungen und der Bauausführung muß nicht zwangsläufig sinnvoll sein. Im nachfolgenden werden Ansätze der Kopplung von Angebots- und Nachfrageträgern skizziert. Dabei werden zwei Kopplungsvarianten unterschieden:

1. Kopplung von Grundstückserwerb und architektonischen Planungsleistungen[20]
2. Kopplung von architektonischen Planungsleistungen und Bauausführung.

Die erste Kopplungsvariante, die *Kopplung von Grundstück und architektonischen Planungsleistungen*, stellt strenggenommen keine neue Form der Vergabe architektonischer Planungsleistungen dar, weil die Vergabe der architektonischen Planungsleistungen nach herkömmlichen Vergabeverfahren vollzogen werden kann, soll sie trotzdem in diesem Rahmen betrachtet werden. Für den Bauherrn stellt diese Kopplungsvariante nämlich eine "Nullvergabe" dar, d.h., mit der Entscheidung für ein Grundstück ist die Wahl des Architekten bereits entschieden. Da der Kopplung des Grundstückerwerbs mit einem Architektenauftrag im Regelfall ein konkurrierendes Vergabeverfahren vorausgegangen ist, ist auch das Nutzungskonzept bereits weitestgehend festgeschrieben.[21] Der potentielle Bauherr muß lediglich prüfen, ob

19 Die Grundgedanken ähneln denen beim Private Public Partnership; vgl. Teil A, Kap. 1.2.4.

20 Der juristische Aspekt des Kopplungsverbotes von Grundstück und architektonischen Planungsleistungen nach dem Mietrechtsverbesserungsgesetz bleibt hier unberücksichtigt, da es sich wie bereits erwähnt bei den Ansätzen lediglich um Gedankenspiele sinnvoller Vergabeformen handelt; zum Kopplungsverbot; vgl. Altenstadt, U. von, (Kombinierte), S. 50.

21 Damit ein sinnvoller Wettbewerb ausgelobt werden kann, muß ein Nutzungskonzept und ein Raumprogramm bereits existieren.

die gekoppelten Vorgaben, Grundstück, Nutzungskonzept und architektonische Planungsleistungen, gesamthaft zu einer für ihn sinnvollen Investition führen. Seine Funktion reduziert sich weitestgehend auf Rentabilitätsberechnungen und entspricht eher der klassischen Bankenfunktion als der eines Bauherrn. In diesem Zusammenhang muß darauf hingewiesen werden, daß häufig gerade institutionelle Anleger die Reduzierung der Bauherrenaufgaben anstreben und daher ein solcher Ansatz ihren Bedürfnissen entspricht.

Die Kopplung von Grundstückserwerb und architektonischen Planungsleistungen, die nur bei städtischen Grundstücken und einem Verkäufermarkt für Grundstücke sinnvoll erscheint, setzt voraus, daß die Stadt unternehmerische Leistungen erbringen kann und will.[22] Die Übernahme privater Managementleistungen durch staatliche Stellen ist nur dann legitim, wenn davon ausgegangen werden kann, daß diese Stellen zu gesamtgesellschaftlich besseren Ergebnissen kommen.

Für die Stadt weist dieser Ansatz drei wesentliche Vorteile auf:

1. Integrierte Planungen ohne Zeitdruck,
2. Sicherstellung politisch angestrebter Zielsetzungen und
3. Verkauf zu Höchstpreisen.

Die Planungen finden ohne Zeitdruck statt. Jede Form der Planung, z.B. Quartierverträglichkeitsanalysen, Bürgerbeteiligungen oder Wettbewerbe können problemlos durchgeführt werden, da der potentielle Bauherr noch nicht feststeht. Außerdem können sämtliche politischen Zielvorstellungen sowohl hinsichtlicher der Planungskultur, als auch bezüglich der Nutzungskonzepte, realisiert werden. Bei einem feststehenden Programm, bestehend aus Grundstück, Nutzungskonzept und Architekt, kann die Gesamtleistung nach dem Höchstpreisverfahren ausgelobt werden. Nachteilig ist, daß ohne daß für das jeweilige Konzept ein Investor feststeht, die Stadt erhebliche finanzielle Vorleistungen erbringen muß.

Die zweite Kopplungsvariante ist die *Kopplung von architektonischen Planungsleistungen und der Bauausführung.*[23] Der Ansatz basiert auf zwei Grundgedanken:

1. Der freischaffende Architekt ist aufgrund seiner Organisationsstruktur nicht in der Lage, feste Preise und Termine zu garantieren, und
2. die Kosten eines Gebäudes werden maßgeblich in der Planungsphase beeinflußt.

Die Abneigung vieler Bauherren gegenüber Wettbewerben basiert maßgeblich auf dem Vorwurf, daß Wettbewerbsergebnisse keine kostenoptimalen Ergebnisse garantieren und gesamthaft den gestalterischen Aspekten ein grösseres Gewicht als den kostenorientierten beimessen. Das GRW-konforme Wettbewerbswesen ist eindeutig auf den geistigen Wettstreit ausgerichtet und läßt kostenorientierte Anforde-

22 Theoretisch wäre es auch möglich, daß private Grundstücksbesitzer die Kopplung anbieten, um Grundstücke besser verkaufen zu können.

23 Zur Kopplung von architektonischen Planungsleistungen und Bauausführung bei Wohnungsbauten; vgl. Altenstadt, U. v., (Kombinierte), S. 1ff.

rungen unberücksichtigt. Auch wenn die Architekten Kostenberechnungen machen müssen, sind diese weitestgehend unverbindlich. Anstatt die gestaltungsorientierten Entwürfe nach Wettbewerbsschluß zu "schleifen", d.h. Kostensenkungspotentiale zu eruieren und zu realisieren,[24] sollte der Kostenaspekt bereits in das Wettbewerbswesen verbindlich integriert werden. Der am Wettbewerb teilnehmende Architekt muß nicht nur einen Entwurf erbringen, sondern in Zusammenarbeit mit einem Generalunternehmer ein verbindliches Angebot machen. Dabei kann der Auslober festlegen, daß der Generalunternehmer mit seinem Angebot eine Preisobergrenze nicht überschreiten darf. Der Generalunternehmer verpflichtet sich darüber hinaus, festgelegte Termine einzuhalten.

Der Ansatz entspricht dem Bedürfnis der Bauherren nach garantierten Preisen und festen Terminen. Es muß allerdings einschränkend gesagt werden, daß die Kopplung von architektonischen Planungsleistungen und Bauausführung nur bei einigermaßen standardisierten Bauten sinnvoll ist. Ansonsten steigt der Mehraufwand für die Auslobung und die Ausarbeitung durch die Generalunternehmer überproportional zum Nutzen. Außerdem muß weitestgehend sichergestellt sein, daß keine größeren Veränderungen der Wettbewerbsentwürfe notwendig sind. Die Kopplung von architektonischen Planungsleistungen und Bauausführung ist wegen des Aufwandes der Beteiligten sowohl hinsichtlich der Ausarbeitung, als auch der Prüfung, einstufig nur bei beschränkten Verfahren möglich. Systemimmanent ist bei dieser Kopplung das Problem, daß nicht gewährleistet werden kann, daß der "richtige" Entwurf und das "richtige" Unternehmerangebot automatisch zusammentreffen.

24 Das nachträgliche Zusammenstutzen der Entwürfe, vor allem während der Bauausführung durch einen Generalunternehmer, entspricht auch nicht den Zielvorstellungen der Architekten, da ihre Entwürfe häufig stark entstellt werden.

5 Zusammenfassung und Ausblick

Die Analyse von Struktur und Wandel der Nachfrage nach Gewerbeimmobilien sowie der potentiellen Anbieter architektonischer Planungsleistungen läßt sich thesenartig wie folgt zusammenfassen:

1. Die Nachfrage nach Gewerbeimmobilien ist zunehmend durch marktorientierte Fremdbedarfsbauherren charakterisiert, deren Entscheidungsprozeß durch die Umsetzung der ökonomischen Prinzipien gekennzeichnet ist. Eine emotionale Bindung zum Gebäude existiert daher in den wenigsten Fällen.

2. Das Angebot an architektonischen Planungsleistungen wird mit steigender Tendenz von verschiedenen Angebotsträgern erbracht. Der freischaffende Architekt hat seine Rolle als "Dirigent des Baugeschehens" bzw. als Treuhänder des Bauherrn verloren. Er ist nur einer von diversen Dienstleistern.

3. Bauprojekte werden zunehmend durch externe Einflüsse geprägt. Ohne Ausnahmen und Befreiungen seitens der öffentlichen Bauverwaltung sowie ohne die Berücksichtigung von Partikularinteressen vertretende Bürgerinitiativen lassen sich Bauprojekte nicht realisieren.

4. Konkurrierende Vergabeformen können den Anforderungen und Zielsetzungen sämtlicher Beteiligten entsprechen. Die GRW-konformen Verfahren korrespondieren allerdings nicht mit den geforderten Entscheidungsstrukturen privater Bauherren. Es besteht daher ein erheblicher Bedarf an bauherrenorientierten Varianten des Wettbewerbswesens.

Die *erste These* betrifft den Strukturwandel der Nachfrageseite. In zunehmenden Maße sind Nutzer und Eigentümer auch bei Gewerbeimmobilien nicht mehr identisch. Für Außenstehende ist dieses in der Regel aber nicht ersichtlich. Ursächlich sind drei Entwicklungen: Über Tochtergesellschaften, vor allem Immobilienleasinggesellschaften sowie offene und geschlossene Immobilienfonds, diversifizierten Banken in die Gewerbeimmobilienerstellung. Außerdem die Entstehung einer weitgehend neuen Branche, die der Developer. Sie initiieren Projekte auf der Basis potentiellen Bedarfs. Aufgrund der relativ langen Projektinitiierungsphase bei Gewerbeimmobilien agieren sie häufig mit extrem hohem Risiko. Es ist davon auszugehen, daß es aufgrund der äußerst geringen Eigenkapitaldecke dieser Firmen und der heutigen labilen gesamtwirtschaftlichen Lage in den nächsten Jahren zu spektakulären Konkursen kommen wird. Die Pleite des privaten Investors Dr. Schneider aus Königsstein wird kein Einzelfall bleiben. Neben einigen Developern sind vor allem einige geschlossene Immobilienfonds akut gefährdet. Da Developer meist als verschachtelte Unternehmensgruppen organisiert sind und für jedes bedeutende Projekt eine eigene Objektgesellschaft gründen, werden nicht sie, sondern vor allem das Baugewerbe die Folgen zu tragen haben. Die Gründung gemeinsamer Objektgesellschaften durch Banken oder Baukonzerne und Projektentwickler ist die dritte

Entwicklung. Hier soll die Flexibilität und Marktnähe der Developer mit der wirtschaftlichen Potenz der Banken oder Baukonzerne kombiniert werden.

Die architektonische Qualität ist bei diesen Bauten ein Aspekt der Nachfrage bzw. der Rahmenbedingungen. Im Vordergrund der Bauherreninteressen steht die Rentabilität. Architektonische Qualität wird realisiert, wenn sie seitens des Staates zur Verwirklichung eines rentablen Projektes gefordert oder aber vom potentiellen Kunden gewünscht und bezahlt wird. Architekturqualität wird somit ein Instrument zur Steigerung der Rentabilität.

Die wachsende Bedeutung von Fremdbedarfsbauten wird durch die schwindende Bereitschaft von Unternehmen, Bauherrenfunktionen zu übernehmen, gefördert. Selbst die öffentliche Hand tendiert zur Beschaffung einzugsfertiger Gebäude "von der Stange".

Die *zweite These* betrifft die Atomisierung der Angebotsstrukturen. Der freischaffende Architekt hat seine Funktion als Generalist für Planungsvorbereitung, Entwurf und Baudurchführung weitestgehend verloren. Es ist nicht nur zu einer Spezialisierung innerhalb der Architektenschaft, sondern auch zu einer Verdrängung durch branchenfremde Anbieter gekommen. Bei diesen handelt es sich um spezialisierte Berater, die die Funktion eines Treuhänders des Bauherrn übernehmen wollen und um Generalunternehmer, die Planungsleistungen mit übernehmen und Bauten schlüsselfertig anbieten. Das Auftreten neuer Konkurrenten für freischaffende Architekten ist die logische Konsequenz auf Veränderungen der Nachfrageseite. Kostensicherheit, Termineinhaltung, reibungsloses Projektmanagement sowie ein marktgerechtes Angebot sind die entscheidenden Nachfragekriterien bei Fremdbedarfsbauten. Der Architekt ist für diese Anforderungen ein eher ungeeigneter Partner und wurde somit auf seine Kernfunktion, das Entwerfen, zurückgedrängt. Sein Arbeitsschwerpunkt wird sich noch stärker auf die gestalterischen Phasen des Leistungsbildes Objektplanung der HOAI reduzieren, wenn nicht analog zum Wirtschaftsingenieur interdisziplinär ausgerichtete Baumanager im Sinne von Wirtschaftsarchitekten ausbildet werden.

Die *dritte These* betrifft die öffentliche Bauverwaltung sowie den Einfluß von Bürgerinitiativen. Gewerbeimmobilien lassen sich nicht mehr ohne Ausnahmen und Befreiungen realisieren. Somit steigt die Machtposition der öffentlichen Bauverwaltung, da sie über probate Machtinstrumente verfügt. Ihre Position wird allerdings durch zwei Faktoren erheblich geschwächt. Erstens, durch eine wachsende Anzahl involvierter Behörden und den daraus resultierenden verwaltungsinternen Kompetenzkonflikten. Das "Mehr" an Planung mag fachlich seine Begründung haben, schwächt aber die Position der öffentlichen Verwaltung, da keine unité de doctrine besteht. Zweitens, wird die Position der öffentlichen Bauverwaltung durch den Wandel der Nachfrageträger geschwächt. Fremdbedarfsbauherren sind mit den Strukturen politischer Entscheidungsfindung bestens vertraut und wissen ihre Möglichkeiten auch geschickt einzusetzen. Häufig werden political consultants zur politischen Förderung eines Projektes engagiert.

Die Interessen des Staates bei Bauprojekten sollten an einer Stelle gebündelt werden. Der potentielle Bauherr hätte somit nur noch einen Ansprechpartner. Intern kann die Pluralität der Entscheidungskompetenz durchaus beibehalten werden, nicht aber extern gegenüber dem Bauherrn, da dieses die Machtposition der öffentlichen Bauverwaltung erheblich schwächt.

In diesem Zusammenhang muß auch auf die wachsende Bedeutung von Bürgerinitiativen hingewiesen werden. Bürgerbeteiligung darf nicht zu einem Blockadeinstrument werden. Partikularinteressen müssen sich mit den Interessen des Wirtschaftsstandortes vereinbaren lassen, gegebenfalls unterordnen. Es ist nicht die Aufgabe von Bürgerinitiativen orginäre Aufgaben der Politik zu übernehmen. Besonders bedenklich ist, daß die Bedeutung bzw. der Einfluß von Bürgerinitiativen mit dem Heranrücken von Wahlterminen überproportional zunimmt.

Die *vierte These* betrifft konkurrierende Vergabeformen. Unbestritten sind die Vorteile konkurrierender Verfahren zur Ermittlung der besten Lösung. Strittig ist nur die Frage der Ausgestaltung des Verfahrens. Damit konkurrierende Vergabeverfahren zum Regelverfahren werden, bestehen drei Möglichkeiten. Erstens, der Staat schreibt GRW-konforme Wettbewerbe vor. Dieser Ansatz ist allerdings nicht sinnvoll, da nicht alle Projekte wettbewerbswürdig sind. Die zweite Möglichkeit ist die Flexibilisierung des Wettbewerbswesens. Die im vorangegangen Kapitel skizzierten Ansätze zeigen Möglichkeiten, um das Wettbewerbswesen marktgerechter zu gestalten. Entscheidend ist dabei, daß das Wettbewerbswesen für alle Beteiligten vorteilhaft wird. Nicht ein Verfahren, sondern verschiedene Varianten muß es geben. Je nach Prioritäten des Bauherrn müssen unterschiedliche Formen möglich sein. Die Varianten dürfen sich nicht wie bei GRW-konformen Verfahren auf die Art der Durchführung beschränken, sondern der Bauherr muß selbst entscheiden können, welches Maß an Fremdbestimmtheit für ihn akzeptabel ist. Mag es für die öffentliche Hand akzeptabel sein, daß eine Jury über die architektonische Gestaltung und somit auch weitgehend über Kosten und teilweise über die Nutzungsmöglichkeiten entscheidet, so ist dieses für einen privaten Bauherrn indiskutabel. Die Bedeutung des Verlustes der Entscheidungsfreiheit erklärt auch, warum Bauherren gerne auf die "Geschenke" der Architektenschaft im Sinne von Vorleistungen bei geregelten Wettbewerbsverfahren verzichten. Die Verfahrensvarianten müssen sich generell stärker an den Nachfragekriterien der Bauherren orientieren.

Von allen Bauherren kann erwartet werden, daß sie ein Mindestmaß an architektonischer Qualität realisieren. Ihre Projekte beeinflussen das Stadtbild und damit auch die Lebensqualität in einer Stadt. Es kann nicht erwartet werden, daß sie sich einem fremdbestimmten, den Bauherrn entmündigenden, Verfahren unterordnen.

Anhang 1:

Marktstruktur offener Immobilienfonds

Quelle: Heuer, B., (Erfolgreiches), Teil 4, Kap. 2.4., S.4, BVI, (Investment `94), S.88 und BVI-Statistik in: Immobilien Zeitung, 28.7.1994, S.9. Das Mittelaufkommen ist sehr stark schwankend, 1990 war ein Mittelabfluss von über 200 Mio. DM zu verzeichnen.

Fonds	**Gesell-schaft**	**Fondsver-mögen in Mio. DM**	**Markt-anteil in %**	**Mittelauf-kommen 1993 in Mio. DM**	**Wertent-wicklung 31.5.93-31.5.94 in %**
Grundwert-Fonds Nr.1	DEGI	10'412	24,4	3'192	5,9
DESPA-Fonds	DESPA	7'434	17,4	2'464	7,6
Grundbesitz-Invest	DGI	6'947	16,3	2'201	6,0
DIFA-Fonds Nr.1	DIFA	5'010	11,7	1'727	6,5
iii-Fonds Nr.1	iii	3'336	7,8	1'391	6,1
Haus-Invest	DGI	3'186	7,5	1'450	6,0
iii-Fonds Nr.2	iii	2'369	5,5	967	6,6
WEST-INVEST 1	RWGI	1'174	2,75	668	6,5
DIFA-Grund	DIFA	945	2,21	366	6,2
Aachner Grund Fonds Nr.1	Aachner Grund	731	1,71	59	k.A.
BfG ImmoInvest	BfG ImmoInvest	567	1,3	233	7,4
HANSA-Immobilia	HANSA-INVEST	392	0,92	135	6,6
CS Eureal	CSIM	162	0,38	109	7,4
	Summe	42'665	100	14'962	Æ 6,57

Anhang 2:

Marktstruktur der Immobilienleasingbranche

Quelle: in Anlehnung an: Erxleben, D., Immobilien-Leasing: "Immer öfter!", in: Immobilien Manager, Nov. 1992, S.56f.

Gesellschaften	Banken
Deutsche Anlagen Leasing (DAL)	Landesbanken
Deutsche Immobilien Leasing	Deutsche Bank
CommerzLeasing	Commerzbank
DG Immobilien-Leasing	Genossenschaftsbanken
IKB Immobilien-Leasing	Industriekreditbank AG-Industriebank, BHF-Bank
KG Allgemeine Leasing	Dresdner Bank, Bayrische Hypotheken- und Wechselbank, Hamburger Sparkasse, Landesbanken
LHI Leasing für Handel und Industrie	Norddeutsche Landesbank, Berliner Bank
Südleasing	Südwestdeutsche Landesbank

Anhang 3:

Leitfaden zur Einbeziehung Privater bei kommunalen Planungsleistungen

Quelle: Bundesministerium für Wirtschaft, Leitfaden zur Einbeziehung Privater bei kommunalen Planungsleistungen, Bonn 1994 (gekürzt).

Aktivität	
Vorlage des Vorhaben- und Erschließungsplans	Investor
Prüfung und ggf. Modifizierung des Vorhaben- und Erschließungsplans	externe Berater/Kommune
Billigung des Vorhaben- und Erschließungsplans	Kommune
Erstellung eines Satzungsentwurfs; Begründung über Ziele, Zweck und wesentliche Auswirkungen	Kommune/externer Berater
Erstellung eines Vorvertrags	Kommune/externe Berater/Investor
Abschluß eines Vorvertrags, durch den der Investor für einen bestimmten Zeitraum an sein Angebot gebunden wird	Kommune/Investor
Beteiligung der betroffenen Bürger und der berührten Träger öffentlicher Belange	Bürger/Träger öffentlicher Belange/Kommune
Abschluß eines Durchführungsvertrags	Kommune/Investor/ externer Berater
Satzungsbeschluß	Kommune
Genehmigung der Satzung durch höhere Verwaltungsbehörde	Regierungspräsident (i.d.R.)
Bekanntmachung der Satzung und der Genehmigung	Kommune

Anhang 4:

Leistungsumfang von Chartered Quantity Surveyors

Quelle: Royal Institut of Chartered Surveyors, Checklist of Services available from Chartered Quantity Surveyors, R.I.C.S. Books, London, o.A.d.J, S.4ff (gekürzt)

1. Inception/Brief

1.1 Liaise with client and other consultants to determine client's initial requirements and subsequent development of the full brief.
1.2 Advise on selection of other consultants.
1.3 Advise on implications of proposed project and liaise with other experts such as lawyers and accountants in developing such advice.
1.4 Liaise with other interested parties such as preservation societies, historic buildings societies, etc.
1.5 Establish client's order of priorities (e.g., time and phasing requirements, costs, quality).
1.6 Advise on likelihood of obtaining grants.

2. General and Continuing Services

2.1 Attend meetings.
2.2 Prepare regular and specific reports.
2.3 Advice upon the financial implications to the client of all matters pertaining to the project.
2.4 Negotate with third parties.
2.5 Assist with client's audit procedures.

3. Preliminary Services

3.1 Visit site and report any implications likely to affect time, cost or methode of implementation.
3.2 Prepare initial budget estimate.
3.3 Advise on effect of market conditions.
3.4 Prepare cash flows for use with overall project cost calculations.
3.5 Provide programme co-ordination and monitoring services.

4. Implementation

4.1 Prepare and develop preliminary cost plan.
4.2 Monitor cost implications during detailed design stage.
4.3 Maintain and develop cost plan and prepare reports and updated cashflows at regular intervals.

4.4 Advice on suitable tendering and contractual arrangements.
4.5 In conjunction with other members of design team prepare tender contract documentation.
4.6 Advice on amendments to standard forms of contract or draft special forms to meet particular requirements including liaising with client's legal advisers.
4.7 Investigate prospective tenderers on shortlist by questionnaire and advise client on financial status and appropriate experience.
4.8 Check tender submissions for arithmetical accuracy, levels of pricing, pricing policy, etc.
4.9 Consider submitted programme of work and method statement.
4.10 Prepare appropriate documentation if required to adjust the tender received to an acceptable contract sum.
4.11 Draft letters of intend.

5. Construction

5.1 Advise on the availability of materials and components and assist in the implementation of pre-purchasing and pre-ordering arrangements.
5.2 Check to ensure that retention of title provisions have been complied with.
5.3 Establish the amounts of indemnity which are at the sole risk of the client.
5.4 Establish the most advantageous analysis of the construction costs as regards the computation of the client's tax liability.
5.5 Establish standard procedures with the contractor for valuations for payments on account.
5.6 Prepare cost reports in agreed format at specified intervals.
5.7. Prepare recommendations for interim payments to contractor, subcontractor and suppliers.
5.8 Prepare and, if appropriate, negotiate the settlement of the final account.
5.9 If instructed, assess the amount of any authorised additional reimbursement in respect of direct loss and expense or other matters, and if appropriate, negotiate a settlement with the contractor.

6. Post-Construction

6.1 Check and report on final assessment on VAT.
6.2 Prepare "actual cost" evaluation of items ranking for capital allowannce, provide documentation required to secure grants, etc., and prepare final report on any other financial matters previously commented upon.

Literaturverzeichnis

Literaturverzeichnis

1 Monographien

Aßmann, Martin
(Projektleitung), Projektleitung als Aufgabe des Consulting - Überblick, Definition, Schnittstellen, in: VDI-Ges. Bautechnik, Projektsteuerung und Bauleitung, VDI-Berichte 528, VDI-Verlag, Düsseldorf 1984, S.1-38

Bayer, Wolfgang
(Bauausführung), Planung und Bauausführung in einer Hand, in: Deutsche Gesellschaft für Baurecht, (Seminar), S.85-100

Becker, Heidede
(Städtebauwettbewerbe), Geschichte der Architektur- und Städtebauwettbewerbe, Verlag W. Kohlhammer / Deutscher Gemeindeverlag, Stuttgart 1993

Bédarida, Marc / Milatovic, Milka
(Bürogebäude), Bürogebäude, Karl Krämer Verlag, Stuttgart 1991

Bone-Winkel, Stephan
(offenen), Das strategische Mangement von offenen Immobilienfonds, Dissertation, Müller, Köln 1994

Brehmer, Ernst-Georg
(Bauherren), Bauherren planen, lenken, senken Baukosten, Fried. Vieweg&Sohn, Braunschweig 1978

Bremmer, Gerhard
(Public), Public Relations für Architekten und Architektur - eine zweifache Aufgabe, Verlag für deutsche Wirtschaftsbiographien Heinz Flieger, Wiesbaden 1987

Budäus, Dietrich
(Ansätze), Alternative Ansätze zur Finanzierung der öffentlichen Infrastruktur in den neuen Bundesländern unter besonderer Berücksichtigung von Transaktionskosten, Public Management-Diskussionsbeiträge, Heft Nr. 8, Seminar für allgemeine Betriebswirtschaftslehre der Universität Hamburg, Hamburg 1992

Conrads, Ulrich (Hrsg.)
(Manifeste), Programme und Manifeste zur Architektur des 20. Jahrhunderts, Bauwelt Fundamente Bd. 1, 2. Auflage, Friedr. Vieweg&Sohn, Braunschweig 1981

Drescher, Volkmar
(Projektentwicklung), Projektentwicklung - Untersuchung über ein Entstehungs- und Organisationsprinzip für große Bauprojekte am Beispiel von Gewerbeimmobilien in der Bundesrepublik Deutschland, Diplomarbeit HfbK, Hamburg 1989

Erbguth, Wilfried
(Bauplanungsrecht), Bauplanungsrecht, Praxis des Verwaltungsrechts, Heft 1, Verlag C.H. Beck, München 1989

Falk, Bernd
(Immobilien-Handbuch), Immobilien-Handbuch, Verlag W. Kohlhammer, Stuttgart 1985

Feldhusen, Gernot
(Perspektiven), Architekten und ihre berufliche Perspektiven, DVA, Stuttgart 1982

Fohlmeister, Klaus
(Immobilien), Immobilien-Leasing, in: Hagenmüller, Karl Friedrich / Eckstein, Wolfram, (Leasing), S.177-212

Gabele, Eduard et al.
(Immobilien-Leasing), Immobilien-Leasing, Gabler, Wiesbaden 1991

Gelzer, Konrad / Birk, Hans-Jörg
(Bauplanungsrecht), Bauplanungsrecht, 5. Auflage, Verlag Dr. Otto Schmidt, Köln 1991

Gerkan, Meinhard von
(Verantwortung), Die Verantwortung des Architekten, DVA, Stuttgart 1982

Gerken, Gerd
(Kultur), Kultur aus Stein gebaut, in: Luedecke, Günther, (Produktivität), S.63-98

Gerlach, Heinz et al.
(Gewerbeimmobilien), Die Gewerbeimmobilien als Kapitalanlage, 3. Auflage, Haufe, Freiburg i.Breisgau 1992

Gluch, Erich
(Anreize), Honoraranreize für eine wirtschaftliche und sparsame Bauausführung im Rahmen der Honorarordnung für Architekten und Ingenieure (HOAI), ifo-Studien zur Bauwirtschaft 13, München 1988

Gould, Bryant Putman
(Planing), Planing the new corporate headquarters, Wiley&Sons, o.A.d.O., USA 1983

Haagsma, Ids / Haan, Hilde de
(Architekten-Wettbewerbe), Architekten-Wettbewerbe, DVA, Stuttgart 1988

Hackelsberger, Christoph
(Architektur), Architektur eines labilen Jahrhunderts, Deutscher Kunstverlag, München 1991

Hagenmüller, Karl Friedrich / Eckstein, Wolfram
(Leasing), Leasing-Handbuch für die betriebliche Praxis, 6. Auflage, Fritz Knapp Verlag, Frankfurt a.M. 1992

Hesse, Gerd et al.
(HOAI), Honorarordnung für Architekten und Ingenieure (HOAI); Kommentar, 4. Auflage, Verlag C.H. Beck, München 1992

Heuer, Bernd, (Hrsg.)
(Erfolgreiches), Erfolgreiches Vermarkten von Gewerbeimmobilien, Losebl.-Ausgabe, WEKA Fachverlage, Kissing, Grundwerk 1989

Hundertwasser, Friedensreich
(Verschimmelungs-Manifest), Verschimmelungs-Manifest gegen den Rationalismus in der Architektur, in: Conrads, Ulrich, (Manifeste), S.149-152

Kalusche, Wolfdietrich
(Gebäudeplanung), Gebäudeplanung und Betrieb, Springer-Verlag, Berlin 1991

Koopmann, Manfred
(Kostentransparenz), Kostentransparenz und Kostenpolitik als Teil einer systematischen Immobilienpolitik, Springer-Verlag, Berlin 1989

Küpper, Utz
(Wandel), Zum Wandel der Verfahren und Entscheidungsstrukturen in Stadtent-wicklung und Stadtplanung, in: Sieverts, Thomas, (Hrsg.), (Zukunftsaufgaben), S.133-168

Lenk, Reinhard
(Projektsteuerung), Projektsteuerung und Baukostenkontrolle öffentlicher Bauvorhaben, unveröffentl. Manuskript, München 1991

Lorenz, Peter
(Gewerbebau), Gewerbebau Industriebau, Verlagsanstalt Alexander Koch, Leinfelden-Echterdingen 1991

Luedecke, Günther (Hrsg.)
(Produktivität), Mehr Produktivität durch gute Räume, ECON Verlag, Düsseldorf 1991

Möller, Dietrich-Alexander
(Planungs- und Bauökonomie), Planungs- und Bauökonomie, Oldenbourg, München 1988

Motzke, Gerd / Wolff, Rainer
(Praxis), Praxis der HOAI, Müller, Köln 1992

Müller, Wolfgang
(Städtebau), Städtebau, 3. Auflage, B.G. Teubner, Stuttgart 1979

Paganoni, Roberto
(Vorstände), Vorstände deutscher Aktiengesellschaften und ihre strategische Entscheidungsfindung, Dissertation Hochschule St. Gallen, Bamberg 1989

Pfarr, Karlheinz
(Handbuch), Handbuch der kostenbewußten Bauplanung, Deutscher Consulting Verlag, Wuppertal 1976

Pfarr, Karlheinz et al.
(Kostenentwicklung), Honorar- und Kostenentwicklung bei den Architekturbüros, Gutachten der Forschungsgemeinschaft Pfarr - Koopmann - Rüster für die Bundesarchitektenkammer, Bonn 1990

Pfarr, Karlheinz et al.
(Generalgutachten), Generalgutachten über die Kostenentwicklung des ICC, unveröffentlichtes Gutachten, Berlin 1980

Pfarr, Karlheinz
(Geschichte), Geschichte der Bauwirtschaft, Deutscher Consulting Verlag, Essen 1983

Pfarr, Karlheinz
(Grundlagen der Bauwirtschaft), Grundlagen der Bauwirtschaft, Deutscher Consulting Verlag, Essen 1984

Pfarr, Karlheinz
(Trends), Trends, Fehlentwicklungen und Delikte in der Bauwirtschaft, Springer-Verlag, Berlin 1988

Pfarr, Karlheinz et al.
(Was), Was kosten Planungsleistungen?, Springer-Verlag, Berlin 1989

Reuter, Wolf
(Macht), Die Macht der Planer und Architekten, Verlag W. Kohlhammer, Stuttgart 1989

Ricken, Herbert
(Architekt), Der Architekt, Edition Leipzig, Leipzig 1990

Rösel, Wolfgang
(Baumanagement), Baumanagement: Grundlagen, Technik, Praxis, 2. Auflage, Springer-Verlag, Berlin 1992

Rühl, Manfred
(Selbstbild), Das Selbstbild der Architekten, Forschungsstelle für Kommunikationspolitik der Universität Bamberg, Bamberg 1986

Schub, Adolf / Stark, Karlhans
(Life), Life Cycle Cost von Bauprojekten, Verlag TÜV Rheinland, Köln 1985

Schulitz, Helmut (Hrsg.)
(Industriearchitektur), Constructa-Preis '90 Industriearchitektur in Europa, Vicentz, Hannover 1990

Schwanzer, Berthold
(Bedeutung), Die Bedeutung der Architektur für die Corporate Identity eines Unternehmens, Dissertation, Wien 1985

Sieverts, Thomas (Hrsg.)
(Zukunftsaufgaben), Zukunftaufgaben der Stadtplanung, Werner-Verlag, Düsseldorf 1990

Sommer, Degenhard / Wojda, Franz (Hrsg.)
(Anregungen), Industriebau, Anregungen zum Mitgestalten, Verlag des Österreichischen Gewerkschaftsbundes, Wien 1987

Steinmann, Horst / Schreyögg, Georg
(Management), Management: Grundlagen der Unternehmensführung, 2.Auflage, Gabler, Wiesbaden 1991

Strong, Jundith
(Participating), Participation in architectural competitions, Architectural Press, London 1976

Thoma, Rüdiger
(Mitarbeiter-Akzeptanz), Mitarbeiter-Akzeptanz des Bürogebäudes, in: Akzepte Studiengemeinschaft, (Konzepte), S.229-246

Walton Thomas
(Architecture), Architecture and the corporation, Macmillan Publishing Company, New York 1988

Weichs, Caspar von
(Rahmen), Projektentwicklung im Rahmen des strategischen Managements eines Immobilienunternehmens, Seminarunterlagen ebs Immobilien Professional Colleg, 28.2.-4.3.1994, Berlin

Weinbrenner, Eberhard / Jochem, Rudolf
(Architektenwettbewerb), Der Architektenwettbewerb, Bauverlag, Wiesbaden 1988

Whyte, Malcolm
(IBM), Architecture of IBM, in: Sommer, Degenhard, (Industriebau), S.98-103

Wiesand, Andreas et al.
(Beruf), Beruf Architekt, Verlag Gert Hatje, Stuttgart 1984

Will, Ludwig
(Rolle), Die Rolle des Bauherrn im Planungsprozeß, Dissertation, Europäische Hochschulschriften, Reihe V Band 436, Peter Lang, Frankfurt a.M. 1985

Würth AG
(Würth), Architekten-Wettbewerb Würth, Verlag Paul Swiridoff, Schwäbisch-Hall, 1989

2 Zeitungen und Zeitschriften

"Bewertung gewerblicher Immobilien"
in: Immobilien Manager, Feb. 1992, S.73-76

"Deutschlands teure Wohnungen"
in: Süddeutsche Zeitung, 16.1.93, S.13

"Ein transparentes Angebot für Investoren in ostdeutschen Grund und Boden"
in: Blick durch die Wirtschaft, 15.7.1992, o.A.d.S.

"Geschlossene Fonds finanzieren das Leasing von Großprojekten"
in: Immobilien Zeitung, 5.5.1994, S.11

"Hier findet geistige Ausplünderung statt"
in: Der Spiegel, 3.12.1984, S.200-208

"Hoffnungszeichen in der Gewerbesteppe"
in: Der Spiegel, 1.5.1989, S.198-203

"Ich bin nicht töricht", Interview mit Günter Behnisch
in: Der Spiegel, 19.4.1993, S.30-31

"Intelligent Buildings: Das Phantom der Projektentwickler"
in: Immobilien Zeitung, 19.5.1994, S.14

"Kooperation statt Konfrontation"
in: Bauwirtschaft, 11/88, (Sonderdruck)

"Schlicht und einfach nach GRW?", Bauwelt-Gespräch zum Thema Wettbewerbe
in: Bauwelt, Heft 19, 1990, S.958-961

"Siemens wird im Immobilienbereich aktiv"
in: Immobilien Zeitung, 28.7.1994, S.8

"Sturz ins Bodenlose"
Manager Magazin, 2/91, S.124

"Weniger ist mehr", Interview mit Dr. Helmut Röschinger
in: Zadelmarkt, Mai 1992, S.70-79

Ackermann, Kurt
"Unsere Arbeit wird sich immer ändern", in: Der Architekt, 10/91, S.493-96

Belz, Walter
"Kompetenz der Architekten?", in: Der Architekt, 10/91, S.487-88

Biller, Konrad
"Das öffentliche Wettbewerbswesen", in: DAB, 3/85, S.278-280

Brinkmann, Katrin
"Hand in Hand", in: Immobilien Manager, April 1992, S.14-22

Buchwald, Horst
"Unendliche Flächen", in: WirtschaftsWoche, Nr. 49, 29.11.1991, S.48-50

Büttner, Otto
"Qualität liegt im öffentlichen Interesse", in: Der Architekt, 7-8/1991, S.370-373

Erxleben, Dietmar
"Immobilien-Leasing: "Immer öfter!"", in: Immobilien Manager, Nov. 1992, S.56-59

Feinen, Klaus
"Fonds-Leasing als Instrument für gewerbliche und öffentliche Investitionen", in: der langfristige Kredit, 13/92, S.442-445

Flagge, Ingeborg
"Interview mit K. Maack, ERCO", in: Der Architekt, 7-8/1991, S.379-381

Foster, Norman
"Architektur des Machens", in: arch+, Jan. 1990, S.28-30

Freimuth, Joachim
"Kommunikative Architektur im Unternehmen", in: HARVARDmanager, 2/1989, S.105-112

Gabele, Eduard / Kroll, Michael
"Grundlagen des Immobilien-Leasing", in: Der Betrieb, Heft 5, 1.Feb. 1991, S.241-248

Gop, Rebecca
"Bilanz-Kur mit Flächendiät", in: Immobilien Manager, April 1994, S.6-14

Gop, Rebecca
"Die Franzosen kommen", in: Immobilien Manager, Aug. 1992, S.6-16

Gop, Rebecca
"Intelligenter Fehlstart", in: Immobilien Manager, Juni 1994, S.60-65

Gop, Rebecca
"Makler-Hitliste: Die Spitze hält auf Abstand", in: Immobilien Manager, Feb. 1992, S.6-14

Gop, Rebecca
"Risikogemeinschaft", in: Immobilien Manager, Okt. 1992, S.7-14

Gop, Rebecca
"Treuhand: überforderte Makler", in Immobilien Manger, Okt. 1991, S.46-50

Gop, Rebecca
"Was prägt die Stadt?", in: Immobilien Manager, April 1992, S.6-10

Göppert, K / Schubert, W
"Mut zum Risiko", in: Wirtschaftswoche, Nr. 26, 21.6.1991, S.116-120

Jagdfeld, August / Schünemann, H. Jürgen
"Immobilien-Investment-Banking in Deutschland", in: Sparkasse, 6/91, (Sonderdruck)

Jagdfeld, August / Schünemann, H. Jürgen
"Schon mit vergleichsweise kleinem Einsatz an großen Objekten teilhaben", in: Handelsblatt, 10.3.1992

Kandlbinder, Hans Karl
"Belebung beim Anlageinstrument Immobilien-Spezialfonds", in: der langfristige Kredit, 13/94, S.4-10

Knechtel, Erhard
"Schlüsselfertiges Bauen - ein wesentlicher Faktor im deutschen Bauwesen", in: Bauwirtschaft, 19.1.1984, (Sonderdruck)

Krämer, Rolf
"Private Finanzierung kommunaler Infrastrukturinvestitionen - Königsweg oder Sackgasse?", in: der gemeindehaushalt, 11/92, S.241-245

Maack, Klaus
"Funktion und Bedeutung der Architektur im System der Corporate Identity", in: Architektur, 10/91, S.7

Norweg, Thomas
"Zwischen Identität und Image", in: Der Architekt, 7-8/1991, S.384-386

Rogers, Richard
"People's Places", in: arch+, Aug. 1988, S.70-77

Sack, Manfred
"Architektur: Planen für den Papierkorb", in: art, 10/1980, S.22-23

Sack, Manfred
"Schmelzendes Packeis", in: DIE ZEIT, 11.Sept.1993, S.61-62

Sack, Manfred,
"Suche nach der schöneren Arbeitswelt", in: DIE ZEIT, 29.Sept.1989, S.44

Schiller, Andreas
"Gedränge bei Wettbewerben", in: Immobilien Manager, Dez. 1993, S.88-92

Trupp, Maria
"Schwieriger Aufstieg", in: Immobilien Manager April 1994, S.56-60

Tschanz, Martin
"Nochmals Potsdamer Platz", in: archithese, 2/92, S.44-56

Weinbrenner, Eberhard
"Geschichte der Architektenwettbewerbe", vier Folgen, in: DAB 10/85, S.1271-1272, DAB 11/85, S.1455-1456, DAB 12/85, S.1587-1588 und DAB 1/86, S.51-53

Zoelly, Pierre
"Warum nicht mit einem Generalunternehmer bauen?", in: archithese, 5/87, S.31-32

3 Geschäfts- und Verbandsberichte, Firmendokumentationen

Aengevelt Immobilien KG
Imagebroschüre, o.T., o.A.d.O., o.A.d.J.

AnwohnerInnen-Initiative gegen das Hertie-Quarree
"Wem gehört die Stadt? Die Wahrheit über Büll&Liedke und das Hertie-Quarree", Hamburg o.A.d.J.

Arbeitsgemeinschaft Kehrwiederspitze
(Hanseatic), Hanseatic Trade Center, Informationsmaterial, o.A.d.O., o.A.d.J.

Architektenkammer Baden-Württemberg
(Architektenwettbewerbe)
Architektenwettbewerbe, Stuttgart o.A.d.J.

Bundesverband Deutscher Leasing-Gesellschaften e.V. (BDL)
Ergebnisse der Umfragen des BDL bei den Mitgliedsgesellschaften für die Geschäftsjahre 1989 bis 1993, o.A.d.O., 1994

Bundesverband Deutscher Investment-Gesellschaften e.V. (BVI)
(Investment), Investment '92, Frankfurt o.A.d.J.

Deutsche Anlagen-Leasing GmbH (DAL)
Unternehmensportrait, Mainz o.A.d.J.

Deutsche Gesellschaft für Baurecht e.V.
(Seminar), Seminar Pauschalvertrag und schlüsselfertiges Bauen, Schriftenreihe der Deutschen Gesellschaft für Baurecht e.V., Band 17, Bauverlag, Wiesbaden 1991

Deutscher Verband der Projektsteuerer (DVP 92)
(Informationen), Informationen 1992, Wuppertal 1992

Deutscher Verband der Projektsteuerer (DVP)
(Informationen 94), Informationen 1994, Wuppertal 1994

Diederichs, C.J.
(Aufbau), Aufbau von Projektsteuerungsverträgen, Aufgabenverteilung, Ergebnismessung, in: DVP, (Informationen), o.A.d.S.

DIFA-Grund
Halbjahresbericht zum 31.3.1994, Hamburg

Hamburgerische Architektenkammer
(Fragen), Der Architekt 20 Fragen 20 Antworten, Hamburg o.A.d.J.

Hauptverband der Deutschen Bauindustrie e.V.
(schlüsselfertiges), Schlüsselfertiges Bauen, Wiesbaden 1986

Jäger, Dieter
(gründliche), Gründliche Vorplanung sichert optimale Lösungen für Neubauten und Modernisierungen von Bürohäusern, internes Papier Quickborner Team Gesellschaft für Planung und Organisation mbH, Hamburg o.A.d.J.

Jagdfeld, August / Schünemann, H. Jürgen
(geschlossene), Geschlossene Immobilienfonds, Fundus-Fonds-Verwaltungen GmbH, Köln 1989

Jones Lang Wootton (JLW)
Unsere Dienstleistungen in Europa, o.A.d.O. 1992

Köllmann Gruppe
Geschäftsbericht 1991, Taunusstein 1992

Liegenschaftsgesellschaft der Treuhandanstalt mbH
TLG-konkret, Heft 8/94, Berlin

Müller International
Imagebroschüre, o.T., o.A.d.O., o.A.d.J.

Müller Consult GmbH
(Büroflächen), Büroflächen in Hamburg - zukünftige mögliche Nachfrage nach Flächen in Kerngebieten, Hamburg 1992

Norweg, Thomas
(Pauschalvertrag), Pauschalvertrag bei baubegleitender Planung - deutsches oder amerikanisches System?, in: Deutsche Gesellschaft für Baurecht, (Seminar), S.21-31

Planconsult W+B AG
(Strategische), Strategische Wert-Analyse (SWA), Basel 1990

Quickborner Team Gesellschaft für Planung und Organisation mbH
Imagebroschüre, o.T., Hamburg, o.A.d.J.

Steiner Infratec GmbH
"Wir planen die Zukunft mit ein", Paderborn o.A.d.J.

Zadelhoff Deutschland
Imagebroschüre, o.A.d.O., o.A.d.J.

4 Kammern und staatliche Quellen

Altenstadt, Ulrich von
(Kombinierte), Kombinierte Wettbewerbe, Forschungsbericht "Kombinierte Wettbewerbe", BMBau, Nr. BI5-8001-83-101, Bonn 1983

BfRBS (Hrsg.)
(Empfehlungen), Empfehlungen für Architekten-Wettbewerbe, Schriftenreihe des BfRBS (Bau- und Wohnungsforschung), Nr. 04.078, Bonn 1982

BfRBS (Hrsg.)
(Ideen), Ideen - Orte - Entwürfe, Ernst&Sohn, Berlin 1990

BNM Planconsult AG
(Konstruktionsentscheidungen), Material- und Konstruktionsentscheidungen, Bericht zum Forschungsprojekt Nr. 4.640.0.83.12, Nationalfonds, Basel 1984

Bundesanstalt für Arbeit (Hrsg.)
(Blätter), Blätter zur Berufskunde, Band 3, Diplom-Ingenieur / Diplom-Ingenieurin Architektur, 6. Auflage, von Ingeborg Flagge, Nürnberg 1988

Bundesministerium der Finanzen (Hrsg.)
(Finanzierung), Bericht der Arbeitsgruppe "Private Finanzierung öffentlicher Infrastruktur", Schriftenreihe des Bundesministeriums der Finanzen, Heft Nr. 44, Stollfuss Verlag, Bonn 1991

Bundesministerium für Wirtschaft (Hrsg.)
Leitfaden zur Einbeziehung Privater bei kommunalen Planungsleistungen, Bonn, 1994

Deutsches Institut für Normung (Hrsg.)
(DIN 276), DIN 276, Kosten im Hochbau, in der Fassung vom Juli 1993

Deutsches Institut für Normung (Hrsg.)
(DIN 18960), DIN 18960, Baunutzungskosten von Hochbauten, in der Fassung vom April 1976

Mitglieder des Bundesgerichtshofes und der Bundesanwaltschaft (Hrsg.)
(Entscheidungen), Entscheidungen des Bundesgerichtshofes in Zivilsachen, 88. Band, Carl Heymanns Verlag, Köln 1984

Freie und Hansestadt Hamburg
FB-4-78 Vertragsmuster "Wifoe - Vertragsduchführung Stadt", Hamburg, Stand 3/92

Freie und Hansestadt Hamburg
Senatsamt für den Verwaltungsdienst, Probau, Faltblatt, Hamburg ohne Datum

Freie und Hansestadt Hamburg
Senatsdrucksache Nr. 1229 vom 22.09.1992, Hamburg 1992

Freie und Hansestadt Hamburg
Tagesordnung für die Deputation vom 28. Juni 1979, unveröffentlicht, Anlage 2, Hamburg 1979

Freie und Hansestadt Hamburg
Mitteilung des Senats an die Bürgerschaft, "Wirtschaftsförderung in Hamburg", Drucksache 11/2885, Hamburg am 28. April 1984

Landesinstitut für Bauwesen und angewandte Bauschadensforschung
(Wettbewerbe), Wettbewerbe, Aachen 1990

Moser, Gabriele
(Freie), Freie Architekten in marktwirtschaftlicher Ordnung, in: BfRSW, (Ideen), S.76-81

Royal Institut of Chartered Surveyors
Checklist of Services aivailable from Chartered Quantity Surveyors, R.I.C.S.-Books, London, o.A.d.J.

Senatsverwaltung für Stadtentwicklung und Umweltschutz
(Flächennutzungsplan), Flächennutzungsplan von Berlin, Berlin, 1994

5 Gesetze und Verordnungen

Baugesetzbuch (BauGB) in der Fassung der Bekanntmachung vom 8. Dez. 1986

Berufsordnung der Hamburgerischen Architektenkammer vom 30. Nov. 1972

Berufsordnung für Projektsteuerer des Deutschen Verbands für Projektsteuerer, Stand Juni 1985, in: Deutscher Verband der Projektsteuerer, (DVP), (Informationen), Informationen 1992, Wuppertal, 1992

Betriebsverfassungsgesetz (BetrVerfG) in der Fassung der Bekanntmachung vom 23. Dez. 1988

Bürgerliches Gesetzbuch (BGB), Stand vom 1. Oktober 1991

Gesetz über die Regelung von Ingenieurs- und Architektenleistungen vom 12.11.1984
Freie und Hansestadt Hamburg, Gesetz über die Kommission für Bodenordnung in der Fassung der Bekanntmachung vom 22. Sept. 1987

Grundsätze und Richtlinien auf den Gebieten der Raumplanung, des Städtebaues und des Bauwesens (GRW 1977), Beilage zum Bundesanzeiger Nr. 76 vom 24.Mai 1977, in: Landesinstitut für Bauwesen und angewandte Bauschadensforschung, (Wettbewerbe), S.13-88

Hamburgerisches Architektengesetz in der Fassung der Bekanntmachung vom 5.7.1985

Kapitalanlagengesellschaftengesetz (KAGG) in der Fassung der Bekanntmachung vom 1. März 1990

Leistungs- und Honorarordnung Projektsteuerung, Entwurf des DVP vom 9.3.1990/25.10.1991, in: Deutscher Verband der Projektsteuerer, (DVP), (Informationen), Informationen 1992, Wuppertal 1992

Raumordnungsgesetz (ROG) in der Fassung der Bekanntmachung vom 25. Juli 1991

Verordnung über die bauliche Nutzung der Grundstücke (Baunutzungsverordnung - BauNVO) in der Fassung der Bekanntmachung vom 23. Jan. 1990

Verordnung über die Leistungen der Architekten und Ingenieure in der Fassung der vierten ÄnderungsVO, Stand 1. Jan. 1991, Werner-Verlag, Düsseldorf 1991

Versicherungsaufsichtsgesetz (VAG) in der Fassung der Bekanntmachung vom 17. Dez. 1993

6 Wettbewerbsunterlagen

Baubehörde der Freien und Hansestadt Hamburg
Internationaler Seegerichtshof, Auslobung, Hamburg im März 1989

Baubehörde der Freien und Hansestadt Hamburg
Internationaler Seegerichtshof, Rückfragenprotokoll, Hamburg im April 1989

Baubehörde der Freien und Hansestadt Hamburg
Internationaler Seegerichtshof, Preisgerichtsprotokoll, Hamburg im Sept. 1989

Freie und Hansestadt Hamburg (Hrsg.)
Zentrum für Marine und Atmosphärische Wissenschaften (ZMAW), Rückfragenprotokoll, Hamburg im Aug. 1992

Freie und Hansestadt Hamburg (Hrsg.)
Amtsgericht Hamburg-Nord, Verfahren / Programm, Hamburg im Dez.1991

Freie und Hansestadt Hamburg (Hrsg.)
Amtsgericht Hamburg-Nord, Preisgerichtsprotokoll, Hamburg im Mai 1992

Freie und Hansestadt Hamburg (Hrsg.)
(Umweltbehörde), Dokumentation des Wettbewerbs "Die neue Umweltbehörde Hamburg", Hamburg im Mai 1992

Freie und Hansestadt Hamburg (Hrsg.)
(Sandtorhöft), Sandtorhöft Kehrwiderspitz, Ideenwettbewerb und Planungsgutachten, Dokumentation, verfasst von der Baubehörde, Landesplanungsamt, Hamburg 1991

Magistrat Baudezernat der Landeshauptstadt Kiel (Hrsg.)
(ZOB), Städtebaulicher Ideenwettbewerb Neubau ZOB Kiel, Preisgerichtsprotokoll, Nov. 1991

seca Meß- und Wiegetechnik
Architektenwettbewerb Betriebs- und Verwaltungsgebäude, Rückfragenprotokoll, Hamburg im Aug. 1986

Senatsverwaltung für Stadtentwicklung und Umweltschutz
(Potsdamer), Potsdamer Platz/Leipziger Platz Informationsband zur Ausschreibung des städtebaulichen Wettbewerbes, Berlin 1991

7 sonstige Quellen

Sender Freies Berlin
(Dilemma), "Architekturwettbewerbe - Das Dilemma eines freien Berufsstandes", Manuskript, Studio III, eine Sendung von Lore Dietzen und Peter Rumpf, 6. Nov. 1980

Stichwortverzeichnis

Springer-Verlag und Umwelt

Als internationaler wissenschaftlicher Verlag sind wir uns unserer besonderen Verpflichtung der Umwelt gegenüber bewußt und beziehen umweltorientierte Grundsätze in Unternehmensentscheidungen mit ein.

Von unseren Geschäftspartnern (Druckereien, Papierfabriken, Verpackungsherstellern usw.) verlangen wir, daß sie sowohl beim Herstellungsprozeß selbst als auch beim Einsatz der zur Verwendung kommenden Materialien ökologische Gesichtspunkte berücksichtigen.

Das für dieses Buch verwendete Papier ist aus chlorfrei bzw. chlorarm hergestelltem Zellstoff gefertigt und im pH-Wert neutral.